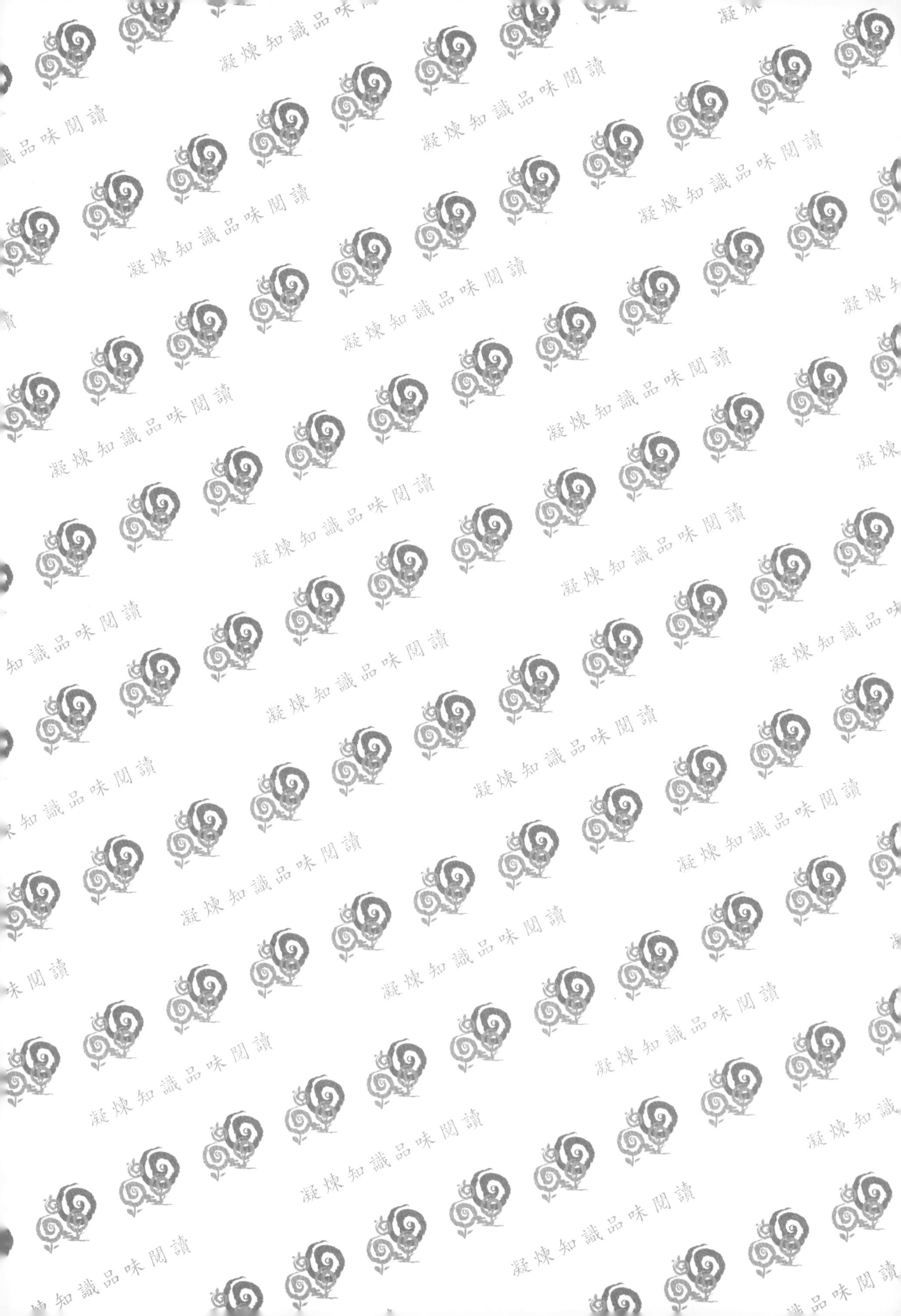

凝煉知識品味閱讀

TFT-LCD 面板的驅動與設計

Design and Operation of TFT-LCD Panels

戴亞翔 著

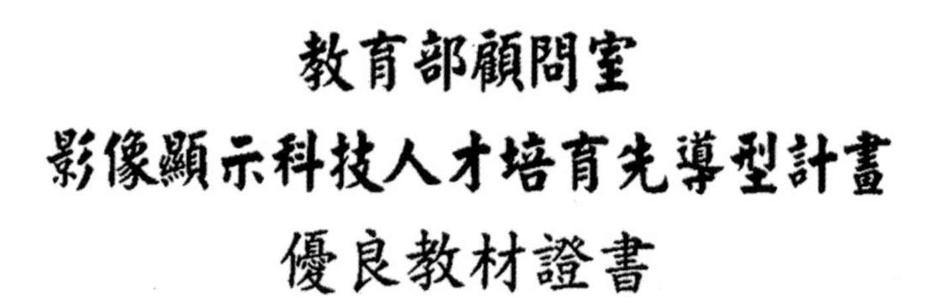

教育部顧問室
影像顯示科技人才培育先導型計畫
優良教材證書

交通大學顯示科技研究所戴亞翔助理教授

所編纂之

TFT LCD面板的驅動與設計

獲選爲

94年度影像顯示科技人才培育計畫之
優良教材

特須此證

民 國 九 十 五 年 三 月 三 十 一 日

前言

不論在公司帶新進人員，或在學校教學，都常被問到相似的問題：「關於學習 TFT LCD 的驅動與設計，有沒有什麼入門書可以參考的？」

要回答這個問題，必須認知到，TFT LCD 是一種整合多元知識的技術，牽涉了很多原理，如果不「深入」的探討，便不足以一窺全貌，我們必須要能夠將相關知識廣泛地整合融會應用，才能算是真正學好 TFT LCD 的技術。

一個入門者常常發生的情況是，明明已經學過了原理 A、B、C，但在考慮問題時，只想到 A 和 B，卻沒想到這個問題和 C 有關。另一種情況是，某個問題 X，可以利用方法 Y1 或 Y2 將它解決，但是又各產生了新的問題 Z1 和 Z2，然後再用其他方法去解決，對於剛接觸這個技術的人而言，很容易被這種複雜的狀況混淆而無所適從。所以初步學習 TFT LCD 的難度，不是在於缺乏相關書籍可參考，而是這些書的內容多注重在知識與原理的詳細說明，而未考慮到入門讀者在融會整合上的困難。

本書將從另一種方式出發，一開始不求將所有的原理鋪陳完備，而是先建構大致的觀念，隨後，便開始嘗試進行設計實例說明，再隨著設計過程仔細琢磨相關原理知識，並藉由實例漸進地導入各種問題考量，希望對讀者在知識的整合和融會貫通上有所幫助。

然而，這樣的寫法有個很大的缺點，對原理的說明會比較雜亂無系統，有時會談到液晶，有時會談到電路，而未能將觀念完整說清楚，很可能會變成「斷章取義」而造成誤解，只是這種情況是由作者造成的，需要由讀者自行去彌補，自行去參考別的書籍，把原理再「深入」地研究清楚，謹在正式內容開始之前提醒讀者注意。

關於本書的架構，在第一章，會先介紹關於 TFT LCD 的基本知識；第二章說明 TFT LCD 的操作原理；第三章以一個實例說明設計時如何應用操作原理；第四章則說明如何驅動 TFT LCD 面板；為了避免太多的細節，會混淆對操作及驅動原理的了解，到第五章才討論一些設計時的現實考量；最後在第六章探索一下 TFT LCD 設計可能的未來發展。

推薦序

「兩兆雙星」是我國在21世紀初期高科技產業的最大推動力，其中的一兆——影像顯示更是我國IT產業由PC、半導體、NB進至能結合IT、消費性技術的重要平台。影像顯示特別是在數位電視上，高畫質、低耗電量、環保等的訴求，更使平面顯示器成為21世紀最耀眼——產值、投資額及人才需求最大的一個項目，亦是使我國在IT、消費性產業在世界舞台上位居龍頭的關鍵要素之一。

為積極參與「兩兆雙星」高科技發展，培育顯示技術研發高級人才，彌補目前人才嚴重的缺口，強化我國在前瞻顯示技術研究，國立交通大學於2003年成立顯示科技研究所，招收博、碩士研究生及進行全面的顯示技術、材料、元件等前瞻研究，這是我國及世界第一個以這重要IT技術為專業的研究所，更具非凡的指標性意義。

戴亞翔博士，在TFT LCD面板研究及產業界有多年的實務經驗，對TFT LCD面板設計及系統驅動方面的原理，有深入的認識與獨到的見解，在本所成立之始，便加入成為師資團隊的一員，開授顯示電子電路與面板設計等課程，獲得學生熱烈的迴響。他有感於目前相關的教材缺乏一貫性，在忙於教學研究之際，仍抽空撰寫這本原理與實務兼具的書籍，其中在設計實務上有深入的探討，可使面板的設計、驅動電路入門及專業學習裨益良多，本書亦是第一本在這主題上如此深入的專書。相信藉由此書的出版，對顯示科技人才的培育，以及產業研發能力的增進，都會有很大的幫助。

我很高興看到亞翔對顯示技術研究與教學所做出的貢獻，亦很榮幸有機會與亞翔共事、學習，深信我們必能從此書中獲益良多。

國立交通大學顯示科技研究所教授暨所長
國際資訊顯示學會（SID）Fellow
謝漢萍

目錄

了解 TFT LCD

1.1　了解顯示器

1.2　液晶顯示器（Liquid Crystal Display, LCD）

1.3　了解薄膜電晶體（Thin-Film Transistor, TFT）

1.4　了解 TFT LCD

1.5　名詞解釋

1.1 了解顯示器[1]

1.1.1　畫素（Pixel，即 Picture Element）

一個顯示畫面係由畫素組合而成，基本上，每個畫素的大小和形狀是完全一樣的，畫面所包含的畫素愈多，所呈現的畫面會愈精緻，如圖 1.1(a)所示的@字元係以 24 × 27 個畫素組成，若將其每個畫素再細分為 2 × 2，則可以 48 × 54 個畫素顯示出如圖 1.1(b)所示較為精細的字型，或是如圖 1.1(c)顯示出 4 個@字元。

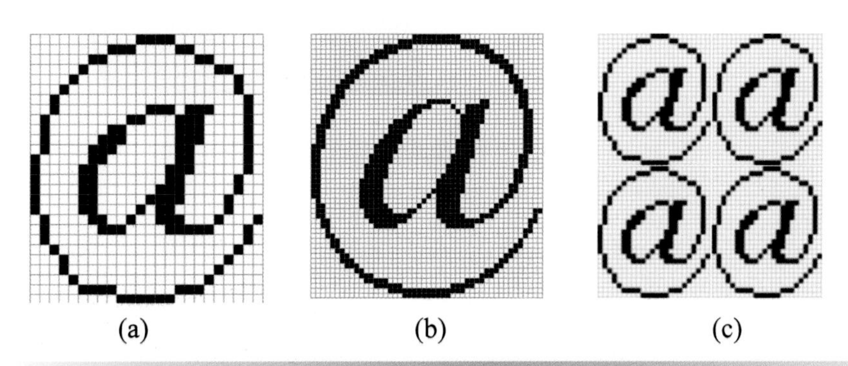

圖 1.1　(a) 24 × 27 畫素組成一個@字元　(b) 48 × 54 畫素組成一個@字元　(c) 48 × 54 畫素組成 4 個@字元

1　本章節內容涉及一些視覺理論的概念，欲進一步了解，可參考："Vision, by Pierre Buser and Michel Imbert (translated by R. H. Kay), ISBN 0-262-02336-9".

畫素的精緻程度是顯示器的第一項重要特徵，它與觀察距離、畫面尺寸、畫素大小和畫素數目相關，詳細說明如下：

觀察距離

如圖 1.2 所示，較小的畫面尺寸，在觀察者距離接近畫面時，可以給人眼在遠距離觀察大尺寸畫面相同的感覺，但相對地，畫素大小也要等比例地跟著縮小，這也是影響觀看感覺的重要因素，然而，觀察距離隨著使用者習慣而不同，一般而言並不會特別加以定義。

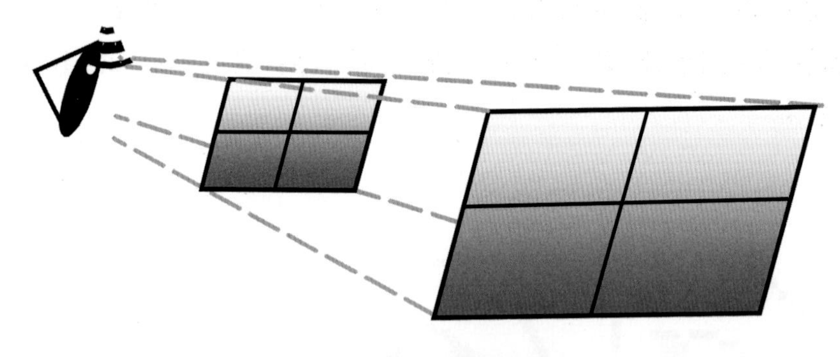

圖 1.2 觀察距離示意圖

畫面尺寸

一般是以對角線長度來表示，而此長度與畫面長寬的比率有關，如圖 1.3 所示，以畢氏定理可輕易地求出畫面長寬與對角線的關係。

1.1.1.3　畫素大小

一般以畫素間距或 Pixel per Inch （PPI）來表示，一般的畫素是正方形的，畫素間距即為正方形的邊長；而 PPI 意即每英吋的畫素數目，數目愈大表示畫素尺寸愈小，以邊長為 0.264mm 的畫素為例，PPI = 1 inch/0.264mm = 25.4mm/0.264mm = 96.2。

圖 1.3　相同對角線長度的畫面，長寬的比率為　(a)4：3　(b)16：9

1.1.1.4　畫素數目

一般會列出水平方向與垂直方向的畫素數目，如圖 1.1 即有 24 × 27 和 48 × 54 二種格式，在資料顯示的應用中，會用一些既有的專用術語來表示畫素數目的格式，請參見 1.5 中的表 1.2。

尺寸與數目的換算

以上各項畫面與畫素的尺寸與數目，可以用簡單的數學換算出來，舉例而言，若知道某個顯示器是PPI 96.2的SXGA，可先求得畫素間距為0.264mm，再求得畫面長寬各為 0.264mm × 1,280 = 337.9mm 和 0.264mm × 1,024 = 270.3mm，再計算畫面對角線尺寸為 $\sqrt{[(337.9\text{mm})^2 + (270.3\text{mm})^2]} \approx 432.7\text{mm} \approx$ 17.0 inch。

至於顯示器的其他重要特徵，分別說明如下。

1.1.2 對比（Contrast）

一個顯示畫面的內容，係由畫素與畫素之間的差別來表現，才能顯示出來，否則便成了無字天書，而最簡單的差別是亮與暗，其間的差別愈大，人眼便愈能感知到，如圖 1.4 所示。這個差別，可以用最亮情況的亮度與最暗情況的亮度之比率，作為量化指標，此比例即為對比，就圖 1.4 來比較，(a)的對比 > (b)的對比 > (c)的對比。

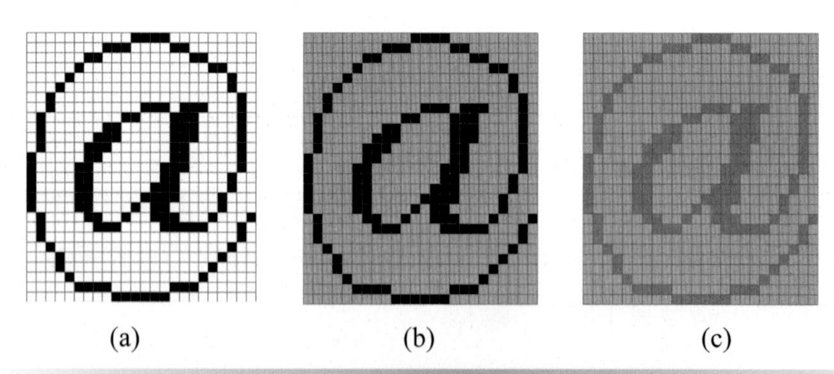

圖 1.4 (a) 畫素之間亮暗的差別大 (b) 畫素之間亮暗的差別較小 (c) 畫素之間亮暗的差別很小

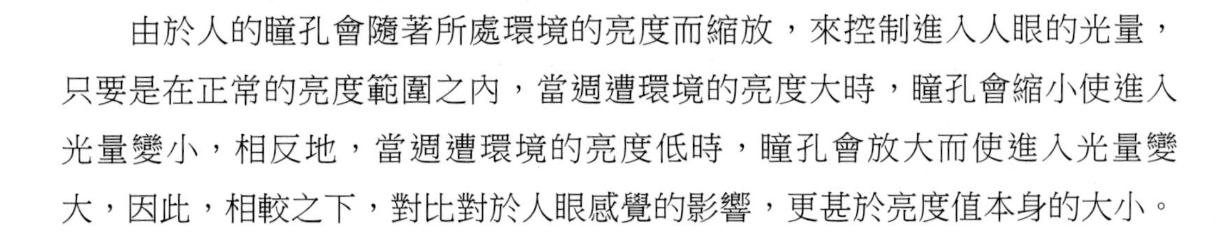
由於人的瞳孔會隨著所處環境的亮度而縮放，來控制進入人眼的光量，只要是在正常的亮度範圍之內，當週遭環境的亮度大時，瞳孔會縮小使進入光量變小，相反地，當週遭環境的亮度低時，瞳孔會放大而使進入光量變大，因此，相較之下，對比對於人眼感覺的影響，更甚於亮度值本身的大小。

1.1.3　灰階（Gray Level）

畫素明暗的差別，最簡單的一種是亮暗二元化，但在我們生活的自然界中，影像並不是只有亮與暗，而是充滿了介於其間的明亮程度，為了要重現我們所看到的自然影像，需要顯示出不同的明亮程度，此即為灰階。自然界的明亮程度是連續性的，而以顯示器重現圖像時，並無法做到完全連續，只能在從最暗到最亮的範圍內，增加區分的階層，也就是減少暗亮區分的級距，來增加灰階的數目。為了配合數位記憶體，一般區分灰階的數目會是 2^N（N 為自然數），而以二進位碼來表示，如以 4-bit 分成 16 灰階或以 8-bit 分成 256 灰階。

灰階的分級有幾種方法：

以次畫素（Sub-pixel）分級灰階

如圖 1.5 所示，每個畫素以 2 × 2 個次畫素（Sub-pixel）組成，其中深色的畫素中，亮的次畫素個數各為 0、1、2 時的情況。當畫素小到人眼難以分辨，也就是落在視網膜上的密度大於人眼感知細胞的密度時，如圖中縮小 6 倍的字元所示，其灰階愈小，顏色愈深，也就是愈暗。

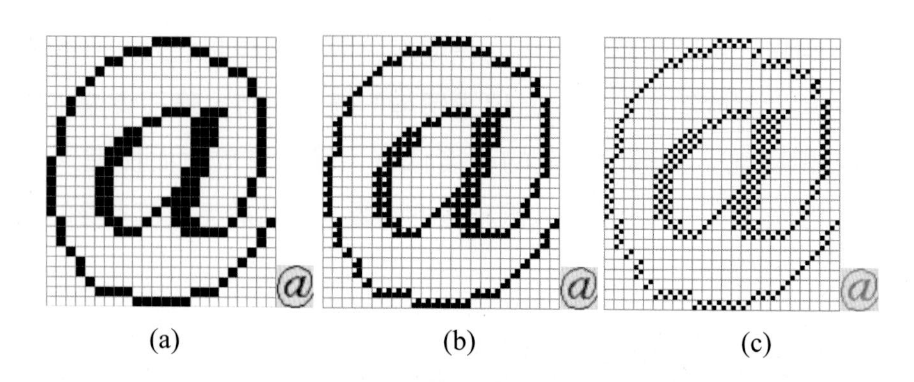

圖 1.5 深色畫素中 (a) 0 個次畫素是亮的 (b) 1 個次畫素是亮的 (c) 2 個次畫素是亮的

1.1.3.2 以畫素發光的時間比例分級灰階

這種方法無法以此紙本為媒介來表達，需要想像一下，一個光源並非一直是亮的，而是在很短的時間內週期性的時暗時亮，當此光源以超過人眼可以反應的頻率閃爍時，也就是在視覺暫留的效應下，我們並不會感覺到光源時暗時亮，而會感覺到其平均亮度，因此，可以改變畫素發光的時間比例來達到分級灰階的效果。

1.1.3.3 以畫素發光強度分級灰階

以上 1.1.3.1 和 1.1.3.2 二種方法，畫素皆只有亮與暗的二元狀態，在高於人眼的空間頻率或時間頻率之分辨能力的範圍內調變畫素，因此，需要極小的次畫素尺寸或極快的反應時間來符合該等頻率要求，當灰階數增加到某一個程度，會使暗亮級距細分要求昇高，而使所需次畫素尺寸或反應時間，縮小到現實空間或時間上的極限，到這個地步，便難以再進一步顯示更多的灰階。

改變畫素的發光強度，即可達到分級灰階的效果，但此方法需要精確地控制畫素本身的亮度，所需的灰階數愈多，對畫素亮度控制的精確度的要求愈高。

理想上，最小的灰階應該是 0，但實際上在顯示器中，灰階只能在最亮與最暗之間作區分，所以對比會是影響灰階表現的重要因素，舉例而言，當對比為3：1時，若分成5個灰階，其亮度比是1：1.5：2：2.5：3，而不是理想上的 0：1：2：3：4，但是當對比愈高時，其亮度比便會愈接近理想情況0：1：2：3：4。更複雜的情況是，人眼在不同亮度的環境下，對亮度差別的感覺會不同，所以灰階區分不是固定的，亮度愈暗要區分得愈細（參見4.3），使得對低亮度時的灰階表現要求更加嚴格。

在TFT LCD中，即是以這種方法來設定灰階，透過 1.2.3.2 中說明的電壓一穿透度關係，只要精確地控制寫入畫素液晶的電壓，即可控制畫素液晶的穿透度，來實現所需要的灰階。

1.1.4　顏色（Color）

自然界中的影像除了亮與暗，還有各種不同的顏色。關於顏色有很多理論，與一些進階的驅動設計有很大的關係，需要具有顏色的基本知識，才能了解驅動設計的原因與目的，在本書中無法詳加說明所有細節，僅會在相關的章節引入一些必要的觀念。在此先就顏色的基本常識作一簡介。

1.1.4.1　顏色是一種感知

在物理世界中所存在的光，是各種波長的光，以不同的能量組合而成的，人眼對這些不同波長的光，有不同的反應，一般而言，如果波長超過

700nm 或短於 400nm，人眼便無法察覺，亦即是所謂的紅外線或紫外線，即使光的波長介於 700nm 與 400nm 之間，對於相同的能量，人眼也有不同的「感覺」。對某個波長的光，人眼中的幾種細胞會有不同的反應強度，而我們的大腦會組合各種細胞的反應，去「感覺」出各個波長的光有不同的顏色。更神奇的是，當進入人眼的光是由不同波長的光，以不同的能量組合而成時，人眼細胞的反應強度會有加成的作用，而人腦仍可根據這些反應而形成一種「感覺」，也就是顏色。經過更深入的研究，主要由人眼的細胞對光有三種與波長有關的反應，而其對各種波長的光，各有不同的敏感度，如圖 1.6 所示，其敏感度較高的波長分布各對應至紅、綠、藍三個顏色，我們可以用這三個顏色來組合出大部分的顏色出來。

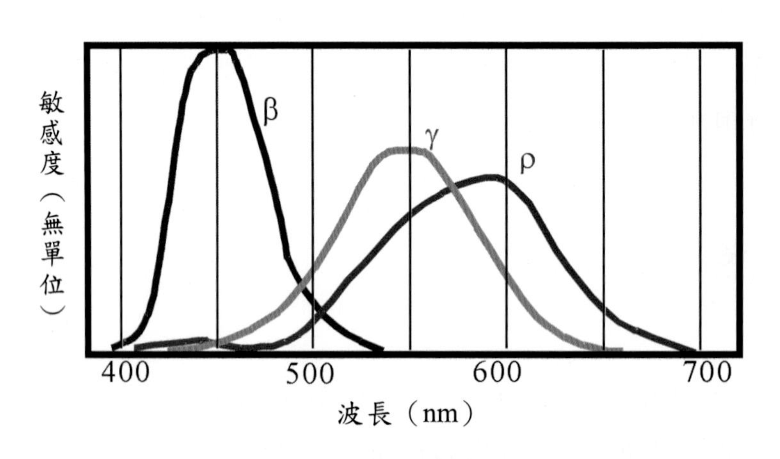

圖 1.6　三種人眼細胞對波長的敏感度

根據以上的敘述，可進一步了解顏色的幾個重要特性：

1.1.4.1.1　多波長光源顏色的非唯一性

人腦對顏色的判斷與辨別，是根據人眼細胞對光的反應，就多波長的光而言，在不同波長以不同能量組合而成，只要對人眼細胞造成一樣的反應，人腦便會認為是相同的顏色。而就單波長的光而言，由於其中已沒有其他波長的成分，因此無法對人眼細胞造成完全相同的反應，其顏色也就不同。

1.1.4.1.2　顏色的加成性

不同波長的光會造成各種人眼細胞不一樣的反應，但人眼細胞對其能量的反應強度卻是線性的，因此，只要知道各波長對人眼細胞造成的反應，再得知多波長光源在各波長的能量分布，即可依線性組合計算出總反應。而多個多波長光源的所組合成的光，亦可用各多波長光源的線性組合作加成，而得到組合效果的整體反應。

1.1.4.1.3　色座標系統

在色彩學中，顏色是以三個值來表示，不同的三個值代表不同的顏色。但是表示系統並不是唯一的，某個表示系統中的三個值可以經由線性轉換到另外一個系統中的三個值。其中很常用的一個是系統是XYZ（其代表的意義請參考註 1 或其他的色彩學相關書籍）。這三個值可分成二個部分，一個部分是亮度（luminance），即其中的Y值，而如於 1.1.2 中所述，瞳孔會調節進入人眼的光量，所以這個部分要另行考量；另一個部分是色度（chrominance），習慣上，並不是直接用 X 和 Z 來表示，而是用 $x=X/(X+Y+Z)$ 和 $y=Y/(X+Y+Z)$ 來表示，如圖 1.7 所示。我們可以很容易地由（X, Y, Z）換算成（Y, x, y），反之亦然：

$$X = x(X+Y+Z) = x(Y/y) \quad 公式(1.1a)$$

$$Y = Y \quad 公式(1.1b)$$

$$Z = z(X+Y+Z) = (1-x-y)(Y/y) \quad 公式(1.1c)$$

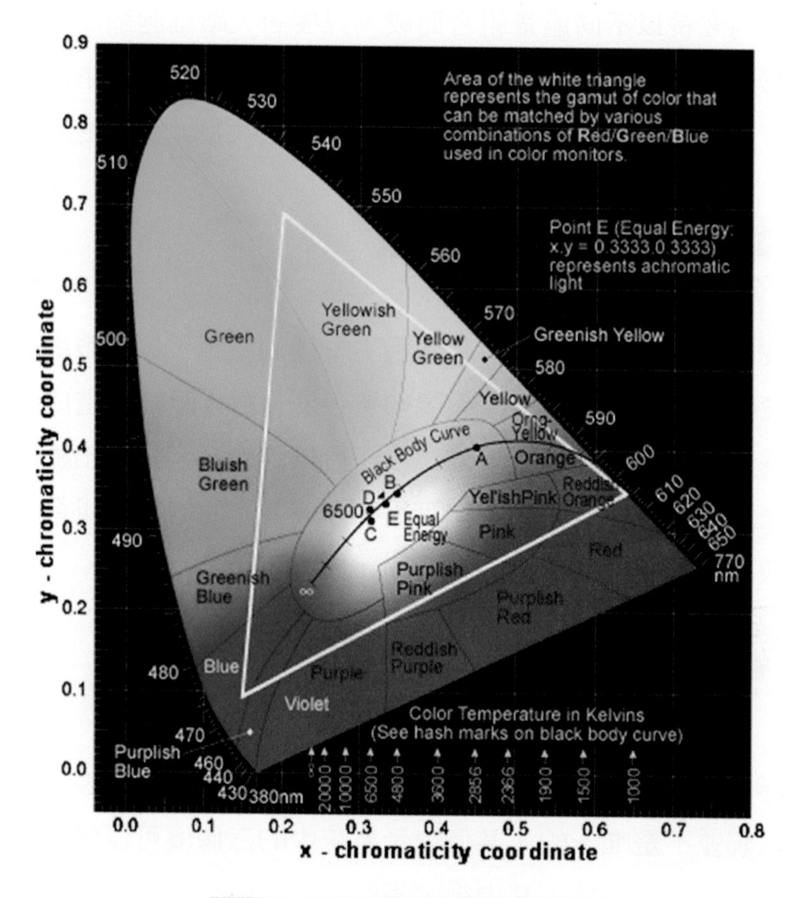

圖 1.7　$CIE_{x,y}$ 1931 色度座標圖

1.1.4.1.4　顏色的合成

利用色座標系統和顏色的加成性，我們便可以根據計算公式而組合出所

需的顏色來，舉例而言，有紅、藍、綠三個光源，其色座標各為 R（Yr, xr, yr）、G（Yg, xg, yg）和 B（Yb, xb, yb），則其所組合出之新的顏色，對應的 XYZ 值為：

$$X = xr(Yr/yr) + xg(Yg/yg) + xb(Yb/yb) \quad \text{公式(1.2a)}$$

$$Y = Yr + Yg + Yb \quad \text{公式(1.2b)}$$

$$X + Y + Z = Yr/yr + Yg/yg + Yb/yb \quad \text{公式(1.2c)}$$

可求得

$$x = X / (X + Y + Z)$$
$$= [xr(Yr/yr) + xg(Yg/yg) + xb(Yb/yb)]/ (Yr/yr + Yg/yg + Yb/yb) \quad \text{公式(1.3a)}$$

$$y = Y / (X + Y + Z)$$
$$= (Yr + Yg + Yb) / (Yr/yr + Yg/yg + Yb/yb) \quad \text{公式(1.3b)}$$

在此表示系統中，（x, y）值會描述出顏色的色度，在我們所認識的顏色中，如黃色、金黃色、棕色、褐色，可能都對應到相同的（x, y），而僅是代表亮度的 Y 值有所不同。相同的情況也發生在白色、淺灰色、深灰色、黑色，與紅色、淺紅色、深紅色等等，適當地調配紅、藍、綠三個光源的Yr、Yg 和 Yb，如圖 1.8 所示為微軟視窗應用軟體中對顏色的設定，將 Yr、Yg 和 Yb 各分成 0 至 255，共 256 個灰階，我們可以組合出各種顏色。

圖 1.8 微軟視窗應用軟體中對顏色的設定

1.1.4.2 以顯示器表現顏色

目前的顯示技術，三原色的色度（x, y）在製造時便是固定的，而以控制三原色的亮度Y，來組合表現出各種顏色（Y, x, y）來。如上所述，至少需要三原色來組成各種顏色，因此，需要在每一個畫素中顯示出三原色，而且，要能各自獨立地控制這三原色的亮度。有空間分割與時間分割二種方式來在一個畫素中顯示三原色。

1.1.4.2.1 次畫素

如圖 1.9 中所示，將每個畫素在空間上分割成三個次畫素，各顯示紅、藍、綠三色，其色度（x, y）是固定的。而藉由控制各個次畫素的亮度，當畫素的尺寸很小時，亦即，當畫面變化的空間頻率很大時，人眼不會察覺到

三原色的顯示位置稍有不同，如此即可使每個畫素顯示出所需的各種顏色來。

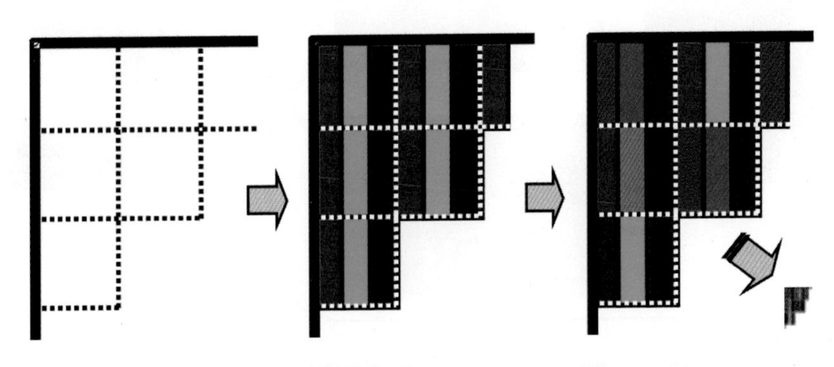

圖 1.9　以紅、藍、綠三個次畫素組成畫素來顯現顏色

1.1.4.2.2　色序法（Color sequential method）

如圖 1.10 中所示，將每個畫素在時間上分割成三個次序，各顯示紅、藍、綠三色，其色度（x, y）是固定的。而藉由控制各個次序的亮度，當切換的時間很短時，亦即，當畫面變化的時間頻率很大時，人眼不會察覺到三原色的顯示時間稍有不同，如此即可使每個畫素顯示出所需的各種顏色來。

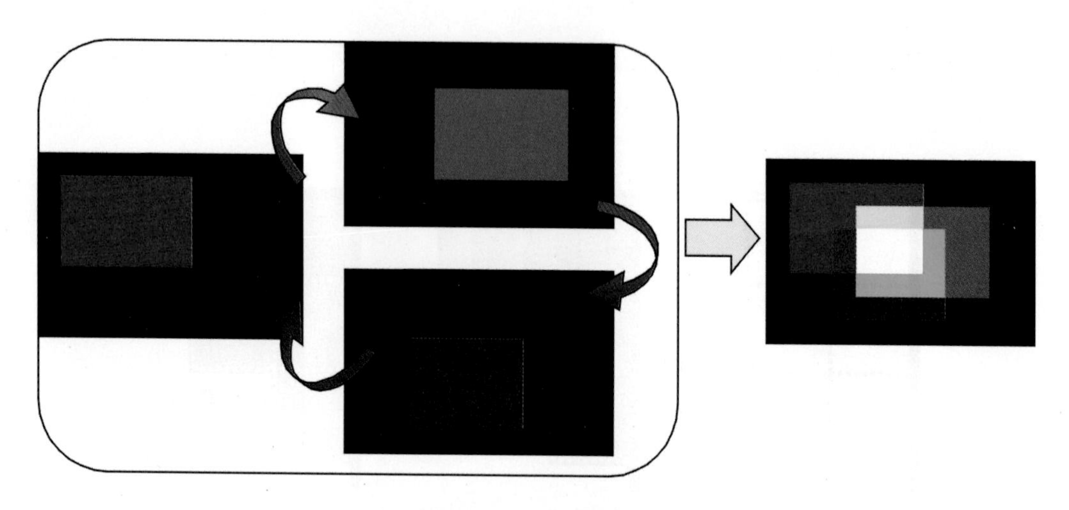

圖 1.10　以紅、藍、綠三個次序組成畫素來顯現顏色

1.2 液晶顯示器（Liquid Crystal Display, LCD）

在對顯示器有所了解之後，我們進一步地來介紹液晶顯示器（LCD），一方面也更具體地了解顯示原理。

1.2.1　光閥的觀念

顯示器可依其畫素是否發光而分成發光（emissive）型和非發光型（non-emissive）二類：

1.2.1.1 發光型顯示器

畫素本身即為發光源，如陰極射線管（Cathode Ray Tube, CRT）和電漿顯示器（Plasma Display）等，直接控制畫素發光能量來決定其亮暗程度。

1.2.1.2 非發光型顯示器

畫素本身不發光，如 LCD 和 Digital Mirror Display（DMD），以外部光源照射在畫素上，而以控制畫素對發光能量的穿透率或反射率來決定其亮暗程度，故又分為穿透式、反射式與半穿透半反射式。

TFT LCD 屬於非發光型，其中大部分為穿透式，配合置加在背面的外部光源，以畫素作為光源的開關閥門，來決定其亮暗程度，若將閥門打開讓光通過，即可得到亮的畫素，若將閥門關閉不讓光通過，即可得到暗的畫素。而 TFT LCD 這種光閥最重要的一項特徵，是不僅有開和關二種狀態而已，而可以藉由施加電壓的大小來控制光閥的開關程度，再配合固定的背光源強度，即可以 1.1.3.3 中所述控制畫素發光強度的方式，達成分級灰階的功能。

1.2.2 如何利用 LC 製成光閥？

1.2.2.1 光的偏極化（Polarization）

如圖 1.11 所示，可將光視作是一種電磁波，以電場和磁場相互垂直而交互振盪的方式向前傳播。

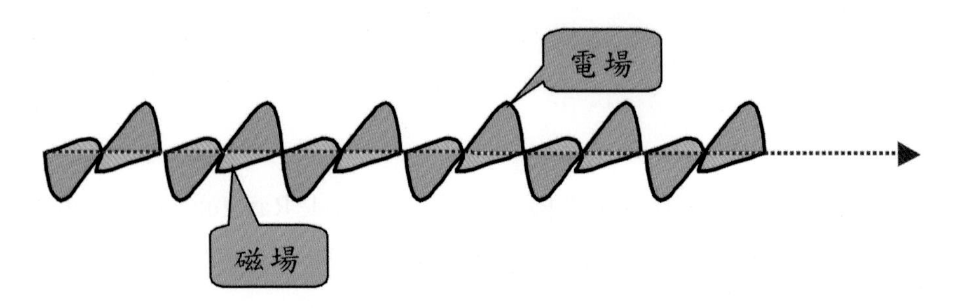

圖 1.11 光可視作是一種電磁波，以電場和磁場交互振盪的方式向前傳播

從光的行進方向上看，如圖 1.12(a)所示，電場在某個方向上振盪，振盪的幅度愈大，光所具有的能量愈大。在自然界中的光，如圖 1.12(b)所示，光的能量可能分布在各個振盪方向上。如圖 1.12(c)所示，某個方向上振盪的光可分成二個垂直方向上的分量，而自然界中的光既然由各振盪方向的光所組成，故可以將二個垂直方向上的分量加總，而得到最簡單的方式來表示振盪，如圖 1.12(d)所示。

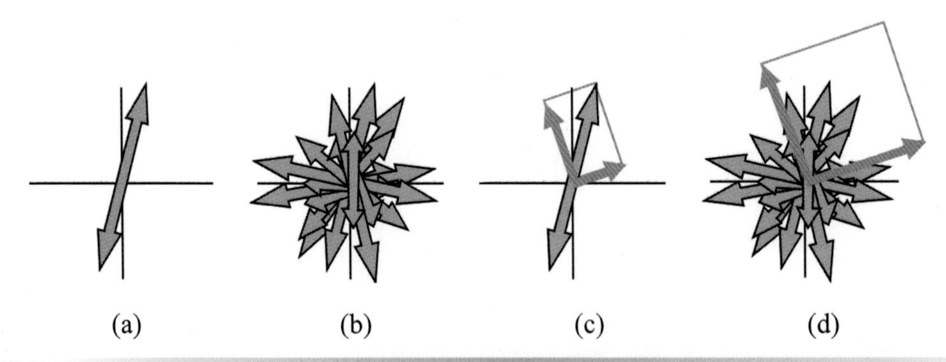

圖 1.12 (a)光的電場在某個方向上振盪 (b)自然界中的光在各個方向上振盪 (c)某個方向上振盪的光可分成二個垂直方向上的分量 (d)以最簡單的方式來表示自然界中的光之振盪

1.2.2　偏光片（Polarizer）

如圖 1.13 所示，偏光片的作用，是讓在某個方向上振盪的光通過，而把在其垂直方向上振盪的光擋住。

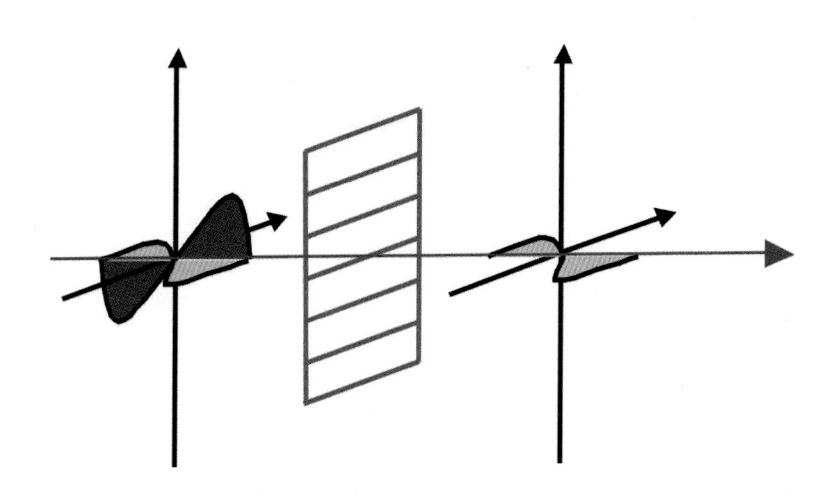

圖 1.13　偏光片的作用

1.2.3　偏光片組（Polarizer/Analyzer）

如圖 1.14 所示，第一偏光片（一般稱為 Polarizer）僅讓在某個方向上振盪的光通過，而第二偏光片（一般稱為 Analyzer）再把所通過的光擋住，即可阻絕光的行進，而達到「關閉」光的效果。

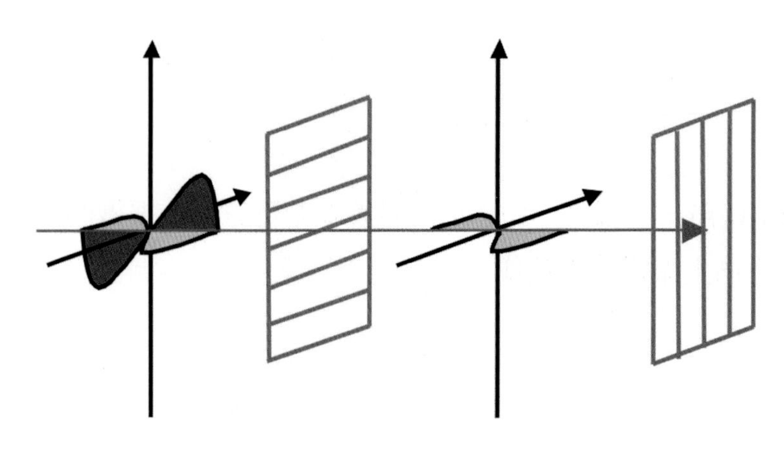

圖 1.14 偏光片組的作用

1.2.2.4 液晶的作用

液晶具有雙折射係數（Birefringence）的特性，而且在不同的電場下，會有不同的排列方式，因此，當光通過液晶時，會受其影響而改變或保持其振盪的方向，如圖 1.15 所示，當液晶不改變光的振盪方向時，光無法通過第二偏光片而被「關閉」，而當液晶將光的振盪方向改變，光可再分為二個分量，雖有一個分量無法通過第二偏光片，但仍有一個分量可以通過第二偏光片，而成為「打開」的狀態。因此，可藉由施加電場來改變液晶的排列方式，來實現「光閥」的觀念。

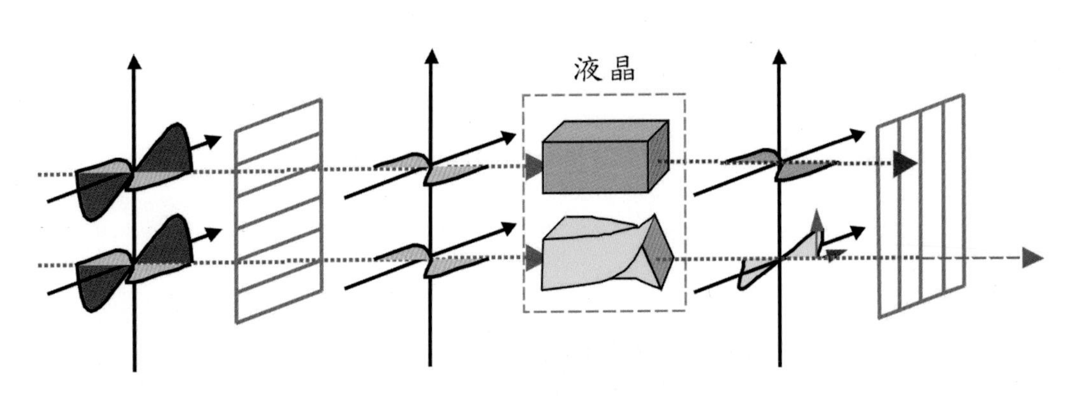

圖 1.15 液晶的作用

本書的內容，皆以穿透式 LCD 為例，反射式 LCD 雖然在光學顯示原理上與穿透式有所不同，但對驅動原理而言是相同的。

1.2.2.5 液晶光閥的例子

如圖 1.16 所示，射入光在 xy 二個方向上的電場振幅各為 Ax 和 Ay，經過第一偏光片之後，僅有 Ax 繼續行進，而 Ay 則被擋住。接著，為了配合液晶分子排列狀況，將座標系統旋轉ϕ角，在液晶分子長軸上的分量，因液晶的折射係數較大而行進速度較慢，而在短軸上的分量，則因折射係數較小而行進速度較快，因而產生相位差$\delta = 2\pi(\Delta n) d/\lambda$，其中$\Delta n$為液晶分子長短軸折射係數的差，d 為液晶厚度，$\lambda$為射入光的波長。然後，再配合第二偏光片的方向將座標系統旋轉回$-\phi$角。最後再經過第二偏光片僅有 y 方向繼續行進，而 x 方向則被擋住。由一連串矩陣運算，我們可以得到 Ax'= 0，以及

$$Ay'=Ax\,[\sin(2(\phi)]\,[\sin(\delta/2)] \qquad \text{公式(1.4)}$$

光的能量與振幅平方成正比，假設 Ax=Ay，我們可以得到此液晶光閥的

穿透度：

$$T=(Ax'^2+Ay'^2)/(Ax^2+Ay^2)=(1/2)\,[\sin^2(2(\phi)]\,[\sin^2(\delta/2)]$$ 公式(1.5)

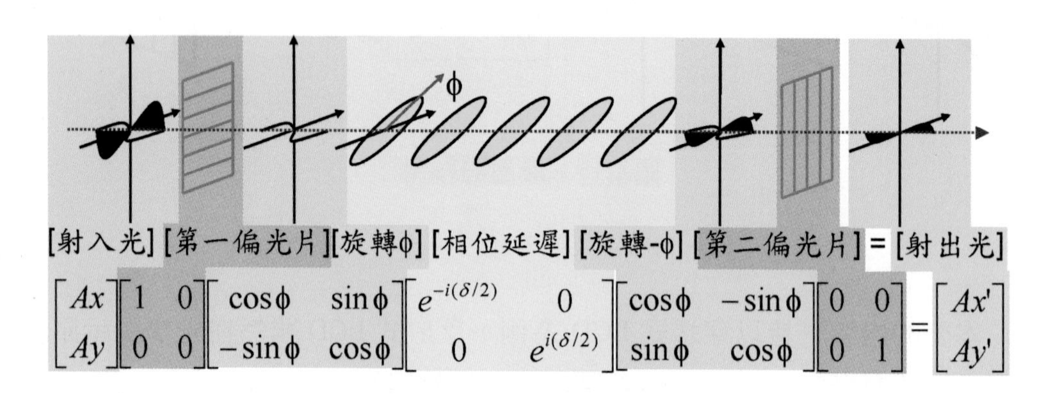

$$\begin{bmatrix}Ax\\Ay\end{bmatrix}\begin{bmatrix}1&0\\0&0\end{bmatrix}\begin{bmatrix}\cos\phi&\sin\phi\\-\sin\phi&\cos\phi\end{bmatrix}\begin{bmatrix}e^{-i(\delta/2)}&0\\0&e^{i(\delta/2)}\end{bmatrix}\begin{bmatrix}\cos\phi&-\sin\phi\\\sin\phi&\cos\phi\end{bmatrix}\begin{bmatrix}0&0\\0&1\end{bmatrix}=\begin{bmatrix}Ax'\\Ay'\end{bmatrix}$$

圖 1.16 液晶光閥的例子

由（公式 1.5），我們可以觀察到以下幾點：

A.藉由控制液晶分子長軸與偏光片的夾角φ，即可控制液晶光閥的穿透度。

B.當夾角φ= 0 時，可得到最暗的狀態；而當夾角φ= 45°時，可得到最亮的狀態。

C.穿透度 T 與相位差δ有關，相位差的公式為：

$$\delta=2\pi(\Delta n)d/\lambda$$ 公式(1.6)

與射入光的波長λ、液晶的雙折射係數Δn 和液晶的厚度 d 皆有關。

D.液晶的雙折射係數Δn 和液晶的厚度 d 需要適當的設計，來得到最佳的穿透度。

E.不同的射入光顏色波長λ不同，射入相同的液晶光閥，會得到不同的穿透度（在4.3.2.4中會有相關的討論）。

1.2.2.6　液晶光閥的不同模式

在1.2.2.5中所討論的液晶光閥，是將液晶分子的長軸設定在與偏光片平行的方向上，藉由電場控制其旋轉的ϕ角來改變穿透度，即是所謂的In-Plane-Switch（IPS）模式。事實上，有其他各式各樣的液晶光閥模式，特別是一種所謂的Twist Nematic（TN）模式，是在TFT LCD中最常用的，在這種模式中，若不施加電場，液晶分子的長軸會平行於偏光片，而在此平面上旋轉ϕ角；在不同電場下，液晶分子的長軸不僅會在與偏光片平行的平面上旋轉ϕ角，還會與該平面形成θ角的傾角，其偏極光的相位變化與穿透度的計算就更為複雜，觀念上，可以將液晶順著光行進的方向分割成N層超薄液晶，先計算出在不同電壓（電場）下每層超薄液晶的分子排列，再計算出每層超薄液晶的相位變化，類似於圖1.16中所示，以N個超薄液晶層對應的N個矩陣相乘，再配合偏光片選出特定方向的振幅，便可得到穿透度。更詳細的內容不在本書討論範圍之內，請讀者另行參考其他液晶相關書籍[2]。

1.2.2.7　LCD的視角

如圖1.17所示，可以從不同的角度來看LCD，換言之，光可以從不同的角度進入LCD，再進入觀察者的眼中。基於光是直線前進與圖1.16所呈現的觀念，偏極化的光在以不同的角度進入液晶層時，所遇到的相位延遲情況便不相同，穿透度也因而變化，亦同時造成對比改變；此外，如1.2.2.5中所討論的，相位延遲又會因光的波長而不同，所以各顏色的穿透度也會有所不同，因而造成不同視角觀察時的顏色偏移。

2　參考"Optical Waves in Layered Media", by Pochi Yeh, ISBN 9971-51-109-6。

LCD的亮度是背光源的亮度乘以穿透度，背光源在不同角度射出的亮度並不相同，因此，以不同視角看LCD會感覺到亮度、對比以及顏色的變化。經由適當的光學設計，可以使這些變化減到最小，而製成廣視角型LCD。

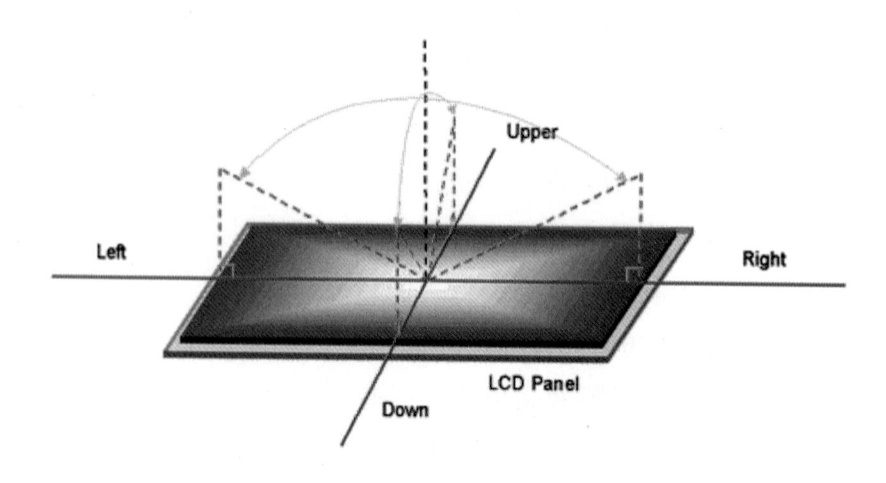

圖 1.17　從不同的角度來看 LCD

1.2.3 如何控制液晶光閥？

有許多方法來改變液晶光閥的穿透度，如偏光片的角度、液晶分子的厚度等等；而其中最方便而能有效控制的一種方式，是利用施加電場來改變液晶分子的排列方式，而使得光在液晶層中的相位延遲不同來改變穿透度，進而達成光閥的功能。

1.2.3.1 以電場控制液晶分子的排列[3]

當液晶分子處在電場中時，在分子上的電子雲，會受正電極吸引而向正電極移動，因而產生電偶極 $\vec{P}$。在電場 $\vec{E}$ 中的電偶極，會產生轉動的力矩：

$$\vec{\tau} = \vec{P} \times \vec{E} \qquad \text{公式(1.7)}$$

而電偶極 $\vec{P}$ 與 $\vec{E}$ 成正比：

$$\vec{P} = \varepsilon_0(\varepsilon_r - 1)\vec{E} = \varepsilon_0 \chi \vec{E} \qquad \text{公式(1.8)}$$

其中$\chi=\varepsilon_r-1$ 為電化率（Susceptibility），ε_r 為介電係數，ε_o 為真空中的電容率（Permeability）。

如圖 1.18 所示，可將液晶分子的電偶極分成與液晶分子長軸平行的分量 $|\vec{P}_{//}|$，以及與液晶分子短軸平行的分量 $|\vec{P}_{\perp}|$，各為：

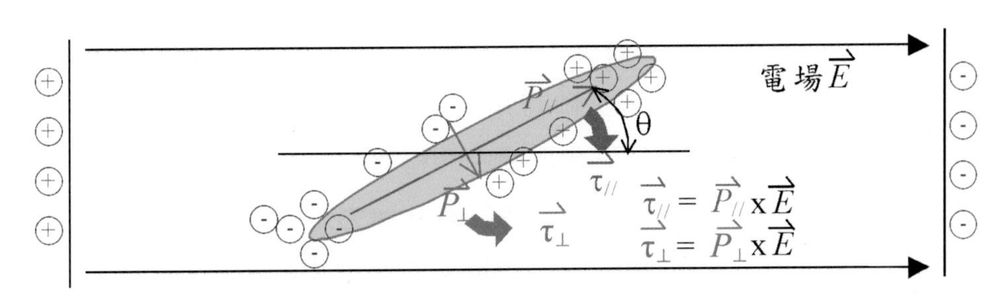

圖 1.18 液晶分子在電場中的電偶極與力矩

3 參考"Field and Wave Electromagnetics", by David K. Chang, Section3-8, ISBN0-201-01239-1。

$$|\vec{P}_{\perp}| = |\varepsilon_0\, \chi_{\perp}\, \vec{E}_{\perp}| = \varepsilon_0\, \chi_{\perp}\, E \sin(\theta)$$ 公式(1.9a)

$$|\vec{P}_{//}| = |\varepsilon_0\, \chi_{//}\, \vec{E}_{//}| = \varepsilon_0\, \chi_{//}\, E \cos(\theta)$$ 公式(1.9b)

這二個電偶極分量，會產生方向相反的力矩$|\vec{\tau}_{//}|$和$|\vec{\tau}_{\perp}|$：

$$|\vec{\tau}_{\perp}| = |\vec{P}_{\perp} \times \vec{E}| = |\vec{P}_{\perp}| \times |\vec{E}| \times \cos(\theta)$$

$$= \varepsilon_0\, \chi_{\perp}\, E^2 \sin(\theta) \cos(\theta)$$ 公式(1.10a)

$$|\vec{\tau}_{//}| = |\vec{P}_{//} \times \vec{E}| = |\vec{P}_{//}| \times |\vec{E}| \times \sin(\theta)$$

$$= \varepsilon_0\, \chi_{//} E^2 \cos(\theta) \sin(\theta)$$ 公式(1.10b)

這二個力矩方向相反，會相互抗衡，產生淨力矩$\vec{\tau}_{net}$：

$$\vec{\tau}_{net} = |\vec{\tau}_{//}| - |\vec{\tau}_{\perp}| = \varepsilon_0(\chi_{//} - \chi_{\perp}) E^2 \cos(\theta) \sin(\theta)$$

$$= (1/2)\, \varepsilon_0(\varepsilon_{//} - \varepsilon_{\perp}) E^2 \sin(2\theta)$$ 公式(1.11)

當力矩不平衡時，若其淨力矩可以克服液晶本身的彈性，即可使液晶分子朝力矩大的方向轉動。一般的液晶材料，液晶分子長軸的介電係數 $\varepsilon_{//}$ 會比短軸的介電係數 $\varepsilon_{\perp}$ 大（稱為正型液晶），所以電偶極 $\vec{P}_{//}$ 也會比較 $\vec{P}_{\perp}$ 大，因此由（公式 1.10），力矩 $\vec{\tau}_{//}$ 也會比 $\vec{\tau}_{\perp}$ 大，使得液晶分子的長軸向電場方向扭轉。也有少數的液晶材料，其長軸的介電係數 $\varepsilon_{//}$ 會比長軸的介電係數 $\varepsilon_{\perp}$ 小（稱為負型液晶），其液晶分子在電場中的扭轉方向與正型液晶相反。

因此，對液晶施加不同的電場，會改變其淨力矩與液晶本身彈性的平衡關係，因而使液晶分子的排列不同，而導致光穿透率的改變。

在以下二種特殊的情況，電場無法有效地扭轉液晶分子：

A. 當溫度昇高時，液晶分子會因能量的增加而擺動，溫度愈高，分子擺動地愈厲害（參見 1.2.5），就巨觀的角度而言，長短軸的分別會因為在空間上與時間上的平均效應而變小。當溫度很高的時候，液晶分子會具有足夠的

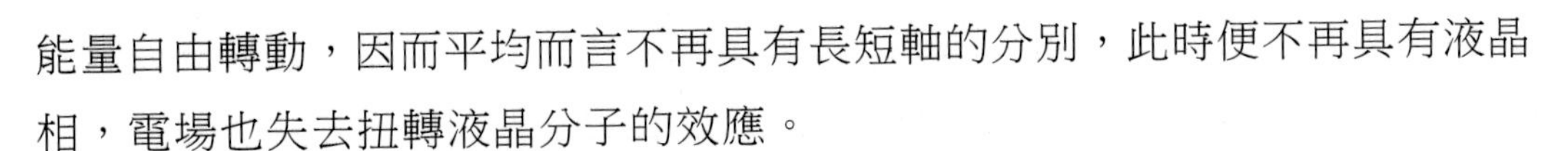

能量自由轉動，因而平均而言不再具有長短軸的分別，此時便不再具有液晶相，電場也失去扭轉液晶分子的效應。

B. 當液晶分子的長軸完全平行於電場 $\vec{E}$ 時，電偶極 $\vec{P}$ 亦會平行於電場 $\vec{E}$，使力矩 $\vec{\tau}_{//}=\vec{P}_{//}\times\vec{E}=0$，而力矩 $\vec{\tau}_{\perp}$ 也因為沒有 $\vec{P}_{\perp}$ 的分量而等於 0，因此液晶分子不會轉動。相同地，當液晶分子的短軸完全平行於電場 $\vec{E}$ 時，電偶極 $\vec{P}$ 亦僅會平行於電場 $\vec{E}$，力矩 $\vec{\tau}_{//}$ 因為沒有 $\vec{P}_{//}$ 的分量而等於 0，而力矩 $\vec{\tau}_{\perp}=\vec{P}_{\perp}\times\vec{E}=0$，因此液晶分子也不會轉動。就正型液晶而言，第二種狀態是很不穩定的，當液晶分子因溫度而擺動時，便會脫離此狀態而使液晶分子的長軸開始向電場方向轉動，但液晶分子的擺動是隨機的，不同的液晶分子依不同的路徑向電場方向轉動，使得液晶產生不同的區域（Domain），在一般的液晶光閥中，會以製程技術定義出液晶的預傾角（Pre-tilt angle），來避免這種情況發生。

1.2.3.2　電壓—穿透度關係曲線（V-T% Curve）

一般而言，對液晶光閥施加電場 E 的二個電極，其間的距離 d 是固定的，因此施加的電壓 V=E/d，會與電場 E 成正比，經由控制施加在液晶層上的電壓 V，即可改變液晶光閥的穿透率，這就是液晶光閥與電壓交互作用而製成顯示器的原理。電壓與穿透度的關係，是以電壓控制液晶光閥來顯示畫面的樞紐。

將施加在液晶光閥上的電壓 V 置於橫軸，將液晶光閥的穿透度 T% 繪於縱軸，可得到電壓 V—穿透度 T% 的關係曲線，圖 1.19 繪出 TN 型與 IPS 型液晶光閥的典型 V- T% 關係曲線。特別注意到，TN 型液晶光閥未施加電壓（V=0）的穿透度最大，這種型式稱為 Normally White（NW）；而 IPS 型液晶光閥未施加電壓（V=0）的穿透度最小，稱為 Normally Black（NB）的型式。

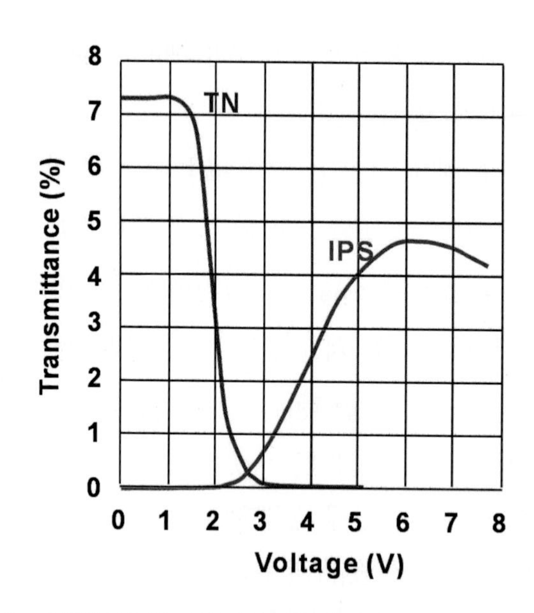

圖 1.19　TN 型與 IPS 型液晶光閥的典型 V- T%關係曲線

如 1.1.3.3 中所述，TFT LCD 的灰階係由電壓的控制來設定，所要顯示的灰階愈多，電壓的控制就要愈精確。而液晶模式的穿透度對應電壓的斜率變化愈大，電壓的控制也要愈精確，以圖 1.19 中所示的二種液晶模式為例，TN 型所需的灰階電壓控制，就會比 IPS 型所需的更精確。

1.2.4　液晶電容

理想的液晶層是不導電的，而在液晶光閥中，液晶層介於施加電壓的二個電極之間，我們知道，以二個電極之間夾置一個不導電的介電材質，即是一個電容，因此液晶光閥的行為會像是一個電容 C_{LC}。但由 1.2.3.1 的說明，液晶分子的介電係數ε並不是定值（在長短軸上各為 $\vec{\varepsilon}_{//}$ 和 $\vec{\varepsilon}_{\perp}$），故液晶電容 C_{LC} 會隨著液晶分子的排列而改變，而液晶分子的排列又會受到液晶邊界狀態、溫度與電場等效應的影響。

二個平行電極夾置一介電層的情況如圖 1.20(a)所示，其電容值的基本公式為：

$$C = \varepsilon A / d = \varepsilon_r \varepsilon_0 A / d \quad \text{公式(1.12)}$$

其中ε為介電質的介電係數，ε_r 為介電質的相對介電係數，ε_0 為真空中的電容率（8.85418×10^{-12} F/m），A 為平行電極的面積，d 為平行電極的間距（亦即介電層的厚度），在液晶光閥中，平行電極的面積和間距是固定不變的。

當液晶分子長軸完全垂直或平行於電極時，如圖 1.20(b)和圖 1.20(c)所示，其電容值的計算，只需將 $\varepsilon_\perp$ 或 $\varepsilon_{//}$ 代入 ε_r 即可，但是當液晶分子長軸並未完全平行或垂直於電極時，如圖 1.20(d)所示，便需計算出等效的介電係數。

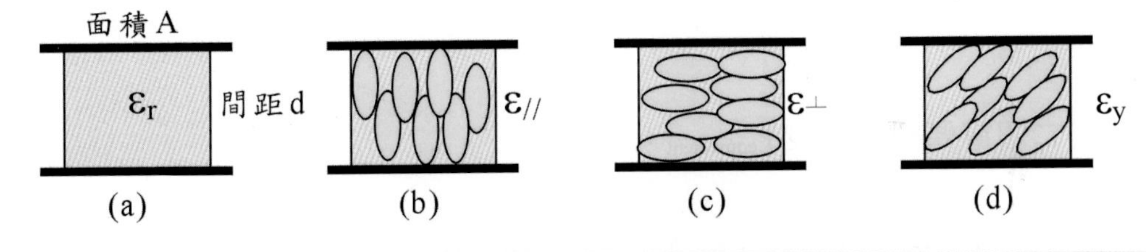

圖 1.20　平行電極電容　(a)均勻介電質　(b)液晶分子長軸垂直電極　(c)液晶分子長軸平行電極　(d)液晶分子長軸與電極成一角度

1.2.4.1　等效介電係數ε_y的計算

在二個平行電極上施加電壓，會在平行電極之間產生電場$\vec{E}$，假設液晶分子長軸與平行電極間成一角度θ，如圖 1.21 所示，可以將電場分成$|\vec{E}_\perp|$和$|\vec{E}_{//}$

|二個分量，進而在液晶分子的長短軸上，各引起了電偶極$|\vec{P}_{\perp}|$和$|\vec{P}_{//}|$（見公式1.9a與公式1.9b）。

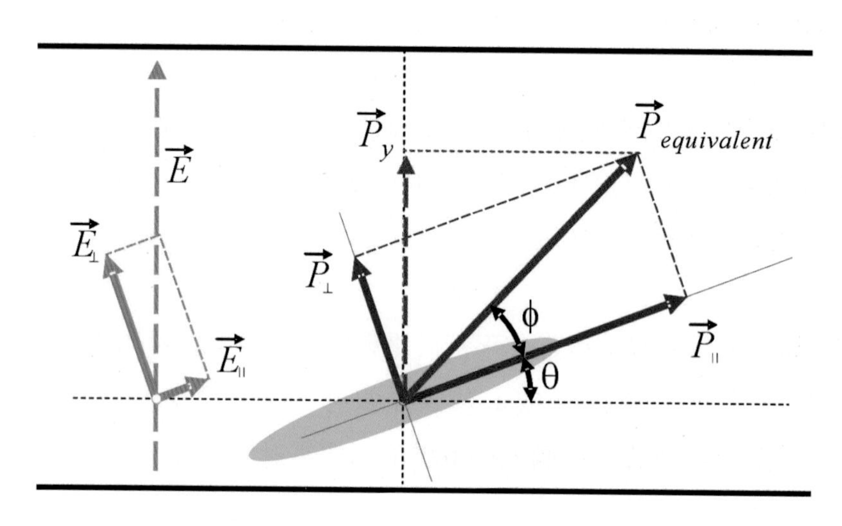

圖 1.21 等效介電係數的計算

這二個電偶極再合成$\vec{P}_{equivalent}$：

$$\left|\vec{P}_{equivalent}\right| = (\vec{P}_{\perp}^{2} + \vec{P}_{//}^{2})^{1/2} = \varepsilon_0\{[\chi_{\perp}\cos(\theta)]^2 + [\chi_{//}\sin(\theta)]^2\}^{1/2} E \quad \text{公式(1.13)}$$

由於$\varepsilon_{//}$不等於$\varepsilon_{\perp}$，電偶極$\vec{P}_{equivalent}$與電場$\vec{E}$並不平行，再假設電偶極$\vec{P}_{equivalent}$與液晶分子長軸成一角度ϕ，可計算$\tan(\phi)$

$$\begin{aligned}\tan(\phi) &= |\vec{P}_{\perp}| / |\vec{P}_{//}| = [\varepsilon_0\chi_{\perp}E\cos(\theta)] / [\varepsilon_0\chi_{//}E\sin(\theta)] \\ &= (\chi_{\perp} / \chi_{//})\cot(\theta) \qquad \text{公式(1.14)}\end{aligned}$$

由（公式1.9），可求得等效電化率$\chi_{equivalent}$：

$$\chi_{equivalent} = P_{equivalent} / \varepsilon_0 E = \{[\chi_{\perp}\cos(\theta)]^2 + [\chi_{//}\sin(\theta)]^2\}^{1/2}$$　公式(1.15)

最後，由電化率 $\chi_{equivalent}$ 在與電場 $\vec{E}$ 平行方向上的分量 χ_y 可求得等效介電係數 ε_y，其與角度的關係之一例如圖 1.22 所示：

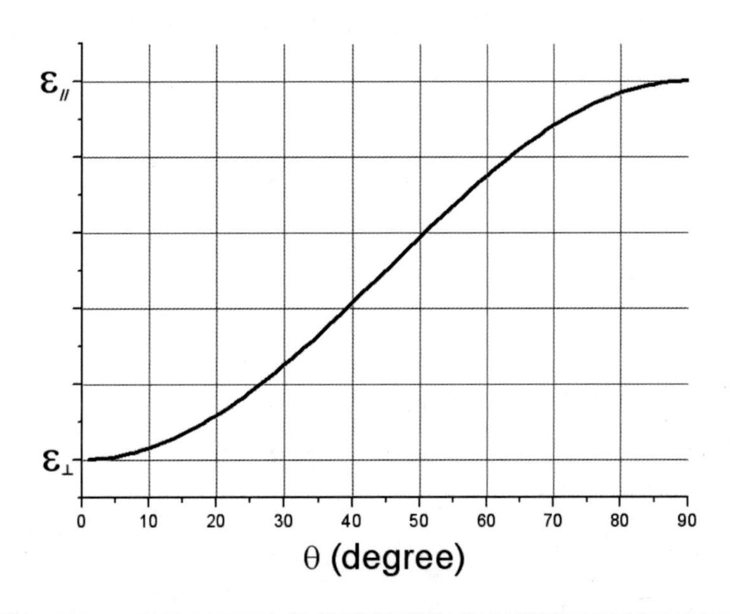

圖 1.22　等效介電係數與液晶分子長軸和電場夾角的關係圖之一例

$$\varepsilon_y = 1 + \chi_y = 1 + \chi_{equivalent}\sin(\theta + \phi)$$
$$= 1 + \{[\chi_{\perp}\cos(\theta)]^2 + [\chi_{//}\sin(\theta)]^2\}^{1/2} \times \sin\{\theta + \tan^{-1}[(\chi_{\perp} / \chi_{//})\cot(\theta)]\}$$
公式(1.16)

1.4.2　液晶電容值 C_{LC} 的計算

在大部分的液晶光閥模式中，夾置於二個平行電極之間的液晶分子，與平行電極的角度並不是相同的，如圖 1.23 所示，此時可應用類似 1.2.2.6 中所述的觀念，將液晶層分成N個薄層，可假設在每個薄層中的液晶分子與平行電極之間的角度是相同，由 1.2.4.1，我們可以計算出各個角度的等效介電係數，再由（公式 1.12），即可計算出每個薄層的液晶電容。

在平行電極之間的等電位面，亦會平行於電極，這些等電位面可視為厚度為零的虛擬電極，因此，液晶電容值的計算，是將 N 個薄層的液晶電容「串聯」起來，亦即：

$$C_{LC} = 1 / \{\Sigma_i (1 / C_i)\} = 1 / \{ [1/C_1(\theta_1)]+ [1/C_2(\theta_2)]+ [1/C_3(\theta_3)]+ ...\}$$

公式(1.17)

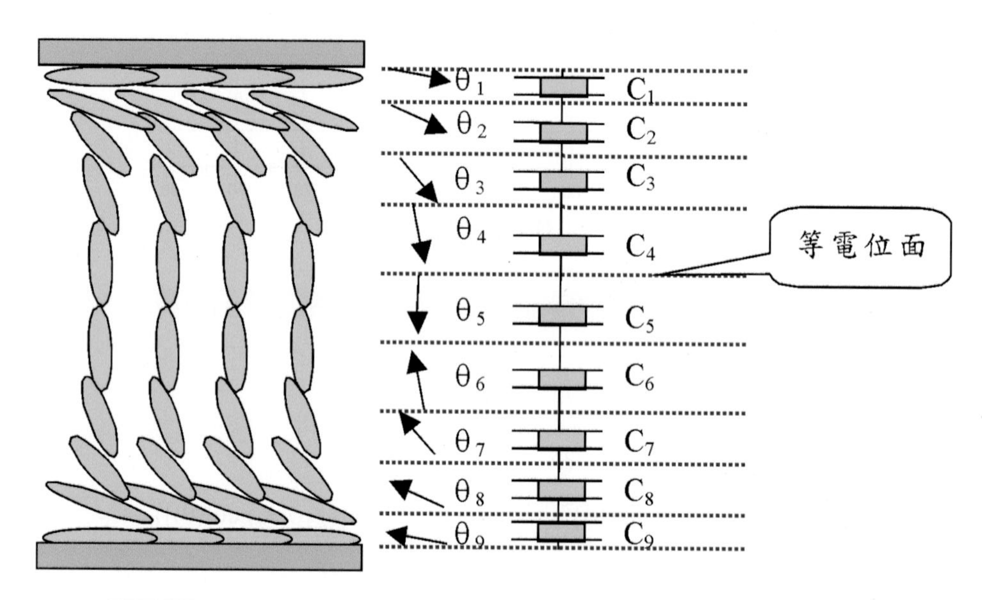

圖 1.23 夾置於二個平行電極之間的液晶分子與其電容計算

在不同電壓下，液晶分子的排列會改變，一方面會反應在液晶電容值的變化上，同時另一方面也會反應在穿透度的變化上。TN 型液晶光閥的典型電容／穿透度－電壓關係曲線如圖 1.24 所示。

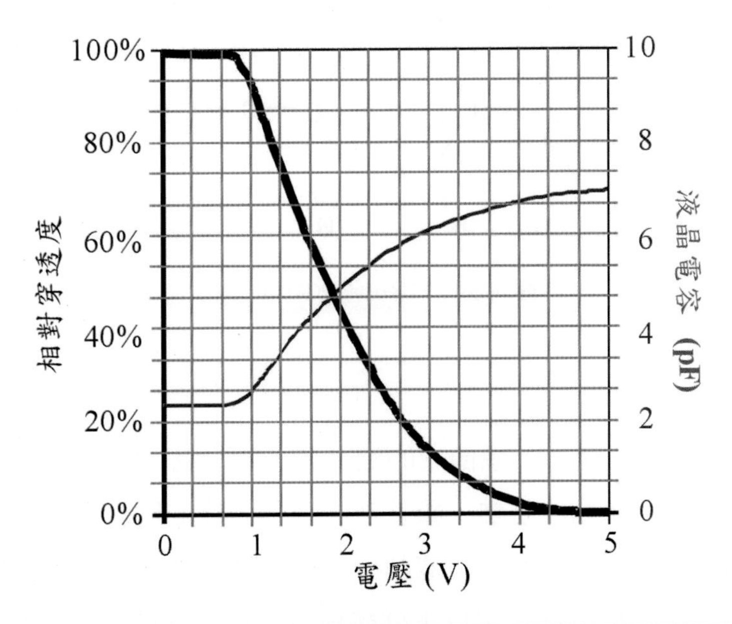

圖 1.24　TN 型液晶光閥的典型電容／穿透度－電壓關係曲線

1.2.5　進一步認識液晶

一般的液晶分子是長條型的，包括二個部分，一是不易彎曲的部分，通常由苯環組成，另一是可彎曲的部分；一種向列型（nematic）液晶分子（4'-n-pentyl-4-cyanobiphenyl）的結構如圖 1.25 所示。

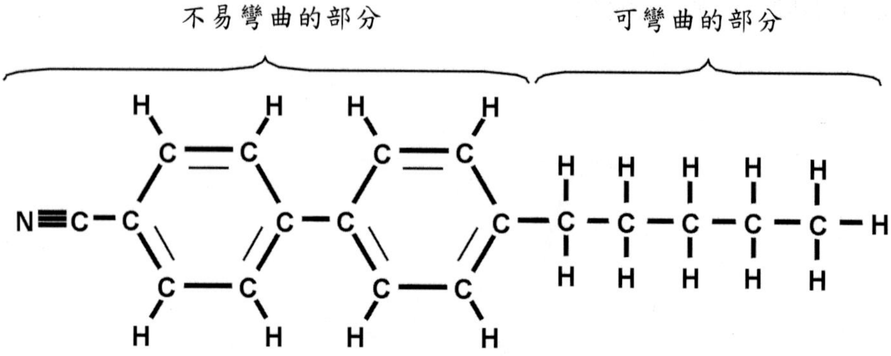

不易彎曲的部分
可彎曲的部分

圖 1.25 一種液晶分子結構

藉由圖 1.26，描述一下想像中的液晶分子的行為：液晶分子在液晶中，會有沿著長軸平行排列的趨勢，雖然液晶分子大致上是以長軸平行的方式排列，且分子間有作用力存在，但液晶分子會從環境溫度中取得能量，克服此作用力，本身動態地不斷地用以下列幾種方式快速運動：

i. 在長軸方向附近，以某個角度搖擺，如果在瞬間取得一個大的能量時，甚至會翻轉至相反方向

ii. 以長軸方向為中心旋轉，以及

iii. 保持長軸方向而在液晶中平行地移動。

搖擺(翻轉)
旋轉
平移

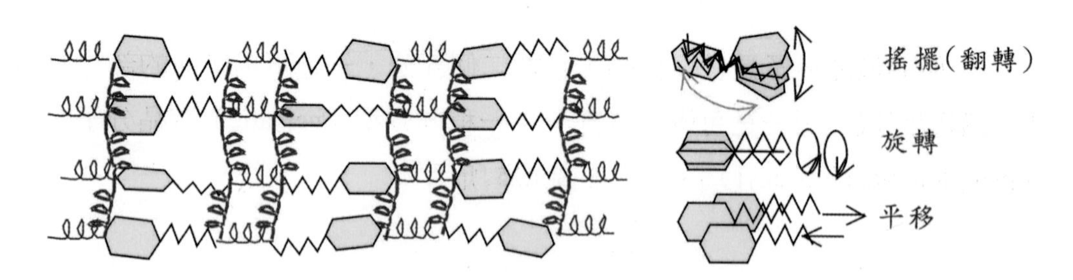

圖 1.26 液晶分子動態運動示意圖

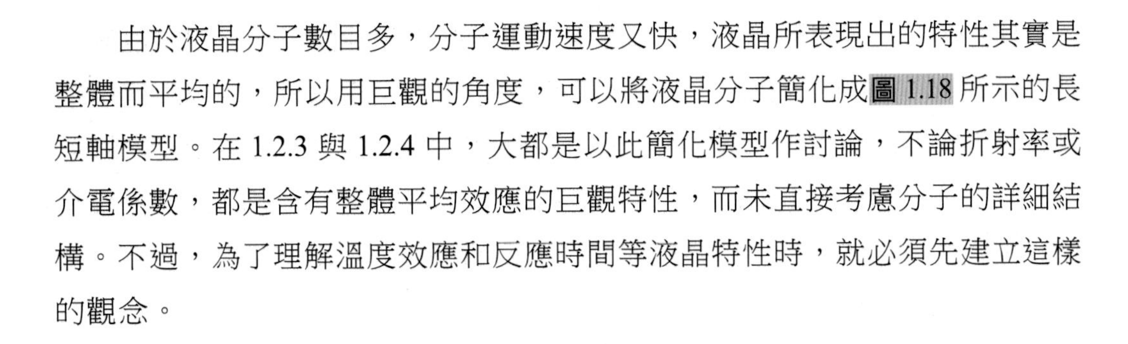

由於液晶分子數目多，分子運動速度又快，液晶所表現出的特性其實是整體而平均的，所以用巨觀的角度，可以將液晶分子簡化成圖 1.18 所示的長短軸模型。在 1.2.3 與 1.2.4 中，大都是以此簡化模型作討論，不論折射率或介電係數，都是含有整體平均效應的巨觀特性，而未直接考慮分子的詳細結構。不過，為了理解溫度效應和反應時間等液晶特性時，就必須先建立這樣的觀念。

1.3 了解薄膜電晶體（Thin-Film Transistor, TFT）

目前絕大部分的 TFT LCD 中所使用的薄膜電晶體（TFT），都是利用非晶矽（Amorphous silicon, a-Si：H）所製成的，在本書第一至五章中所討論的內容，都是基於非晶矽型的 TFT，至於其他的 TFT 技術，會在第六章中稍作介紹。

1.3.1 TFT 的結構與操作原理

如圖 1.27 所示，非晶矽型 TFT 具有一個閘極（Gate），一個源極（Source），與一個汲極（Drain），主要的結構是一個非晶矽半導體薄膜，此半導體層與閘極電極之間隔著一個閘極絕緣層，又此半導體層的兩端，各經過一層 n^+ 型摻雜的非晶矽層，與源極與汲極電極相連接。

此結構與金氧半場效電晶體（MOSFET）非常相似，其操作原理也很相近。當閘極施加正電壓時，會在半導體層中吸引成電子通道，使源極與汲極之間形成導通狀態，若閘極電壓施加得愈大，吸引的電子也愈多，使得導通電流愈大；而當閘極施加負電壓時，會將半導體層中的電子排除，且因 n^+ 型非晶矽層的阻絕而無法吸引電洞，使源極與汲極之間形成關閉狀態。

TFT LCD即是利用TFT的閘極電壓，可以控制源極與汲極之間的電流，而將TFT打開與關閉的特點，得以在適當的時機，與驅動信號的來源連接或斷絕，而使得每一個顯示畫素可以獨立的運作，較不易受其他顯示畫素的影響，由於 TFT 屬於一種主動元件，在顯示畫面中呈現矩陣式的排列，因此TFT LCD也被視作為一種主動矩陣式（Active matrix）LCD。

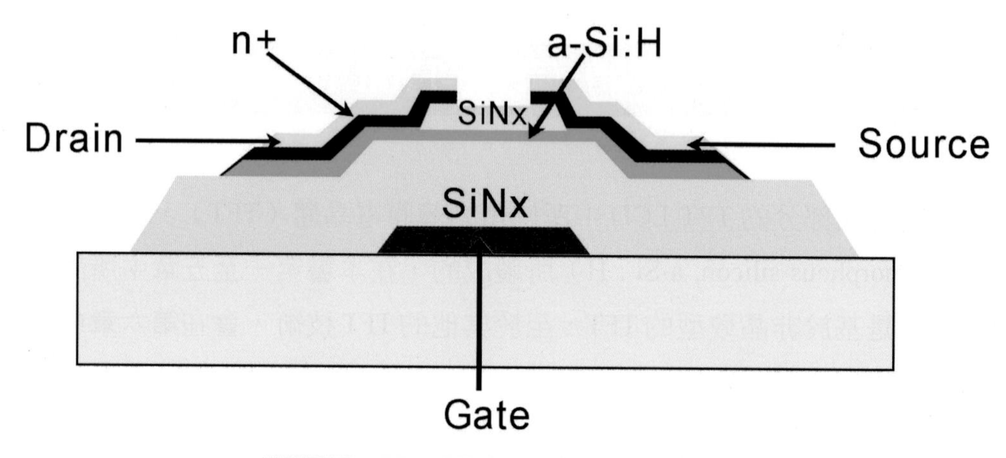

圖 1.27 非矽晶型 TFT 的剖面示意圖

1.3.2 TFT的電流－電壓特性

圖 1.28 所示為典型的TFT電流－電壓特性曲線圖（汲極－源極間電壓差為 10V），當閘極電壓V_{gs}加至 20V時，TFT可具有超過 10^{-6}安培的電流，而閘極電壓 V_{gs}為−5V 至−15V 時，TFT 是關閉的，漏電電流小於 10^{-12}安培。因此，藉由設定閘極電壓，可以達到控制電晶體作為開關的目的。

TFT 電壓－電流公式，可依循 MOSFET 的基本公式：

$Ids = \mu_{eff} (\varepsilon_{ins}\varepsilon_0/t_{ins})(W/L)(V_{gs} - V_{th})\ Vds$

當 $V_{gs} - V_{th} \geq Vds$　　公式(1.18)

$Ids = (1/2)\ \mu_{eff}(\varepsilon_{ins}\varepsilon_0/t_{ins})(W/L)(V_{gs} - V_{th})^2$

當 $V_{gs} - V_{th} < Vds$　　公式(1.19)

其中 C_{ins} 為閘極絕緣層單位面積之電容值，W 為通道寬度，L 為通道長度，V_{gs} 為閘極－源極電壓，Vds 為汲極－源極電壓，V_{th} 為截止電壓（Threshold voltage）。特別要提的是 μ_{eff}，為等效載子移動率，其中包括了對載子實際移動率 μ_0 和缺陷數目 N_{defect} 與載子數目 N_{free} 的修正項：

$\mu_{eff} = \mu_0\ N_{free}/(\ N_{free} + N_{defect})$　　公式(1.20)

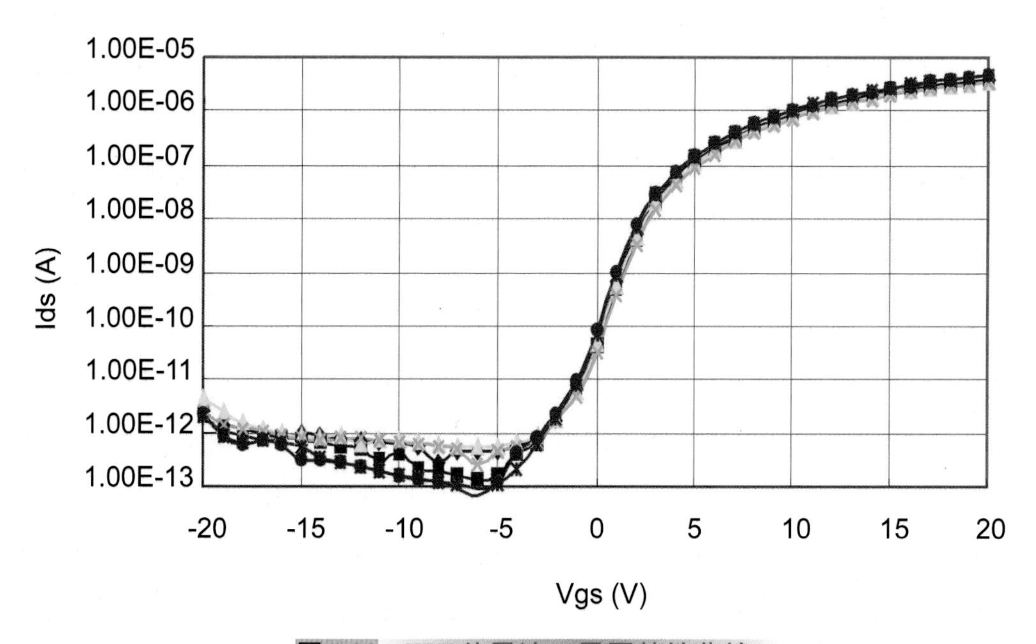

圖 1.28　TFT 的電流－電壓特性曲線

一般而言，非晶矽TFT的載子實際移動率μ_0約為 10 cm^2/Vsec左右，但由於缺陷數目太多，大部分閘極所吸引的電荷被擭取在缺陷中而無法提供導電能力，使得等效載子移動率僅剩下不到 1 cm^2/Vsec。

1.3.3 TFT 與 MOSFET 的比較

雖然 TFT 與 MOSFET 有許多相似之處，但仍有部分不同，而造成在 TFT LCD 中的某些效應，需要特別提出來說明。

1.3.3.1 通道與源／汲極

MOSFET的載子通道所形成的介面，是與源／汲極在同一邊的，因此，載子通道形成後，會直接連接至源／汲極。而TFT的電子通道是形成於半導體層下方的介面，而源／汲極卻是在半導體層上方的介面，因此，TFT的電子通道要連接到源／汲極，必須再經過半導體層厚度，載子的流動需要經過這個低導電性的區域，因而影響 TFT 的導電特性。

1.3.3.2 閘極與源／汲極的重疊

MOSFET的源／汲極摻雜，是利用閘極本作為遮罩，利用離子佈植來形成，具有自動對準（Self-align）的效果，閘極與源／汲極之間並不會重疊。而 TFT 的源／汲極，是另外用光罩來定義的，再加上如 1.3.3.1 所述，TFT 的導通特性包括了半導體層厚度本身造成的電阻，如果閘極與源／汲極之間沒有重疊，會造成一段不會形成通道的距離，形成很大的阻值使其充電能力大幅降低，因此，必須在閘極與源／汲極故意地形成重疊，來避免這樣的情況。然而，這個故意形成的重疊，會使得閘極與源／汲極之間產生寄生電容，造成了許多 TFT LCD 驅動與設計上的特殊考量，這些考量將會在 2.5 中再加以說明。

1.3.3.3 閘極絕緣層的材料

MOSFET 的閘極絕緣層是在高溫下形成的氧化矽（SiO_2），其本身和與矽半導體介面的品質都是極佳的。而TFT的閘極絕緣層，囿於基板耐溫的限制而無法在高溫下成長，而僅能以電漿沈積的方式形成，更特別的是，其材料並非氧化矽，而是更容易形成缺陷的氮化矽（SiN_X）。在氮化矽中的缺陷，很容易攫取正電荷，這個現象在其他應用上並不是一件好事，但卻恰好配合上非晶矽中的大量缺陷，本來要在非晶矽中形成通道，需要先把這些缺陷填滿，恰可以利用氮化矽中的這些正電荷來幫助吸引電子，填滿缺陷以形成通道。這也是實際上應用的 TFT 為 n 型而沒有 p 型的原因。

至於其他更詳細的內容，不在本書討論範圍之內，請讀者另行參考其他半導體元件製程等相關書籍。

1.4 了解 TFT LCD

1.4.1 TFT LCD 架構

圖 1.29 所示為 TFT LCD 架構示意圖。如 1.1.1 中所述，畫面由畫素所組成，每個畫素需可獨立地改變灰階。如 2.4 中所述，液晶光閥可視為具有二個平行電極的電容，在TFT LCD中，一個電極是個別地「獨立」的，稱為畫素電極（pixel electrode），再以二維的方式展開成陣列；而另一個電極是所

有畫素「共用」的，稱為共電極（common electrode）。共電極的電壓，是所有液晶光閥共用的參考電壓，畫素電極的電壓相對於共電極電壓的電壓差，即對應到施加在液晶光閥上的電場大小。

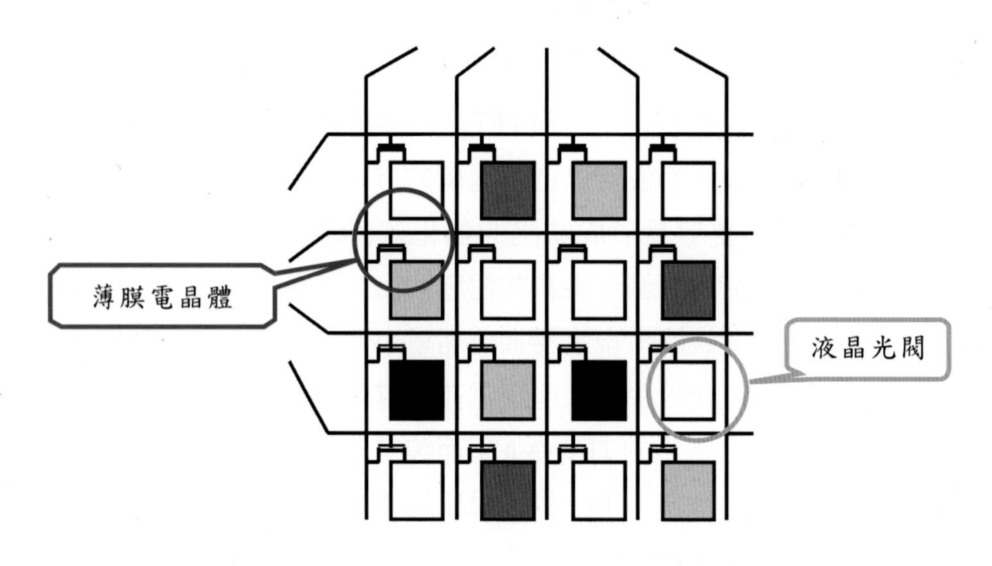

圖 1.29 TFT LCD 架構示意圖

在被動式LCD畫素中的二個平行電極，一個電極是與水平方向上的其他畫素共用，另一個電極則是與垂直方向上的其他畫素共用。TFT LCD與被動式 LCD 最大的不同之處，在利用 TFT 作為開關，將液晶光閥的畫素電極與其他畫素完全分開來，才不會受到其他畫素的影響。

1.4.2 彩色 TFT LCD 的次畫素

彩色濾光片（Color Filter, CF）

如 1.1.4 中所述，彩色畫面的畫素需再由RGB三原色來組成，目前的TFT LCD 皆是以次畫素（參見 1.1.4.2.1）的方式來實現彩色，而在水平方向上再將每個畫素分割成 RGB 三個次畫素，各次畫素的灰階需可獨立地改變，故亦個別地由對應的 TFT 所控制，因此 TFT LCD 架構會再複雜一些，如圖 1.30 所示，以三個次畫素組成一個畫素。

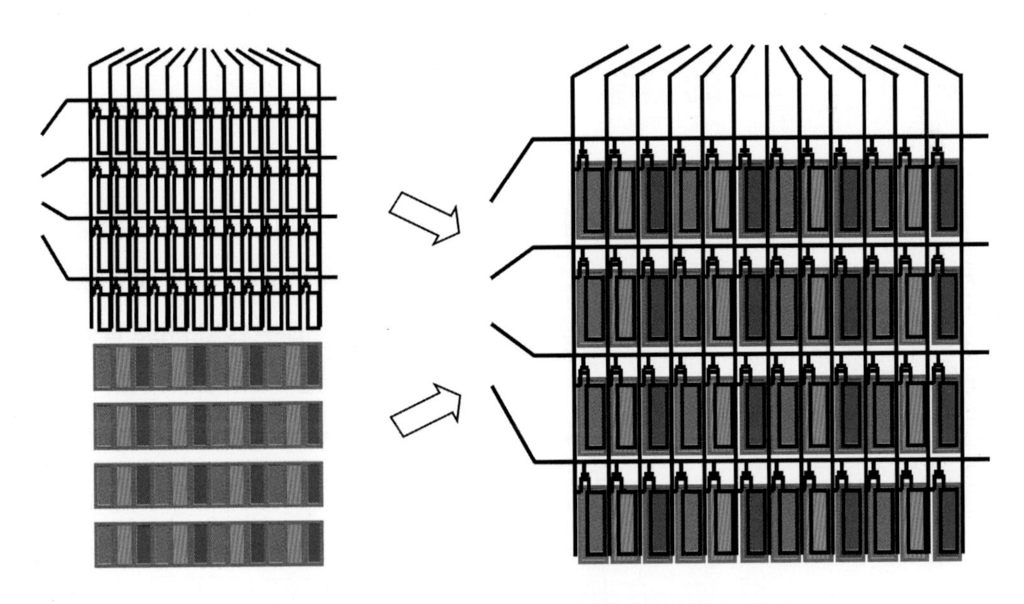

圖 1.30　彩色 TFT LCD 次畫素架構示意圖

彩色TFT LCD次畫素的顏色，是以配合彩色濾光片的方式來形成的。彩色濾光片的角色，是從白色光源中濾出 RGB 三原色的光，並不會對施加在液晶光閥上的電壓有所影響，因此，就TFT畫素層級的驅動原理而言，是與單色的情況相同的，可以用單色的情況來討論。但是，次畫素顏色排列會影響顯示系統層級的驅動，需要配合改變資料傳送的格式。

1.4.2.2 黑色矩陣（Black Matrix, BM）

一般而言，在不同顏色的彩色濾光片交界處，會形成不透光層，來遮蔽顏色混合的區域，可大幅減少LCD畫素間混色所產生的干擾，呈現更穩定而清晰的影像品質。同時，可用來遮蔽因液晶排列不同造成的畫素漏光，以增加對比，遮蔽TFT以降低其漏電流，以及其他不可照光或透光的區域（將在2.4.1.2和2.5.2.2中另行討論）。

1.4.3 TFT LCD的譬喻

如果將 TFT LCD 以水利系統來譬喻，可將 TFT LCD 架構重新繪圖如圖1.31所示，並列表如下表1.1，在此要提醒的是，這只是為了方便說明驅動的原理，雖然大體上很接近，可以先建立基本的印象，但一些細節與真正的情況仍會有所差距。

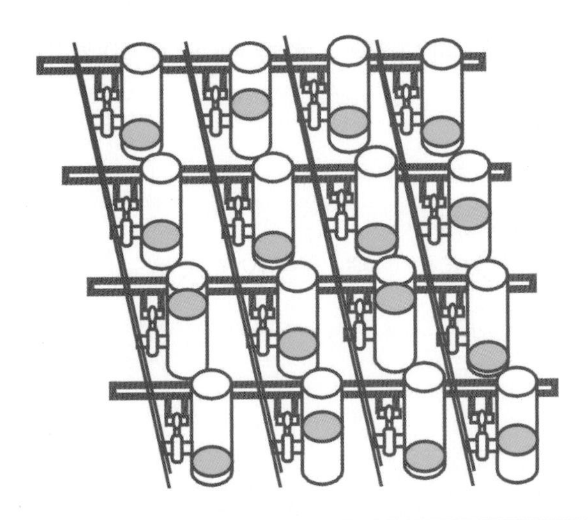

圖 1.31　TFT LCD 架構以水利系統譬喻之示意圖

表 1.1　TFT LCD 架構以水利系統譬喻

	譬喻	說明
電荷	水量	
電位差（電壓）	水位差	電位大小像水位高度一樣，沒有絕對的值，重要的是相對的差別
接地點	海平面	同一系統中共用的參考值
電流	水流	單位時間內流過的電荷量
電容	水容器	容量與底面積成正比
電晶體	水龍頭	作為開關，具有閘門，隔絕水源和水容器
共電極	水容器底	所有畫素共用的參考電極

以這樣的譬喻，複習一些簡單的電學公式：

1. 電流 I=電荷 Q 對時間 t 微分（水流速=水量對時間微分）

$$I(t) = dQ(t) / dt \qquad \text{公式(1.21)}$$

2. 電荷 Q=電流 I 對時間 t 積分（水量=水流速對時間積分）

$$Q(t) = \int I(t)\,dt$$ 公式(1.22)

3. 電荷量變化 dQ=電容 C 乘電位差 dV（水量=水容器面積乘水位差）

$$dQ = CdV$$ 公式(1.23)

1.5 名詞解釋

以下將其他有關 TFT LCD 面板設計的名詞，作簡要的說明：

- 有效顯示區域（Active Area）：顯示面板的有效顯示區域，即可顯示文字圖形的總面積。
- 開口率（Aperture Ratio）：每個次畫素可透光的有效區域除以次畫素的總面積，TFT LCD 面板設計時，若開口率設計得愈高，在同樣的背光下，整體畫面愈亮。
- 畫面比率（Aspect Ratio）：畫面寬與高之比率。電腦畫面及一般影像畫面比率為 4：3，高畫質電視（HDTV）則可提供 16：9 的寬平面螢幕畫面。
- 反應時間（Response Time）：螢幕畫素接收到信號後，由白轉黑和及由黑轉白所需的轉變時間加總。較短的反應時間使畫面轉換更為順暢。
- 顯示解析度（Resolution of Display）：即畫素組合成顯示陣列的數目，常用的顯示解析度有特定的名稱，如表 1.2 所示。

表 1.2　常用的顯示解析度特定名稱

VGA	= Video Graphics Array	640×RGB×480 Dot
SVGA	= Super Video Graphics Array	800×RGB×600 Dot
XGA	= Extended Graphics Array	1,024×RGB×768 Dot
SXGA	= Super Extended Graphics Array	1,280×RGB×1,024 Dot
SXGA^{+}	= Super Extended Graphics Array^{+}	1,400×RGB×1,050 Dot
UXGA	= Ultra Extended Graphics Array	1,600×RGB×1,200Dot

1-1 請計算：

a. 10.4” VGA 的 PPI 為何？

b. 12.4” XGA 的畫素大小為何？

c. 200 PPI VGA 的對角線尺寸為何？

1-2 畫素的定義是「組合成畫面的要素」，它並不一定要是正方形的，但一般會使水平方向的週期間距與垂直方向的相同，如圖 1-A 所示之顯示器畫素排列，其單色次畫素是長方形的，但由RGB次畫素所組成的畫素變成「凸」字形的。

a. 若次畫素的短邊的邊長 a=0.24mm，請計算長邊的邊長 b 和週期間距 L 各為多少？

b. 當畫素不是正方形時，會以其相等面積之正方形的邊長來計算 PPI，在圖 1-A 中，L × L 的範圍內，包含了 6 個次畫素，亦即包含了二個「凸」字形畫素

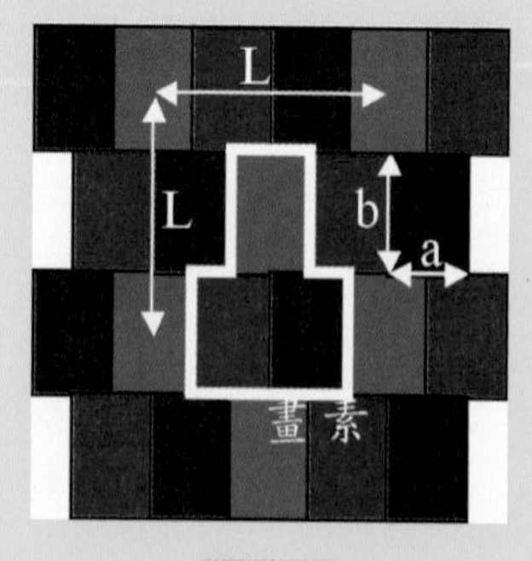

圖 1-A

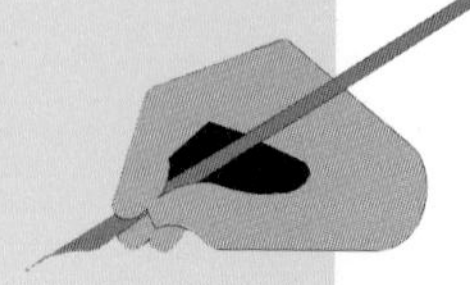

i　請計算出「凸」字形的畫素面積

ii　再依 i 的結果計算其相等面積之正方形的邊長

iii 最後，再以 ii 的結果計算出此顯示器之 PPI

1-3 請計算以下顯示器的對比為何？

a. 最低亮度為 2 nits，最高亮度為 360 nits

b. 最低亮度為 0.2 nits，最高亮度為 360 nits

c. 最低亮度為 2 nits，最高亮度為 720 nits

1-4 現有紅、藍、綠（RGB）三個光源，其色座標各為R（Yr, xr, yr）、G（Yg, xg, yg）和 B（Yb, xb, yb），請計算其所對應的（x, y）值，並參考圖 1.7 C.I.E. 色度圖，說明其對應的顏色。

a. (xr,yr)= (0.67,0.33); (xg,yg)= (0.21,0.71); (xb,yb)= (0.14,0.08); (Yr : Yg : Yb) = (1 : 0 : 1)

b. (xr,yr)= (0.64,0.33); (xg,yg)= (0.29,0.69); (xb,yb)= (0.15,0.06); (Yr : Yg : Yb) = (0 : 1 : 1)

c. (xr,yr)= (0.67,0.33); (xg,yg)= (0.21,0.71); (xb,yb)= (0.14,0.08); (Yr : Yg : Yb) = (1 : 0.5 : 0.5)

d. (xr,yr)= (0.67,0.33); (xg,yg)= (0.21,0.71); (xb,yb)= (0.14,0.08); (Yr : Yg : Yb) = (1 : 0.1 : 0.1)

1-5 當RGB三個光源的灰階都設定在最大的灰階時，所顯示出來的是最亮的白色，請計算以下之光源所組合出來的白色之色座標（xw, yw）。

a. (xr,yr)= (0.67,0.33); (xg,yg)= (0.21,0.71); (xb,yb)= (0.14,0.08); (Yr : Yg : Yb) = (0.9 : 1 : 1.1)

b. (xr,yr)= (0.64,0.33); (xg,yg)= (0.29,0.69); (xb,yb)= (0.15,0.06); (Yr : Yg : Yb) = (0.9 : 1 : 1.1)

c. (xr,yr)= (0.67,0.33); (xg,yg)= (0.21,0.71); (xb,yb)= (0.14,0.08); (Yr : Yg : Yb) = (1.1 : 1 : 0.9)

（由這個練習，我們可以了解到，以名稱來分辨顏色並不精確。以白色而言，會受到紅、藍、綠三個光源的亮度比例和其色度的影響，當三者亮度比例與色度不同時，所組合成的白色色度也會稍有不同。相同的道理，在顯示其他顏色時也會有類似的情況，因此，同樣的圖片在不同的顯示器上會有所不同。）

1-7 如圖 1-B 排列之液晶電容，假設液晶分子的$\varepsilon_{//}$和$\varepsilon_{\perp}$各為 3 和 12，假設電容面積為 10000μm^2，試計算此液晶電容值。

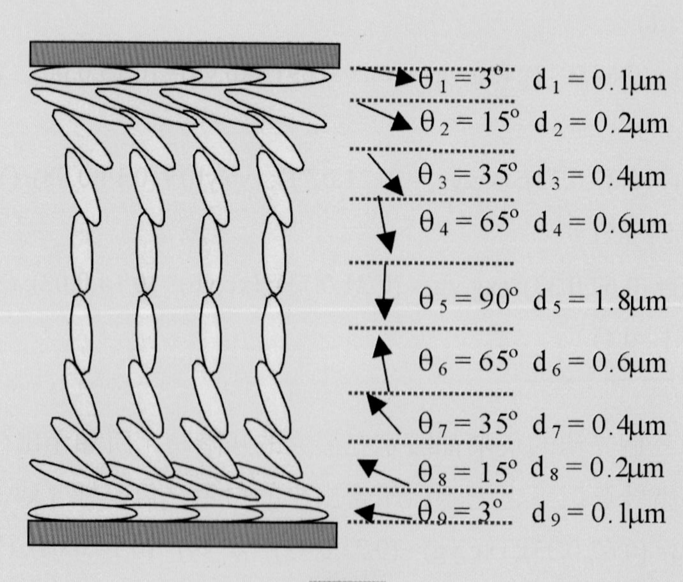

圖 1-B

TFT LCD 的操作原理

2.1 TFT LCD的操作方式

在主動矩陣式LCD中，每個畫素具有一TFT，其閘極（Gate）連接至水平方向的掃描線，汲極（Drain）連接至垂直方向的資料線，而源極（Source）則連接至畫素電極。

在水平方向上的同一條掃描線上，所有TFT的閘極都連接在一起，所以施加的電壓是連動的，若在某一條掃描線上施加足夠大的正電壓，則這條掃描線上所有的TFT皆會被打開，此時該條掃描線上的畫素電極，會與垂直方向的資料線連接，而經由垂直資料線送入對應的視訊信號，以將畫素電極充電至適當的電壓。接著施加足夠大的負電壓，關閉TFT，直到下次再重新寫入信號，其間使得電荷保存在液晶電容上；此時再起動次一條水平掃描線，送入其對應的視訊信號。如此依序將整個畫面的視訊資料寫入，再重新自第一條重新寫入信號（一般此重複的頻率為60～70 Hz）。

如1.2.2中所述，對每個畫素中的液晶光閥而言，液晶上所施加的電壓和光的穿透度具有一定的關係，因此，只要依據所要顯示的畫面，控制施加在液晶上的電壓，即可將各個畫素設定在適當的光穿透度，配合均勻的背光源，而使顯示器出現想要的畫面。以上所述，即是理想的主動矩陣型液晶顯示器的操作原理。

在此以一個4×4的顯示陣列為例，利用1.4.3的譬喻配合圖2.1，先說明TFT LCD的最基本的操作方式，之後再就其他變化加以討論。

為了顯示圖2.1左上方的灰階畫面，需在各個畫素的液晶電容上施加大小不同的電壓，以圖2.1左下方的譬喻方式，即需在各個水容器中注入不同高低的水位。以normally white的模式而言，畫素愈暗所對應的水位（電壓）愈高。實行的方式如圖2.1右方一連串的循序圖所示。

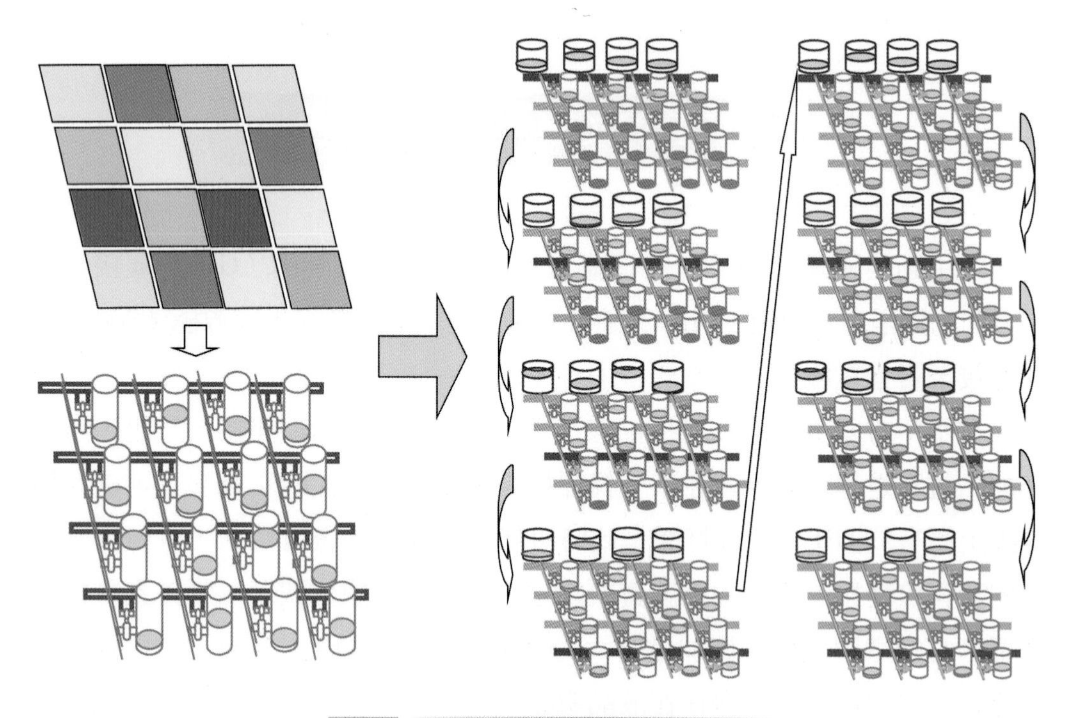

圖 2.1 TFT LCD的基本操作方式

開始之前，假設所有的水龍頭都是關閉的，而水容器的水位並不是正確的。

首先，將第1水平列上所要設定的各個水位在垂直水管的源頭準備好；接著將第 1 列的水龍頭一起打開，只要源頭提供足夠的水量，經由水的流動，第1列上的各個水容器的水位，會與源頭的水位相同。此時，其他第2、3、4列上的水龍頭都是關閉著，其對應連接的水容器的水位不會受到影響。然後，再將第1列上的水龍頭關閉。

其次，再將第 2 水平列上所要設定的各個水位在垂直水管的源頭準備好；接著將第2列的水龍頭一起打開，使第2列上的各個水容器的水位與源頭相同。此時，其他第1、3、4列上的水龍頭都是關閉著而不影響水容器的水位。然後，再將第2列上的水龍頭關閉。

如此循序設定第3、4列上的水容器水位，即可將各個畫素對應的水位設定成圖 2.1 左下方所示的情況。

設定完最後一列之後，再重新設定第 1 列所需的水源頭水位、打開第 1 列的水龍頭讓水連通、關閉水龍頭。接著是第2、3、4列，週而復始地循環。

2.2 極性反轉（Polarity inversion）

在 1.2.3.1 中，參考圖 1.18，討論到以電場控制液晶分子的排列，在此需進一步地加以討論，以解釋在LCD驅動方式中很重要的「極性反轉」觀念。

2.2.1 什麼叫做「極性反轉」？

施加在液晶分子上的電場是有方向性的，若在不同的時間，以相反方向的電場施加在液晶上，即稱為「極性反轉」。在大部分的情況下，電極間距為常數，電場的方向對應到電位差的正負號，因此「極性反轉」也意謂著：對液晶施加正負號相反的電位差。

2.2.2 為什麼可以「極性反轉」？

圖 2.2 再次繪出液晶分子在電場中的電偶極與力矩的情形，與圖 1.18 不同的是電場方向相反，因而電偶極的方向也是相反的，所以，所產生的力矩 $\vec{\tau}_{//}$ 和 $\vec{\tau}_{\perp}$，卻因負負得正而仍保持原來的轉動方向，有差別的地方，在於電場方向不同時，液晶分子上的電子雲分布不同而已，力矩 $\vec{\tau}_{//}$ 和 $\vec{\tau}_{\perp}$ 的大小並沒有改變，因此，極性的方向並不會影響力矩對液晶分子的作用，所以可以利用

「極性反轉」的方式來驅動液晶而不影響其排列與穿透度。

由（公式 1.11）可知，液晶分子在電場中的力矩與電場的平方成正比（再次驗證與其正負號無關）。這個力矩用來克服液晶的彈性，以控制其排列方式，進而控制穿透度。當電場大小固定時，即使電場的正負極性改變，液晶分子上的電子雲分布可立即反應，因此可視為是處在一個平衡狀態下。

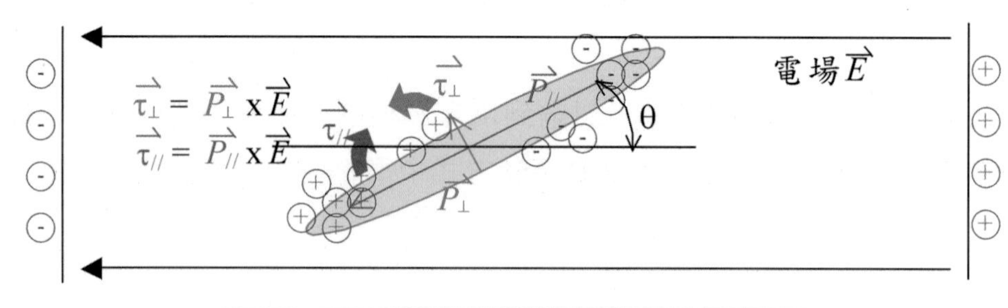

圖 2.2 液晶分子在電場中的電偶極與力矩

2.2.3 驅動電壓的方均根（Root Mean Square，RMS）

當電場大小改變時，受到液晶的彈性與黏滯係數的影響，液晶的反應會視電場改變頻率而定。在此我們先討論電場改變頻率很快，液晶來不及改變其排列方式的情況。（至於液晶來得及改變其排列方式的情況，在 4.4.3.2 中會有更多的討論。）

在這樣的情況下，液晶的排列，會由其所受到的力矩在時間上的平均值來決定，而力矩與電場的平方成正比，對力矩作時間平均，其實便是對電場的平方作時間平均。穿透度直接對應到液晶的排列，電場直接對應到驅動電壓，因此，穿透度會與驅動電壓的方均根相關。

平均力矩 $\tau_{average} = \int_0^T \tau(t)\, dt / T$　　公式(2.1)

其中t為時間，τ(t)為力矩的時間函數，而由於力矩與電壓平方成正比，得到電壓的方均根 V_{RMS} 的計算公式：

$V_{RMS}^2 = \int_0^T [V(t)]^2\, dt / T$　　公式(2.2)

$V_{RMS} = \{ \int_0^T [V(t)]^2\, dt / T \}^{1/2}$　　公式(2.3)

其中V(t)為電壓的時間函數，為T為V(t)的變化週期。以圖2.3的電壓波形為例，由（公式2.3）計算其方均根值：

$V_{RMS} = \{(T/6)[(1)^2+(0)^2+(2)^2+(-1)^2+(2)^2+(-1)^2]/T\}^{1/2}$

$= (11/6)^{1/2} = 1.354\ (V)$　　公式(2.4)

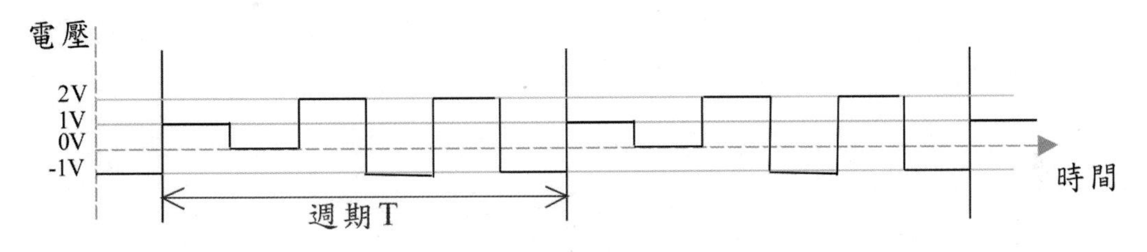

圖2.3　計算方均根的電壓波形

若週期 T 甚小於液晶的反應時間，以圖2.3的電壓波形驅動液晶，其分子排列與穿透度，與以大小1.354V的電壓來驅動液晶的情況是相同的。

2.2.4 為什麼不能不做「極性反轉」？

既然液晶的驅動僅與電壓大小有關，而與其正負號無關，是否只要用正電壓或負電壓來驅動液晶即可？答案是不行的，必須以「極性反轉」的方式來驅動，有二個原因：

2.2.4.1 配向膜（Orientation layer）的直流阻絕效應（DC blocking effect）

為了控制液晶在未施加電壓時的排列狀態，會在夾置液晶的基板表面上，塗布一層如聚乙烯胺（Polyimide, PI）的有機材料薄膜，並以絨毛滾刷（Rubbing）或紫外線照射，以在材料上形成溝槽，以強迫將表面上的液晶分子，固定在所需的排列方向上，這層具有溝槽的薄膜，即為配向膜（Orientation layer, OL），或稱為 Alignment Layer。亦即，在電極上的電壓，是透過配向膜才施加在液晶上的。如圖 2.4 所示，以 1.2.4.2 所述的觀念，這樣的結構之等效電路可視為是三個電容的串聯。進一步地，配向膜與液晶並非是像 1.2.4 中所述的理想絕緣體，本身仍會有一個高電阻值，因此，在完整的等效電路也將串聯電阻考慮進來。

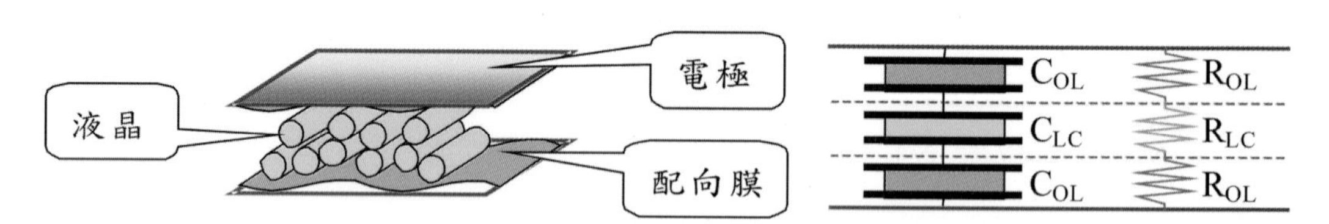

圖 2.4 液晶與配向膜的結構及其等效電路

基本電阻公式為：

$$R = \rho d / A \qquad \text{公式(2.5)}$$

其中ρ為電阻率（resistivity），d 為電流方向的距離，A 為與電流垂直的截面積；與電容（公式 1.12）一起考慮等效電路：一般而言，配向膜的厚度約為液晶的 1/100，相對介電係數則差不多，電阻率則約高於液晶約 100000 倍，因此：

$$C_{OL} \approx 100\ C_{LC}$$

$$R_{OL} \approx 1000\ R_{LC}$$

我們知道，電容阻抗 $Z = 1/j\omega C$，在施加直流電壓 V_{DC} 的情況下，角頻率$\omega = 0$，故圖 2.4 的電容的阻抗甚大於而可以被忽略，所以，液晶上所跨的電壓 V_{LC}，幾乎為施加電壓 V_{DC} 的二千分之一：

$$V_{LC} \approx [R_{LC}/(R_{OL} + R_{LC} + R_{OL})]\ V_{DC} \approx 1/2000\ V_{DC}$$

也就是說，以直流方式驅動液晶，絕大部分的電壓差會產生在配向膜上，無法改變液晶分子的排列，因而也不能控制光閥。

相反地，在施加交流電壓 V_{AC}的情況下，若頻率很高，電容的阻抗反而會小於電阻，而可以忽略電阻的效應，此時，液晶上所跨的電壓 V_{LC}，幾乎等於施加電壓 V_{AC}：

$$V_{LC} \approx [(1/j\omega C_{LC}) / (1/j\omega C_{OL} + 1/j\omega C_{LC} + 1/j\omega C_{OL})]\ V_{AC} \approx V_{AC}$$

在電壓施加的瞬間之後，配向膜與液晶上跨壓隨時間的變化情況，則視實際的電阻電容值而定，V_{LC}會以近似指數的形式趨近至0，以一般的液晶而言，其時間常數約為 200 秒，注意到的是，此變化會與液晶面積大小無關（見練習 2-1）。

由以上討論，可知液晶不能只以直流驅動，而必須以高於（1/200）Hz的頻率作交流驅動。在正常的情況下，考慮到液晶與人眼的反應時間，並不會以這麼低的頻率操作，所以並不需考慮這個效應。但是，當電極並不直接與配向膜接觸時，直流阻絕效應便可能發生，在開發新的陣列或彩色濾光片的製程結構時，要注意到避免這個效應。

2.2.4.2 可移動離子（Mobile ions）與直流殘留（DC residue）

在液晶的製程中，由於無法將液晶完全純化，不可避免地會在其中殘留一些可移動離子。如圖 2.5 所示，在施加電壓時，會受電極上與其極性相反的電荷吸引而向電極移動。施加的極性相反，離子運動的方向也跟著相反，若是施加電壓的平均值為零，可移動離子向二個電極的移動會相互抵消，所以淨距離也會為零；然而，當施加電壓的平均值不為零時，離子會趨向其中一個電極運動，一直移動到液晶與配向膜的介面，而被擭取在此介面上；發生了這個情況之後，這些被擭取在介面上的帶電離子，會與另一電極上相反極性的電荷形成內部電場，這個內部電場會與外加電壓形成的電場加成，而一起影響液晶的排列與穿透度，使得穿透度—電壓關係曲線改變；即使完全不施加電壓時，液晶的排列也會因內部電場而變得與原始排列狀態不同。這樣的情況，即被稱為「直流殘留」。

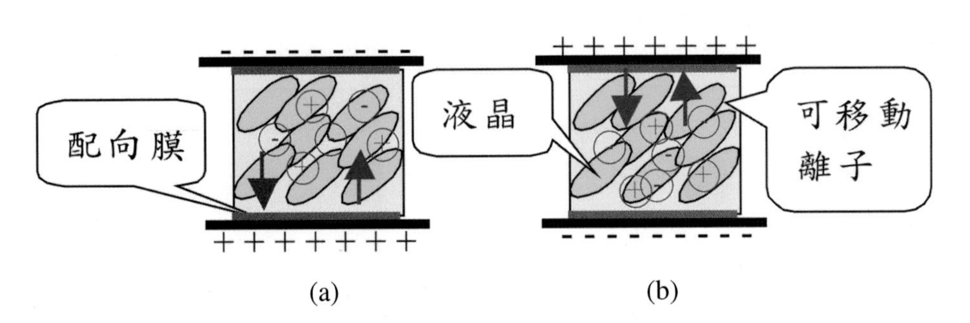

圖 2.5　可移動離子在施加電壓時的移動情形

直流殘留最明顯的效應發生在如圖 2.6 所示的情況，以TN型液晶顯示器為例，若以直流電壓驅動，白底部分不需加電壓，而黑色圖案部分則需施加電壓，經過一段時間後，施加電壓的黑色部分，離子已被攫取在介面上，而未施加電壓的白色部分，離子並未向介面移動；此時施加相同的電壓，原本期望會顯示出灰階相同的全灰色畫面，但黑色部分由於直流殘留的內部電場而改變了施加電壓的效果，在灰色畫面中可以看出之前的畫面圖案，也可說是前一畫面留下了殘影，這樣的現象是不希望在顯示器中發生而要極力去避免的。

為了避免直流殘留發生，必須使施加電壓的平均值為零，第一步便是使驅動電壓要有正極性和負極性的，也就是極性反轉，這便是不可以不做極性反轉的第二個原因。

不僅如此，更進一步地，除了要有極性反轉之外，還要使正負極性的平均值相互抵消，換言之，所施加的電壓不能有直流的成分，不管直流的成分是正是負，都會造成直流殘留。而且，直流的成分愈大，產生直流殘留的時間就愈短，效應就愈明顯。以圖 2.3 的電壓波形為例，計算其平均值：

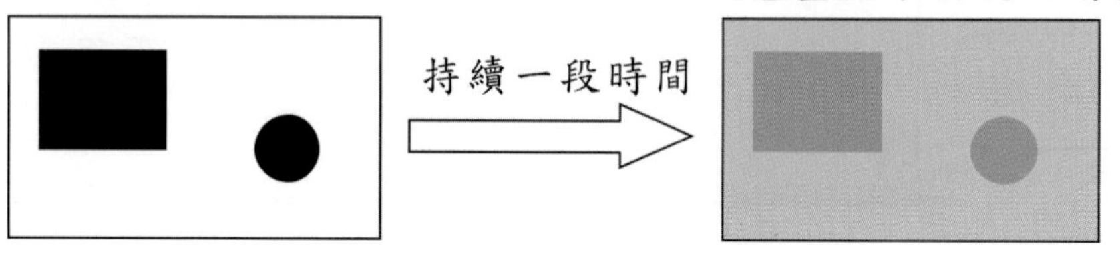

圖 2.6 直流殘留的明顯效應

$$V_{AVERAGE} = [1+0+2+(-1)+2+(-1)]/6$$
$$= 3/6 = 0.5\ (V) \quad \text{公式(2.6)}$$

如 1.3.1 中所述，液晶上的跨壓 = 畫素電壓 − 共電極電壓，真正決定液晶排列的是液晶上的跨壓，所以要使施加電壓的平均值為零，有二種做法，一是改變所有畫素施加電壓，以圖 2.3 的電壓波形為例，可將所有電壓降下 0.5V，得到電壓平均值：

$$V_{AVERAGE} = [0.5+(-0.5)+1.5+(-1.5)+1.5+(-1.5)]/6$$
$$= 0\ (V) \quad \text{公式(2.7)}$$

順帶計算其方均根值：

$$V_{RMS} = \{[(0.5)^2+(-0.5)^2+(1.5)^2+(-1.5)^2+(1.5)^2+(-1.5)^2]/6\}^{1/2}$$
$$= (9.5/6)^{1/2} = 1.2583\ (V) \quad \text{公式(2.8)}$$

比較（公式 2.6）至（公式 2.8）發現，雖然將所有電壓降下使平均值改變了 0.5V，方均根值卻只差了 0.096V，比平均值的改變小了 5 倍，可知方均根的效應，有降低電壓絕對誤差的效果。

第二種做法，是改變共電極電壓。再次提醒表 1.1 中提到的觀念：電壓是相對的，共電極是所有畫素的參考電極，以圖 2.3 的電壓波形為例，在（公式 2.6）至（公式 2.8）中，皆以 0V 為相對參考點。若是將共電極電壓參考值由 0V 改為+0.5V，電壓平均值為：

$$V_{AVERAGE} = [(1-0.5)+ (0-0.5) + (2-0.5) + (-1-0.5) + (2-0.5) + (-1-0.5)]/6 = 0\ (V) \quad \text{公式(2.9)}$$

與（公式 2.7）的結果相同，其方均根值亦會與（公式 2.8）的結果相同。這就是共電極電壓補償的觀念，在 2.5.3.2.3 中，會再一步討論到相關的內容。

2.2.4.3　閃爍（flicker）

當液晶的跨壓以某個接近人眼反應速度的頻率改變時，由於灰階因而改變，會使人感覺到畫面有閃爍（flicker）的現象。若是極性反轉時電壓不對稱的情況太嚴重，即使沒有產生如 2.2.4.2 所述的直流殘留現象，也會可能有閃爍的現象發生，這也是一項重要的顯示器不良缺點。

由於人眼在不同的亮度環境下，對閃爍現象的感受力不同，對此不良現象較難有明確的定義，一般是以人在暗室中觀察，由觀察者主觀地判斷閃爍的程度是否可以接受。

2.2.5　畫素陣列極性反轉的方式

如本節中所述，每個畫素液晶本身必須以極性反轉的方式來驅動，但就畫素陣列言，在陣列中的相鄰畫素，卻不一定要以相同的極性來驅動，因此，常見的畫素陣列極性反轉的方式有圖框反轉（frame inversion）、欄反轉

（column inversion）、列反轉（row inversion）和點反轉（dot inversion）等四種。如圖 2.7(a)所示，在一個圖框寫入結束，下一個圖框寫入開始之前，如果在整圖框上的畫素所儲存的電壓極性都是相同的（全部是正或全部是負），即稱為圖框反轉；若是同一欄上的畫素所儲存的電壓極性都是相同的，且左右相鄰的欄上的畫素所儲存的電壓極性相反，即稱為欄反轉；若是同一列上的畫素所儲存的電壓極性都是相同的，且上下相鄰的列上的畫素所儲存的電壓極性相反，即稱為列反轉；若是每個畫素所儲存的電壓極性，都與其上下左右相鄰的畫素所儲存的電壓極性相反，即稱為點反轉。

乍看之下，這不過是上下左右的正負極性排列組合，但配合上在 2.1 所述的 TFT LCD 操作方式，畫素電壓的設定是週而復始不斷循環的，是動態的，而且，在同一列上的畫素電壓是在相同時間經由不同的資料線寫入，而同一欄上的畫素電壓是經由相同的資料線在不同的時間寫入。舉例而言，如圖 2.7(b)所示，在某個時間點，已寫入了三列（以灰底表示），還有二列尚未寫入（以白底表示），此時資料線上的電壓極性，會與第三列剛寫入的畫素電壓極性相同，卻不一定與將要寫入第四列的畫素電壓極性相同（視何種反轉方式而定），希望讀者能建立畫素電壓寫入極性的動態觀念，這樣的觀念，在本章其他內容和 5.6 的顯示畫質不良原因討論時，會是非常重要的。

Frame inversion (a), Frame N

Row \ Column	1	2	3	4	5
1	+	+	+	+	+
2	+	+	+	+	+
3	+	+	+	+	+
4	+	+	+	+	+
5	+	+	+	+	+

Frame inversion (a), Frame N+1

Row \ Column	1	2	3	4	5
1	-	-	-	-	-
2	-	-	-	-	-
3	-	-	-	-	-
4	-	-	-	-	-
5	-	-	-	-	-

圖框反轉 Frame inversion

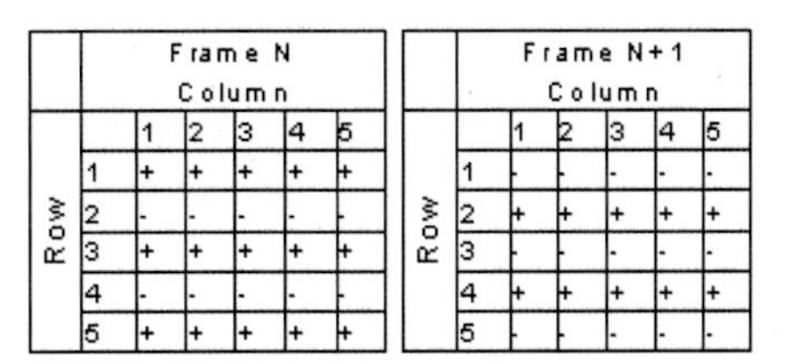

Row inversion (a), Frame N

Row \ Column	1	2	3	4	5
1	+	+	+	+	+
2	-	-	-	-	-
3	+	+	+	+	+
4	-	-	-	-	-
5	+	+	+	+	+

Row inversion (a), Frame N+1

Row \ Column	1	2	3	4	5
1	-	-	-	-	-
2	+	+	+	+	+
3	-	-	-	-	-
4	+	+	+	+	+
5	-	-	-	-	-

列反轉 Row inversion

Column inversion (a), Frame N

Row \ Column	1	2	3	4	5
1	+	-	+	-	+
2	+	-	+	-	+
3	+	-	+	-	+
4	+	-	+	-	+
5	+	-	+	-	+

Column inversion (a), Frame N+1

Row \ Column	1	2	3	4	5
1	-	+	-	+	-
2	-	+	-	+	-
3	-	+	-	+	-
4	-	+	-	+	-
5	-	+	-	+	-

欄反轉 Column inversion

Dot inversion (a), Frame N

Row \ Column	1	2	3	4	5
1	+	-	+	-	+
2	-	+	-	+	-
3	+	-	+	-	+
4	-	+	-	+	-
5	+	-	+	-	+

Dot inversion (a), Frame N+1

Row \ Column	1	2	3	4	5
1	-	+	-	+	-
2	+	-	+	-	+
3	-	+	-	+	-
4	+	-	+	-	+
5	-	+	-	+	-

點反轉 Dot inversion

(a)

Frame inversion (b), Frame N

Row \ Column	1	2	3	4	5
1	+	+	+	+	+
2	+	+	+	+	+
3	+	+	+	+	+
4	-	-	-	-	-
5	-	-	-	-	-

Frame inversion (b), Frame N+1

Row \ Column	1	2	3	4	5
1	-	-	-	-	-
2	-	-	-	-	-
3	-	-	-	-	-
4	+	+	+	+	+
5	+	+	+	+	+

圖框反轉 Frame inversion

Row inversion (b), Frame N

Row \ Column	1	2	3	4	5
1	+	+	+	+	+
2	-	-	-	-	-
3	+	+	+	+	+
4	+	+	+	+	+
5	-	-	-	-	-

Row inversion (b), Frame N+1

Row \ Column	1	2	3	4	5
1	-	-	-	-	-
2	+	+	+	+	+
3	-	-	-	-	-
4	-	-	-	-	-
5	+	+	+	+	+

列反轉 Row inversion

Column inversion (b), Frame N

Row \ Column	1	2	3	4	5
1	+	-	+	-	+
2	+	-	+	-	+
3	+	-	+	-	+
4	-	+	-	+	-
5	-	+	-	+	-

Column inversion (b), Frame N+1

Row \ Column	1	2	3	4	5
1	-	+	-	+	-
2	-	+	-	+	-
3	-	+	-	+	-
4	+	-	+	-	+
5	+	-	+	-	+

欄反轉 Column inversion

Dot inversion (b), Frame N

Row \ Column	1	2	3	4	5
1	+	-	+	-	+
2	-	+	-	+	-
3	+	-	+	-	+
4	+	-	+	-	+
5	-	+	-	+	-

Dot inversion (b), Frame N+1

Row \ Column	1	2	3	4	5
1	-	+	-	+	-
2	+	-	+	-	+
3	-	+	-	+	-
4	-	+	-	+	-
5	+	-	+	-	+

點反轉 Dot inversion

(b)

圖 2.7　常見的畫素陣列極性反轉的方式　(a)圖框結束時的各畫素極性　(b)圖框進行中的各畫素極性

2.3 充電（Charging）

利用（公式 1.21）和（公式 1.23），來討論一下充電的觀念，由這二個公式，我們可以得到：

$$dQ(t) = I\ dt = C\ dV \qquad \text{公式(2.10)}$$

就一個特定液晶電容而言，其電容值是已知的（請參照 1.2.4），其操作電壓範圍也是已知的（請參照 1.2.3.2），TFT LCD 的操作，即是以一電流 I_{charge}，在小於特定的充電時間 dt_{charge} 內，將所需充電的畫素電容 C_{charge}，充電或放電 dV_{charge} 的電壓範圍，因此就充電而言，需要求：

$$I_{charge}\ dt_{charge} > C_{charge}\ dV_{charge} \qquad \text{公式(2.11)}$$

以下就電流、充電時間和電壓範圍加以詳細說明。

2.3.1 充電與放電電流

如 2.2.5 中所述，畫素電位的設定，在顯示器運作的過程中，並不是由零電位開始（只有剛開機時才是），而是由前一次更新時所設定的電位開始，而由 2.2 的討論可知，所要設定的畫素電位，其極性須與前一次更新時所設定的電位極性相反。當前一次的極性為負時，所要設定的電位極性便是正的，因此，需要對液晶電容作「充電」；而當前一次的極性為正時，所要設定的電位極性便是負的，此時便需要對液晶電容作「放電」。

在TFT LCD的操作中，無論充電或放電，都是將TFT的閘極設定在一個電壓以使其導通，來提供所需的電流，將畫素電位設定到與資料線上等電位。在這個充放電的過程中，資料線上的電位是對應所要顯示的灰階而設定在一定的電壓，由資料驅動 IC 的輸出端來對資料線與畫素電極充放電，而畫素電極上的電壓，會隨著充放電的過程而逐漸接近資料線上設定的電壓值。由第一章中的（公式 1.18），我們可以知道，隨著畫素電極電壓值接近資料線的電壓值而使得 Vds 變小，充放電的電流 Ids 也會跟著降低，而並不是以定電流對畫素電極放電。

另外，在第一章的（公式 1.18）中，是以較低電位做為源極電壓Vs，而以較高電位做為汲極電壓 Vd，而資料線對畫素電極充放電，並不一定總是資料線較高，我們可以來比較充電和放電二種情況。當放電時，前一次的畫素極性為正，資料線上所設定的電位極性是負的，因此，畫素電極為汲極電壓 Vd，而資料線電極為源極電壓 Vs，由於放電過程中資料線電壓為定值，所以閘極－源極電壓 V_{gs} 亦為定值；而當充電時，前一次的畫素極性為負，資料線上所設定的電位極性是正的，因此，畫素電極為源極電壓Vs，而資料線電極為汲極電壓Vd，由於畫素電壓會隨著充電過程而增加而並非為定值，所以閘極－源極電壓V_{gs}會因為源極電壓Vs的增加而變小，造成充電時電流降低的情況，要比放電時嚴重，因而需要更充足的充電時間。此現象對設計上的影響將在 3.2 中以實例作說明。

2.3.2　充電時間

以一個有M條水平列的顯示器而言，每個水平列上的開關，最多僅會開啟整個畫面更新的時間的 M 分之一。畫面更新頻率愈快，水平掃描線數愈多，則充電時間愈短。舉例而言，畫面更新頻率為 60Hz，而有 1024 條水平掃描線，則每條水平列的開啟時間，約為 1/60/1024 = 16.3 微秒。然而事實上，真正的充電時間並不到 16.3 微秒。

首先，配合視訊資料的傳送時間，在完成一次畫面更新之後，下一個畫面的資料並不會立即送到面板，而會留下一段空白的時間；類似地，在完成一列畫素資料寫入之後，下一列畫素資料寫入並不會立即進行，亦會留一下段空白的時間，這個空白的時間需依所採用視訊系統標準而定，如圖 2.8 為某一種視訊標準，定義出各圖框與掃描時間的長度，由表中可查知每條掃描線的時間為 15.6 微秒，略小於 16.3 微秒，對應到相當於 1066 條掃描線的時間。

其次，由於信號的延遲效應，需要提早發送關閉信號，使真正有效的充電時間縮短，詳細的內容會在 2.7.3 中作說明。

2.3.3 電壓範圍

資料驅動 IC 電壓範圍

在 1.1.3.3 和 1.2.3.2 中，我們說明了 TFT LCD 的灰階設定方式，資料驅動 IC 需要精確控制電壓來設定灰階。舉例而言，6-bit（$2^6 = 64$ 灰階）驅動所需的最小灰階控制電壓，約在 30mV 左右，而 8-bit（$2^8 = 256$ 灰階）驅動所需的最小灰階控制電壓，約在 8mV 左右。當然，這個最小電壓與液晶的電壓—穿透度特性有絕對的關係。資料驅動 IC 需要提供這樣微小的電壓控制，所以一般把資料驅動 IC 視做類比型的 IC。

VESA Monitor Timing Standards Version 1.0 Release 0.7

VESA MONITOR TIMING STANDARD

Adopted: 12/18/96
Resolution: 1280 x 1024 at 60 Hz (non-interlaced)
EDID ID: 081h, 080h
BIOS Modes: 106h, 107h, 119h, 11Ah, & 11B (4, 8, 15, 16, & 24bpp)

Video Display Information Format (VDIF)
PreAdjusted Timing Data

Timing Name	= **1280 x 1024 @ 60Hz;**				
Hor Pixels	= **1280;**	// Pixels			
Ver Pixels	= **1024;**	// Lines			
Hor Frequency	= 63.981;	// KHz	=	15.6 usec	/ line
Ver Frequency	= 60.020;	// Hz	=	16.7 msec	/ frame
Pixel Clock	= **108.000;**	// MHz	=	9.3 nsec	± 0.5%
Character Width	= **8;**	// Pixels	=	74.1 nsec	
Scan Type	= **NONINTERLACED;**			// H Phase =	5.9 %
Hor Sync Polarity	= **POSITIVE;**	// HBlank	=	24.2% of HTotal	
Ver Sync Polarity	= **POSITIVE;**	// VBlank	=	3.9% of VTotal	
Hor Total Time	= 15.630;	// (usec)	=	211 chars =	1688 Pixels
Hor Addr Time	= 11.852;	// (usec)	=	160 chars =	1280 Pixels
Hor Blank Start	= 11.852;	// (usec)	=	160 chars =	1280 Pixels
Hor Blank Time	= 3.778;	// (usec)	=	51 chars =	408 Pixels
Hor Sync Start	= 12.296;	// (usec)	=	166 chars =	1328 Pixels
// H Right Border	= 0.000;	// (usec)	=	**0** chars =	0 Pixels
// H Front Porch	= 0.444;	// (usec)	=	**6** chars =	48 Pixels
Hor Sync Time	= 1.037;	// (usec)	=	**14** chars =	112 Pixels
// H Back Porch	= 2.296;	// (usec)	=	**31** chars =	248 Pixels
// H Left Border	= 0.000;	// (usec)	=	**0** chars =	0 Pixels
Ver Total Time	= 16.661;	// (msec)	=	1066 lines	HT – (1.06xHA)
Ver Addr Time	= 16.005;	// (msec)	=	1024 lines	= 3.07
Ver Blank Start	= 16.005;	// (msec)	=	1024 lines	
Ver Blank Time	= 0.656;	// (msec)	=	42 lines	
Ver Sync Start	= 16.020;	// (msec)	=	1025 lines	
// V Bottom Border	= 0.000;	// (msec)	=	**0** lines	
// V Front Porch	= 0.016;	// (msec)	=	**1** lines	
Ver Sync Time	= 0.047;	// (msec)	=	**3** lines	
// V Back Porch	= 0.594;	// (msec)	=	**38** lines	
// V Top Border	= 0.000;	// (msec)	=	**0** lines	

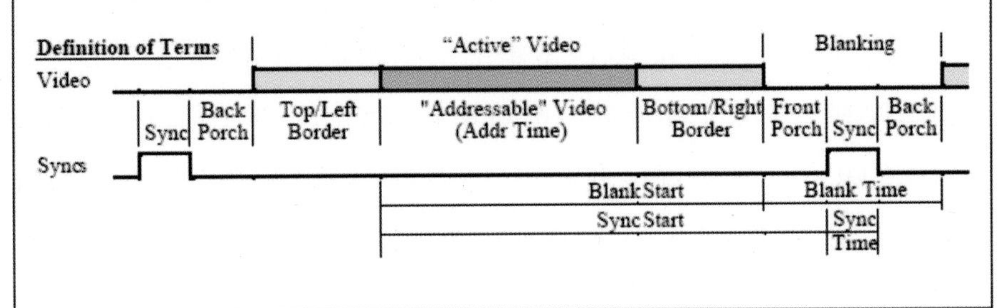

DMT Version 1.0 Revision 0.7　　23

圖 2.8　一種 VESA 標準

在2.2中我們說明了液晶驅動需要極性反轉的原因。在實際的TFT LCD驅動上，為了要達成極性反轉，以一般的液晶需要5V 驅動為例，會把共電極的電壓設定在5V左右，正極性的電壓設定在5～10V，而負極性的電壓設定在0～5V。因此，資料線上最大的充電電壓範圍為0～10V。當然，這個範圍會隨所使用的液晶驅動電壓而稍有不同，如IPS模式和MVA（Multi-domain vertical alignment）模式的液晶便需要較大的電壓，其資料線上最大的充電電壓範圍將擴大為0～14V左右。

2.3.3.1.1 資料驅動IC輸出電壓範圍的降低

我們知道，對電容C以方波充電放電的功率消耗為：

$$\text{Power} = (1/2)\, f\, C\, V^2 \qquad \text{公式(2.12)}$$

其中f是電壓充電放電的頻率，V為充電放電的電壓範圍，所以，若是液晶操作電壓變動範圍較低，其功率消耗也會較小。在TFT LCD面板上，對資料線電容的充放電，因為其頻率最快且電容值大（視面板尺寸解析度而定，一般資料線電容約為幾十個pF左右），功率消耗是最大的。

另外，既然資料驅動IC屬於電壓要精確控制的類比型IC，若是以普遍的半導體製程製作，其元件模型與模擬技術會更加成熟，但以一般的半導體製程所製作的IC，只能夠提供低於5V的電壓，因此，若可以使資料驅動IC的輸出電壓範圍降至小於5V，對資料驅動IC來源的選擇與功率消耗的降低都是非常有利的。

2.3.3.1.2 共電極電壓調變（Common modulation，或稱common toggle）

利用「共電極電壓調變」的方式，可以降低資料驅動IC的輸出電壓範圍，其操作原理說明如下：

當液晶畫素需要寫入正極性時，將共電極電壓設定在0V 左右，此時，資料驅動 IC 的輸出電壓，依灰階不同而在0～5V 的範圍內，即可將畫素電壓設定在+0V至+5V的範圍；而當液晶畫素需要寫入負極性時，將共電極電壓設定在5V左右，此時，資料驅動IC的輸出電壓，依灰階而不同，但亦在0～5V的範圍內，例如，要在畫素電壓寫入−0V，則將資料驅動IC的輸出電壓設定在+5V，如此，畫素電壓=（資料線上電壓 − 共電極電壓）=(5V − 5V) = − 0V；要在畫素電壓寫入 − 5V，則將資料驅動IC的輸出電壓設定在+0V，如此，畫素電壓=（資料線上電壓 − 共電極電壓）=(0V − 5V) = − 5V；因而即可將畫素電壓設定在 − 0V 至 − 5V 的負極性範圍。如圖 2.9 所示，左圖為直流共電極驅動方式，資料驅動 IC 的輸出電壓範圍大，而右圖為共電極驅動方式，可將資料驅動IC的輸出電壓範圍縮小為直流電壓驅動的一半。

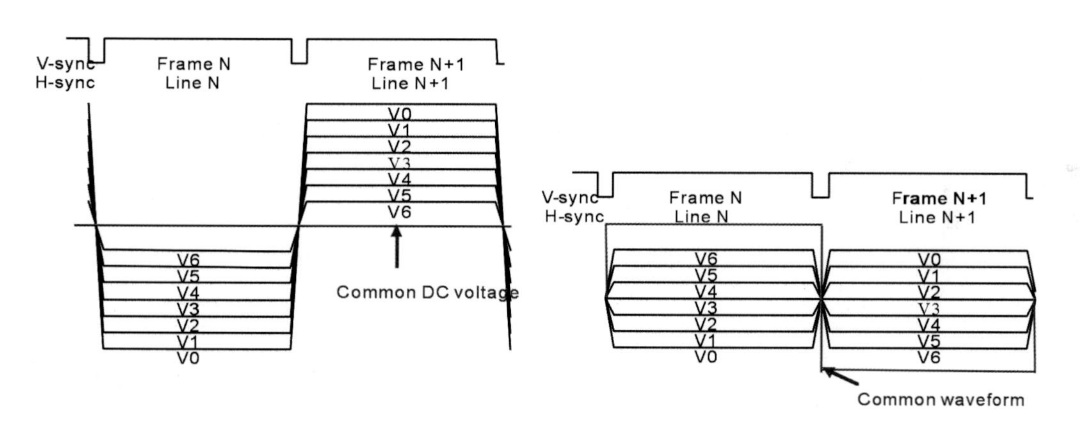

圖 2.9　共電極直流電壓驅動與電壓調變驅動的電壓波形比較

雖然資料驅動 IC 的輸出電壓範圍縮小了，但畫素電壓在操作時的範圍卻變大了。以圖 2.10 為例，說明以共電極電壓調變施加±4V 到液晶電容的操作過程如下：

一開始，當 TFT 打開時，畫素電極上寫入 4V，此時共電極為 0V，因而在液晶電容上施加了+4V 的正極性電壓；接著 TFT 關閉，畫素電壓保持在+4V；然後共電極電壓由 0V 調變至+5V，由於畫素電極為浮接（floating）狀態，因此畫素電壓隨著共電極電壓而上昇至 9V，而液晶電容上的跨壓仍保持在+4V 的電壓差。之後，當 TFT 再次打開時，畫素電極上寫入+1V，此時共電極為 5V，因而在液晶電容上施加了−4V 的正極性電壓；接著 TFT 關閉，畫素電壓保持在+1V；然後共電極電壓由+5V 調變至 0V，因此畫素電壓隨著共電極電壓而下降至−4V，而液晶電容上的跨壓仍保持在−4V 的電壓差，直到下次再進行寫入動作。

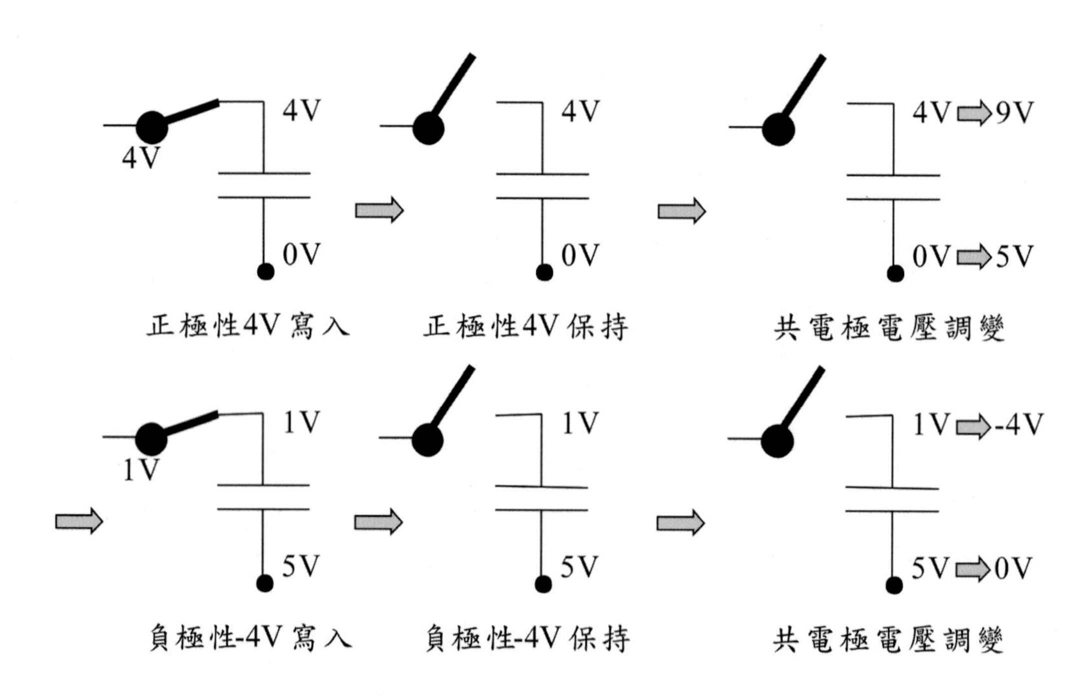

圖 2.10 以共電極電壓調變±4V 驅動液晶操作過程之畫素電壓變化

再嘗試以水為比喻來說明共電極調變的觀念，以水管二端的水位各比喻

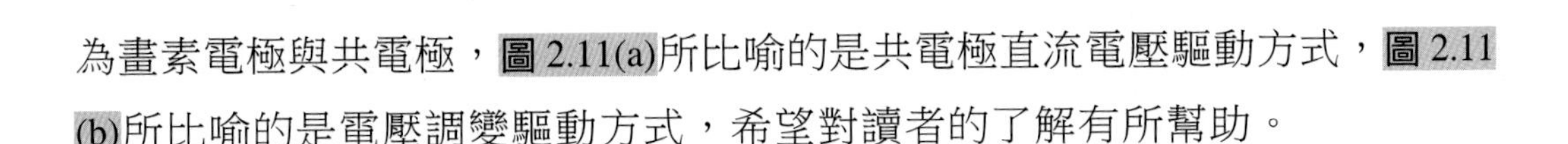

為畫素電極與共電極，圖 2.11(a)所比喻的是共電極直流電壓驅動方式，圖 2.11(b)所比喻的是電壓調變驅動方式，希望對讀者的了解有所幫助。

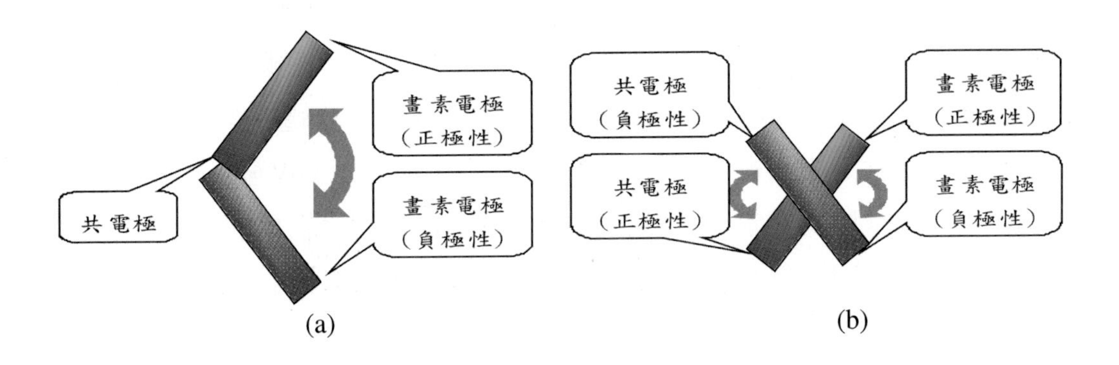

圖 2.11　共電極驅動方式的比喻　(a)直流電壓驅動與(b)電壓調變驅動

2.3.3.2　共電極電壓範圍

理論上，為了使液晶電壓正負極性對稱以避免 2.2.4.2 中所述的直流殘留效應，共電極電壓值應設定在資料線電壓的對稱中心。然而實際上，由於 1.3.3.2 中所述的 TFT 寄生電容，會產生 2.5 所要說明的電壓耦合效應，使畫素電壓在TFT關閉時，受到閘極電壓變化的影響，而偏離由資料線所寫入的電壓。為了補償這個電壓變化，共電極電壓會調校到比資料線電壓的對稱中心低的電壓值，若資料線電壓的電壓範圍為 0～10V 而對稱中心在 5V，直流共電極電壓一般會設定在 4.8V 左右，亦即有−0.2V 左右的共電極電壓補償（Vcom compensation）。若此電壓補償設定的不對，會產生直流電壓和直流殘留效應，如何適當地設定共電壓補償值，將在 2.5 中詳細說明。

在如 2.3.3.1 中所述之共電極電壓調變的狀況下，共電極電壓應該在 0V

和5V 之間交互切換，但此時同樣地要考慮電壓耦合效應，因此要修正共電極電壓補償值至−0.2V和4.8V的切換。

2.3.3.3 掃描驅動IC電壓範圍

如2.3.2中所述，每條掃描線只開啟一小段時間，在這段 TFT 打開的時間內，需要提供足夠的電流來對畫素電容充電，所以要使閘極—源極電壓大於TFT的截止電壓到一定的程度，而由（公式1.18）我們知道，這個電壓設定會與所用閘極絕緣層和所設計的TFT尺寸有關，一般而言，閘極—源極電壓通常會設定到10V以上。而如2.3.1中所述，TFT是以較低電位做為源極電壓Vs而以較高電位做為汲極電壓Vd，因此在TFT LCD的操作時，閘極—源極電壓並非定值，有可能源極電壓Vs和汲極電壓Vd都在接近10V的情況，所以閘極電壓Vg通常會設定到20V以上，以使 V_{gs} = Vg − Vs 大於10V。

另一方面，為了關閉TFT，需使閘極—源極電壓小於TFT的截止電壓。在共電極直流電壓驅動時，源極的最低可能電壓為 0V，閘極電壓要設定在0V 以下；而在共電極為電壓調變驅動時，如2.3.3.1中所述，畫素電壓可能會被下拉至−5V，因此閘極電壓要設定在−5V以下。

補充說明一下，一般而言，為了使關機時電荷不要儲存在畫素電容上，造成關機時的殘影，會調整製程使得 TFT 的截止電壓小於0V，如圖1.28所示，再加上考慮到 TFT 的製程變動，所以閘極電壓設定值會再小一點。另外，在2.5電容耦合效應中，會提到三階掃描驅動電路，其操作電壓範圍要再稍作修正，在此不再細述。

2.3.4 預充電（Pre-charge）

我們已經知道，在TFT LCD的操作中，是不斷地將資料線和畫電極由負

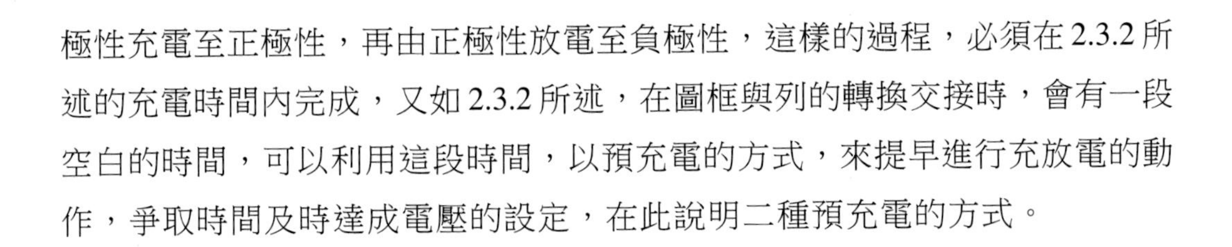

極性充電至正極性，再由正極性放電至負極性，這樣的過程，必須在2.3.2所述的充電時間內完成，又如2.3.2所述，在圖框與列的轉換交接時，會有一段空白的時間，可以利用這段時間，以預充電的方式，來提早進行充放電的動作，爭取時間及時達成電壓的設定，在此說明二種預充電的方式。

2.3.4.1　雙脈衝掃描（Two-pulse scanning）

圖2.12繪出雙脈衝掃描的掃描電壓波形，以掃描線來看，每條掃描線會打開二次，第一次是以相同極性的其他畫素電壓寫入本身的畫素電極，也就是在做「預充電」，第二次才是以實際所要設定的畫素電壓寫入畫素電極；以時間的進行來看，同時間會有二條掃描線上的TFT打開，一條是第一次被打開，另一條是第二次被打開，第二次打開的掃描線，是寫入實際所要設定的畫素電壓，而第一次打開的掃描線，則是以相同極性的其他畫素電壓寫入本身的畫素電極做「預充電」。由於相同極性的其他畫素電壓，並不一定會等於實際所要設定的畫素電壓，為了使預充電時所寫入的其他畫素電壓，儘可能地不去影響到實際所要設定的畫素電壓的RMS值（請參照2.2.3），預充電的時間愈接近實際寫入畫素電壓的時間愈好。在圖2.12中，實際畫素電壓設定的時段，是以灰色表示。

相同極性的信號，圖框反轉與欄反轉的情形，和列反轉與點反轉的情形是不同的，各繪於圖 2.12(a)和圖 2.12(b)中，前者所要寫入的畫素電壓極性與前一條掃描線相同，所以直接以前一條掃描線時間作預充電，而後者所要寫入的畫素電壓極性與前一條掃描線相反，所以需以再前一條掃描線時間來作預充電。

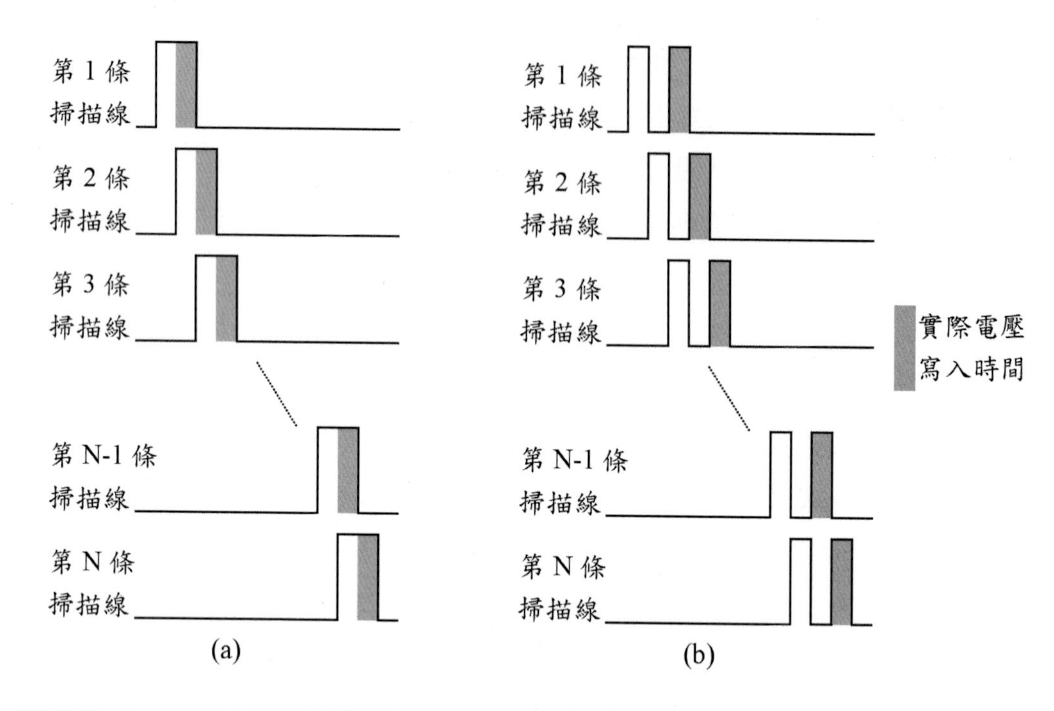

圖 2.12 雙脈衝掃描的掃描電壓波形 (a)圖框反轉與欄反轉 (b)列反轉與點反轉

2.3.4.2 電荷分享（Charge sharing）

除了利用 2.3.4.1 的雙脈衝掃描預充電方式之外，也可以用電荷分享來達成預充電的效果，更重要的是，在不斷地反轉資料線極性的過程中，如 2.3.3.1.1 中所述，能源也不斷地消耗掉，為了改善能源使用的效率，可以利用電荷分享減少這樣的能源消耗，以圖 2.13 配合圖 2.7 的極性反轉方式說明如下：

若是以欄反轉的方式來驅動 TFT LCD，在寫完整個圖框的畫素電壓時，要寫入接下來的新圖框相鄰的資料線所設定的極性是相反的，此時如果利用圖 2.13 中所示的電荷分享開關，將相鄰的資料線短路在一起，原來在這一對資料線上的正負電荷會相互中和使得電壓接近，此時的過程完全不需要由資料驅動 IC 來做充放電，因而不需要耗能量，即可使原來正負極性的資料線電壓，雖然無法直接達到要反轉極性的目標電壓，至少可以使其更接近目

標，至於其間的差距，再由資料驅動 IC 充放電來達成。如此，可以降低資料驅動IC所充放電的電壓範圍，因而可達成部分預充電和節省能源的效果。

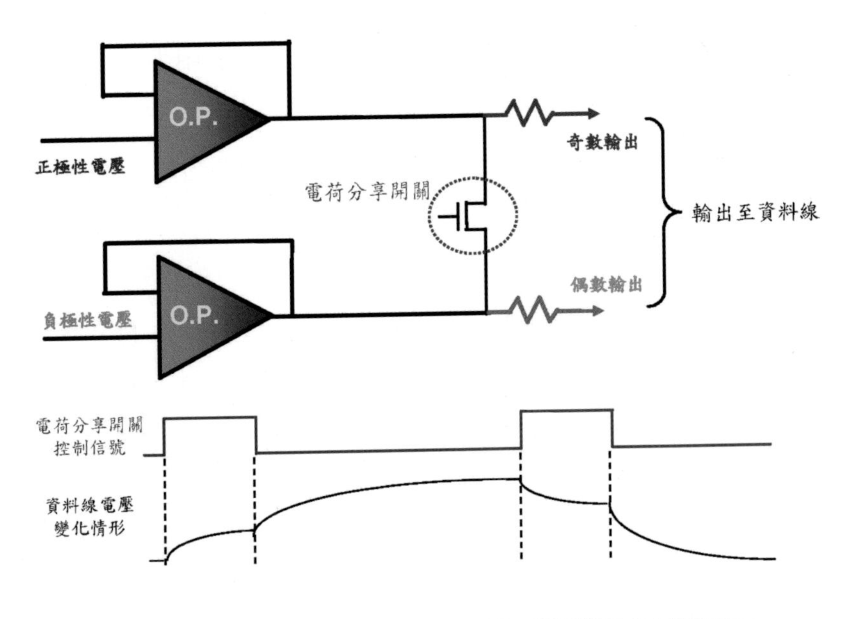

圖 2.13　電荷分享操作過程之資料線電壓變化

若是以點反轉的方式來驅動TFT LCD，在寫完某一列寫入畫素電壓時，要寫入接下來下一列相鄰的資料線所設定的極性是相反的，如此即可以相同的原理，在此時將相鄰的資料線短路在一起，來達成相同的效果。

2.4 電位保持（Holding）

在 2.3 中所述的充放電動作完成之後，即將 TFT 關閉，直到下一次再被掃描線打開，一般掃描線重複的頻率為 60 Hz，對應到電位保持的時間為 16.67

毫秒。理想上，畫素電位在充放電期間設定後，可以一直保持在所設定的電壓。但實際上，由於漏電流的影響，會使得所設定的電壓有所變化，而造成液晶電容上所施加的 RMS 電壓值改變，影響到穿透度。電位保持的考量，就是要確保漏電對電位和穿透度的影響程度，要小於「可以接受的範圍」。

關於這個「可以接受的範圍」，最終的根據，是使用者能不能看出顯示的缺陷，但由於許多視覺效應的影響，其實並沒有辦法作明確的定義，有個相對而言比較客觀的參考設計規格，是視訊資料信號的最小電壓差別，如 2.3.3.1 中所述，6 位元的資料驅動信號最小電壓差別大約為 30mV 左右，8 位元的則約為 8mV 左右。

再次利用（公式 2.10）來討論一下漏電對電位的影響，對漏電的要求，即是一漏電流 I_{leak}，在下次再寫入電壓的保持時間 dt_{hold} 內，在保持電壓的畫素電容 C_{hold} 上的電壓變化，不可大於視訊資料信號的最小電壓差別 dV_{hold}，因此就電位保持而言，需要求：

$$I_{leak}\, dt_{hold} < C_{hold}\, dV_{hold} \qquad \text{公式(2.13)}$$

接下來討論在 TFT LCD 中可能的漏電路徑和解決方法。

2.4.1 漏電的路徑

2.4.1.1 液晶電容的漏電

純淨的液晶材料本身的阻值很大，可視為絕緣。但液晶材料在合成、儲存、和填入的玻璃間隙的過程中，往往會有雜質摻入，而導致其電阻降低。考慮這個電阻效應，可將液晶電容的等效電路，再並聯上一個電阻 R_{LC}，如

圖 2.14 中所示。

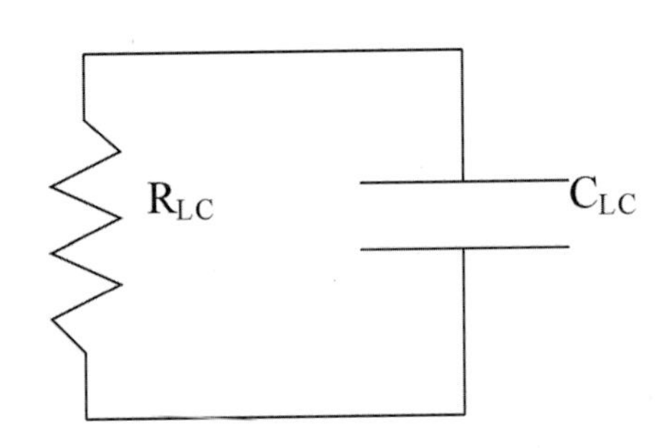

圖 2.14　考慮漏電效應的液晶電容等效電路

在電路學中我們學到，像這儲存在電容上的電位 V_{LC}，會以指數的方式下降[1]：

$$V_{LC} = V_{LC}(0) \exp\left[-t / (R_{LC} C_{LC})\right] \qquad \text{公式(2.14)}$$

其中 $V_{LC}(0)$為一開始液晶電容上儲存的電壓，t 為時間。

假設液晶電容平行電極面積為A_{LC}，的間距為d_{LC}，介電常數為ε_{LC}，液晶阻值ρ_{LC}，而真空電容率為ε_0，計算時間常數 $R_{LC} C_{LC}$如下：

$$R_{LC} = \rho_{LC} (d_{LC} / A_{LC}) \qquad \text{公式(2.15)}$$

$$C_{LC} = \varepsilon_{LC} \varepsilon_0 (A_{LC} / d_{LC}) \qquad \text{公式(2.16)}$$

$$R_{LC} C_{LC} = \rho_{LC} \varepsilon_{LC} \varepsilon_0 \qquad \text{公式(2.17)}$$

1　參考“Fundamentals of Electric Circuits”, by Charles K. Alexander & Matthew N. O. Sadiku, Section 7.2, ISBN 0-07-115126-5。

一般液晶的介電常數ε_{LC}約為 3～12 左右（會隨施加電壓而變，請參見1.2.4），在早期液晶製程不成熟的時候，液晶阻值ρ_{LC}會低到 $10^{11}\Omega$-cm左右。假設液晶電容儲存的電壓是 3V，此時液晶的介電常數ε_{LC}為 7，計算在這樣的情況下的時間常數，得到：

$$R_{LC}\,C_{LC} = \rho_{LC}\,\varepsilon_{LC}\,\varepsilon_0 = (10^{11}\Omega\text{-cm}) \times 7 \times (8.85 \times 10^{-14}\text{F/cm}) = 62\text{ms} \quad \text{公式(2.18)}$$

在 16.67 毫秒的保持時間內，液晶電容上儲存的電壓依（公式 2.14）計算，會變成：

$$V_{LC} = (3\text{V}) \exp[-16.67\text{ms} / 62\text{ms}] = 2.293\text{V} \quad \text{公式(2.19)}$$

產生了 0.7V 的差別，因而會造成穿透度的明顯變化。

現今的液晶製程已十分成熟，液晶阻值ρ_{LC}可以提高到 $10^{13}\Omega$-cm 左右，因而時間常數可提高到 6.2 秒，液晶電容上儲存的電壓在 16.67 毫秒的保持時間內變成：

$$V_{LC} = (3\text{V}) \exp[-16.67\text{ms} / 6.2\text{s}] = 2.992\text{V} \quad \text{公式(2.20)}$$

所產生的電壓變化，只有 8mV，便可以符合電位保持的要求。

2.4.1.2 TFT 的漏電

另一個可能的漏電路徑，是作為畫素開關的 TFT。TFT 在閘極施加負電壓的情況下，仍會有 $10^{-12\sim-13}$ 安培的漏電流，如圖 1.28 所示。

以一個對應到 17 吋 SXGA^{+} 的次畫素大小 $264\mu\text{m} \times 88\mu\text{m}$ 為例，其液晶電

容約為：

$$C_{hold} = \varepsilon_{LC}\varepsilon_0(A/d) = 7 \times (8.85 \times 10^{-14}F/cm) \times (264\mu m \times 88\mu m/5\mu m)$$
$$= 0.288pF \quad \text{公式(2.21)}$$

代入（公式 2.13），TFT 漏電流所造成的儲存電壓變化為：

$$I_{leak}\,dt_{hold} / C_{hold} = (10^{-12} \sim 10^{-13}\,A \times 16.67ms) /0.288pF$$
$$= 57.8 \sim 5.78mV \quad \text{公式(2.22)}$$

由這樣的漏電流所造成的電壓變化範圍，看來恰在可接受與不可接受之間，要注意 TFT 的漏電流也像 2.3.1 中所提的開電流一樣，並不是定值，而會隨著閘極－源極電壓和汲極－源極電壓而變。另外要注意的是，當 TFT LCD 面板實際操作時，是一直處在受到背光源照射的情況，當非晶矽材料被光照射的時候，會因而產生電子－電洞對，造成漏電流增加，如此便無法滿足電位保持的要求了。至於來自正面的外界光源，則可利用 1.4.2.2 中所述的黑色矩陣加以遮蔽。

2.4.1.3　漏電路徑的比較

液晶電容的漏電路徑，是由畫素電極漏電至共電極；而 TFT 的漏電路徑，是由畫素電極漏電至資料線。因此，前者的漏電，所造成的一定會是施加在液晶電容上的電壓變小，會使得顯示器的對比降低；而後者的漏電，卻會與資料線上的電壓有關，資料線上的電壓隨著視訊信號和極性反轉而設定，會使得顯示器產生垂直串音（Vertical crosstalk）的現象。關於這些不良現象的分析，我們將在 5.6 中作更進一步的討論。

2.4.2 儲存電容（Storage capacitor）

儲存電容有二個重要角色，在此先對第一個角色作說明，另外一個角色，則會在 2.5 中討論。

降低液晶電容和TFT的漏電流，當然是使電位保持最直接有效的方法，問題是，如果材料上和製程上都已盡力降低漏電流，但仍無法滿足電位保持的要求時，是否還有其他方法來達成電位保持呢？我們再回到 1.4.3 水的譬喻，如果有會漏電的水桶和水龍頭，我們要如何保持這個水桶的水位呢？答案如圖 2.15 所示：和這個水桶再連通一個不會漏電的水桶。這個再連通的水桶，可以幫助儲存水，在相同的漏水情形下，可以幫助保持水位。

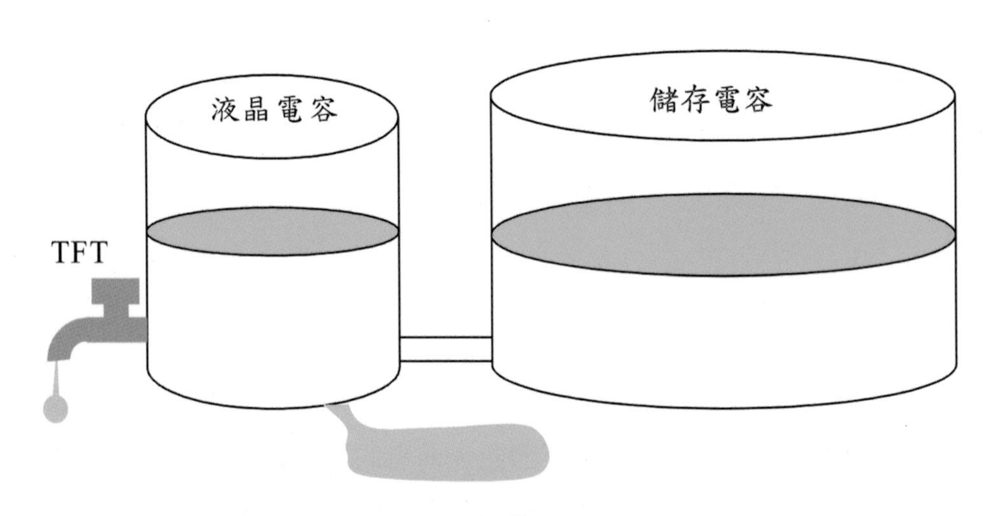

圖 2.15 儲存電容的觀念示意圖

同樣觀念，可以用來幫助保持電位，亦即和液晶電容並聯一個不會漏電的電容，因為這個電容是用來幫助電荷儲存的，所以這個電容被稱為「儲存

電容」。

以 2.4.1.2 的例子而言，如果 0.288pF 的液晶電容 C_{LC}，再並聯上 0.288pF 的儲存電容 C_{st}，則（公式 2.22）變成：

$$dV_{hold} = I_{leak}\ dt_{hold} / C = (10^{-12\sim-13}\ A \times 16.67ms) / 0.576pF$$
$$= 27.9 \sim 2.79mV \qquad 公式(2.23)$$

即可使漏電流所造成的電壓變化量減小，增加電位保持的能力。

由這樣子的觀點來看，儲存電容放得愈大愈好，然而，有二個限制，使儲存電容無法無限地加大。先說明第一個限制，一般的儲存電容是以金屬電極夾置絕緣層而製成，但金屬電極是不透光的，如果儲存電容放得愈大，便會有更大的面積的光被遮去，而使得開口率降低，光的穿透度下降。第二個限制來自充電，既然儲存電容是與液晶電容並聯的，在將TFT打開進行充電的過程中，同時要對液晶電容和儲存電容充電，若是儲存電容太大，會無法達成充電的要求。

儲存電容是影響許多TFT LCD面板特性的重要因素，如何適當地設計儲存電容的大小，是TFT LCD面板計中最重要的課題，將在下一章中作討論。

2.4.3　儲存電容的參考電壓

比較圖 2.15 和圖 2.16 二個儲存電容觀念示意圖，二者的差別在於：圖 2.15 中儲存電容的參考電壓，與液晶電容的參考電壓相同，都是相對於共電極電壓；而圖 2.16 中儲存電容，參考至另外一個固定電壓值，而不是參考至共電極電壓。再次思考儲存電容的功能角色，這樣的二個儲存電容的方式，是否會影響到儲存電容的作用？答案是不會的，以圖 2.16 的比喻來說，只要儲存電容的底部高度是固定的，並且在操作時水位的變化不要低於底部的高度即可。

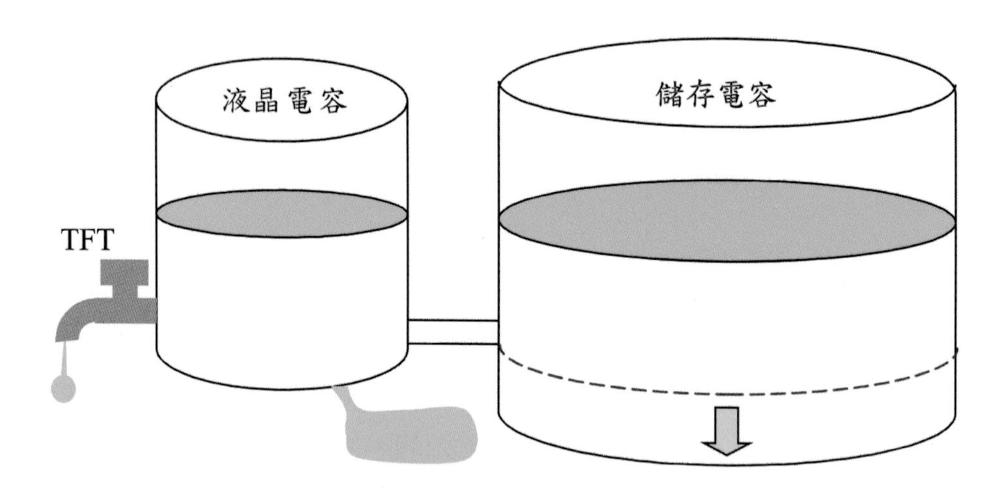

圖 2.16　掃描線上的儲存電容之觀念示意圖

2.4.3.1　上板共電極與下板共電極

如圖 2.17 所示，所有的液晶電容都是夾置於下板的畫素電極和上板共電極之間，即使是一般的儲存電容也參考至共電極（如圖 2.17(a)所示），這個共電極實際上是位於下板的，上板與下板的共電極，由於液晶的阻隔，在畫素陣列中，並不會直接相連在一起，必須在陣列之外的區域，以導電金膠將上板與下板的共電極電性連接起來。

2.4.3.2　儲存至另一個參考電壓

實際上，在TFT LCD的畫素中儲存電荷，並非完全和水分子一樣，電荷是有正的有負的，其參考電位並不一定要低於參考電壓，如果參考電位高於畫素電壓，儲存電容上可以儲存負電荷，因此，只要儲存電容的參考電壓是固定即可，如圖 2.16(b)所示。如同 2.4.3.1 所述的情況一樣，這個參考電極亦是會於下板，只是不與上板共電極在陣列外相連接，而是由系統另外提供一個固定電壓。

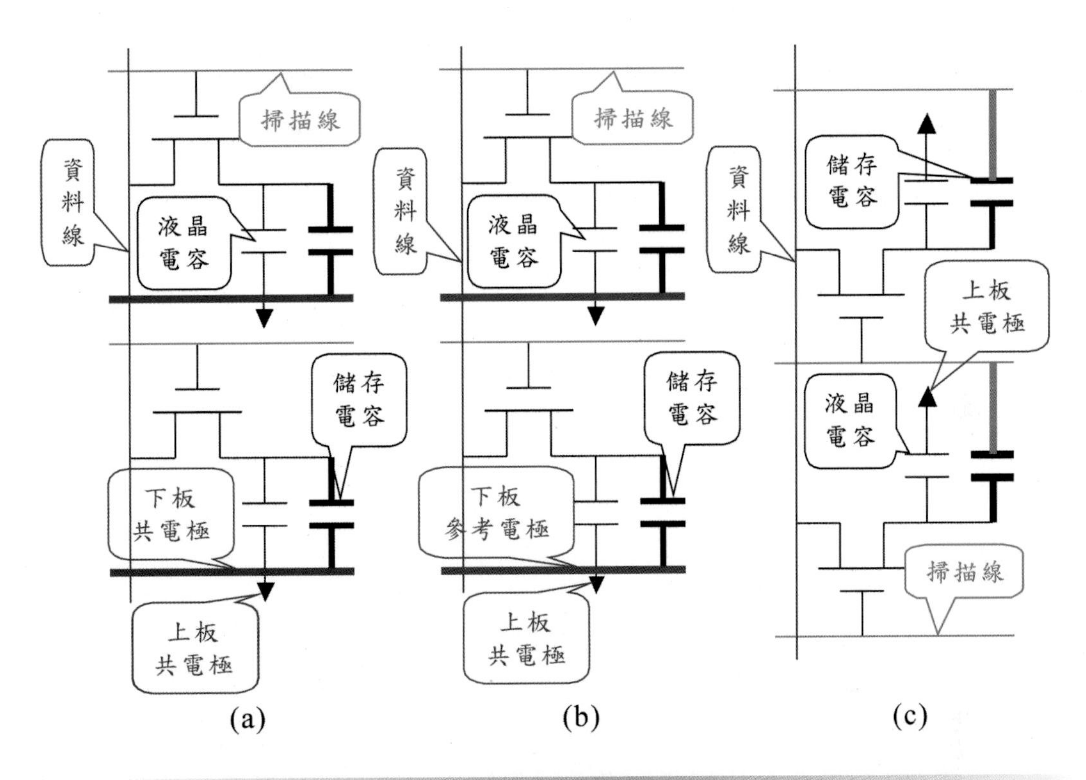

圖 2.17　儲存電容的連接方式，儲存至　(a)共電極電壓　(b)固定參考電壓　(c)前一條掃描線

2.4.3.3　儲存至相鄰掃描線（Storage on gate）

無論是將儲存電容至下板共電極或是另一個參考電壓，如圖 2.17(a)和圖

2.17(b)所示，都必須在畫素中另外布上共電極線，連接到畫素陣列之外。既然，儲存電容要求參考到一個「固定」的電壓，而掃描線在「絕大部分」的時間，都是固定的，儲存電容的連接方式是不是可以直接把相鄰的掃描線當做參考電壓呢？

要討論這個問題，就要知道那一小段「不固定」的「一小部分」對電位和穿透度的影響程度，是不是小於「可以接受的範圍」。

以一個有 M 條掃描線的 TFT LCD 為例，掃描線開啟的時間比例約為 1/M，關閉的時間則約為（M－1）/M，由 2.2.3 對驅動電壓方均根的討論我們可以知道，如果M值愈大，掃描線開啟的時間比例愈低，對畫素電壓所造成的影響也愈小，因此，這種方式對高解析度的面板而言的確是可行的。至於其影響程度的定量探討，待討論過電容耦合效應後，在 2.5.3.5 中作說明。

2.4.4 點缺陷型漏電

還有一些漏電效應，是因為製程上的不良，所造成的漏電，這些漏電會造成顯示器上的缺陷，由於缺陷發生的位置只在面板上的畫素點上，故稱為點缺陷。以下就幾種點缺陷型漏電發生時的狀況作討論，一方面做為 5.2 和 5.3 中討論 TFT LCD 的測試與修補的基礎，另一方面，討論這樣的問題時，會需要將TFT LCD驅動的相關知識，一起納入作綜合性地考慮，類似這樣的綜合性思考，會是充分了解TFT LCD運作的重要能力，在此的討論也可視做為初步的練習。

2.4.4.1 掃描線

如果畫素電極漏電至掃描線，畫素電壓會因為此漏電而接近掃描線上的電壓，由於掃描線上的電壓在大部分的時間，是設定在使TFT關閉的電壓，

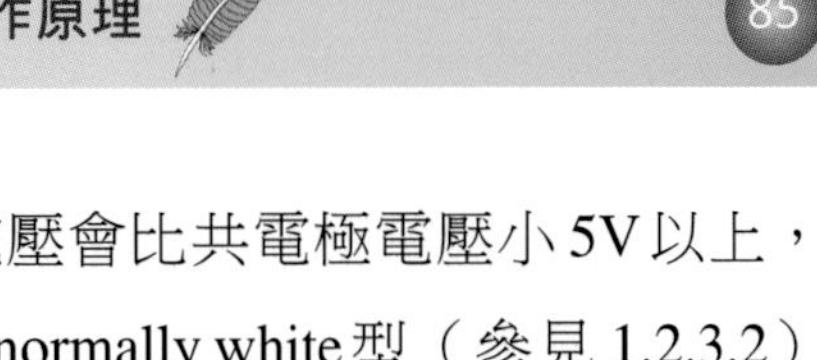

如2.3.3.2和2.3.3.3中所述，掃描線上的關閉電壓會比共電極電壓小5V以上，所以畫素電壓會比共電極電壓小5V以上，就normally white型（參見1.2.3.2）液晶而言，這個畫素會形成為一個暗點，反過來說，就normally black型液晶而言，這個畫素會形成為一個亮點。

2.4.4.2　共電極

如果畫素電極漏電至共電極，畫素電壓會因為此漏電而接近共電極的電壓，所以，施加在液晶電容上的電壓，會因為畫素電壓接近共電極電壓而變0V，就normally white型（參見1.2.3.2）液晶而言，這個畫素會形成為一個亮點，反過來說，就normally black型液晶而言，這個畫素會形成為一個暗點。

2.4.4.3　資料線

如果畫素電極漏電至資料線，由於資料線上的電壓是隨視訊信號以及極性反轉的方式而設定，畫素電壓不一定會變大或變小，所以，這種型式的點缺陷，不能單純地稱為亮點或暗點，而是會隨畫面變化而變化，不一定是一直存在可見的點缺陷。

2.4.4.4　相鄰的畫素電極

如果是畫素電極之間的彼此漏電，則會隨其相關位置不同與漏電程度而有所差異。如果是上下相鄰的畫素，在漏電嚴重的情況下，上方的畫素會在其掃描線關閉後，下方畫素的掃描線開啟時，受到下方畫素的資料線視訊信號寫入，變成與下方畫素一起連動，而下方畫素則因為液晶電容和儲存電容加倍而可能充電不足；而在漏電不嚴重的情況下，上方畫素的資料線視訊信號寫入時，尚不至於與下方畫素一起連動，但在下方畫素進入保持狀態後，如果二個畫素所保持的電壓不同，畫素電容上的電荷會經由漏電途徑流動而使得保持電壓趨於相等，以列反轉（參見2.2.5）為例，上下相鄰的畫素各保持不同極性的電壓，在電荷流動之後，二個畫素的保持電壓都趨近於 0，就normally white型（參見1.2.3.2）液晶而言，這二個畫素會形成為一組亮點。如果是左右相鄰的畫素，其掃描線是一起開啟一起關閉的，因此也會類似漏電至資料線的情形，不一定一直存在可見。

2.5 電容耦合效應（Coupling）

在本節中，我們先假設在 2.4 中所述的漏電效應是可以忽略不計的。至於幾種效應同時發生的狀況，會使得現象更加複雜而難以說明，留待 2.7 中再作討論。

2.5.1 電容耦合的原理

2.5.1.1 電荷守恆（Charge Conservation）

在此先拋開TFT LCD，單純地以1.4.3的比喻，參見圖 2.18 來看一個現象：

假設圖 2.18 中的各個水杯是連通的，且忽略連通管的體積，一開始各個水杯是靜置的，因此，如圖 2.18(a)所示，各水杯的水面高度是相同的；在某個瞬間，將其中一個水杯提高，如圖 2.18(b)所示，由於被提高的水杯水位比較別的水位高，水會向其他水杯流出而使該水杯的水位向下降，其他水杯則會因為水流入而使水位向上昇；最後，如圖 2.18(c)所示，各水杯中的水位會再度相同，但水位會比圖 2.18(a)中的情況向上提昇了。

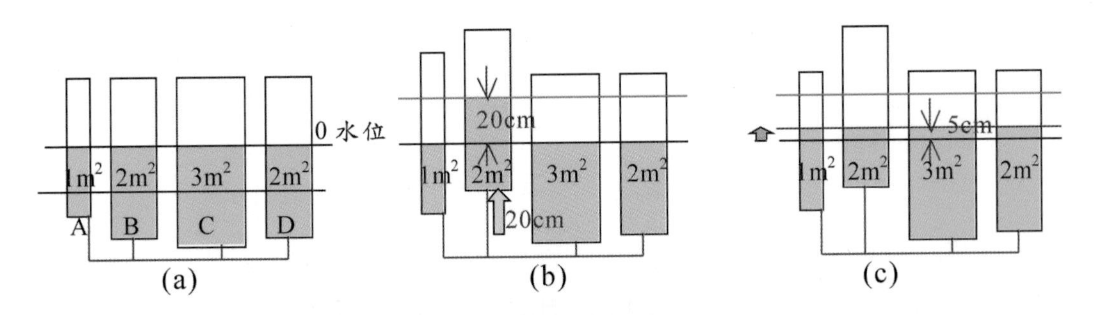

圖 2.18　水杯水面示意圖　(a)一開始水面等高　(b)其中一個水杯提高　(c)最後水位再度等高

以圖 2.18 中舉例的數字，試著來計算水位最後的變化量：

在水杯中所儲存的水量 Q，等於水杯的水位高度差 V，乘以該水杯底面積值，所以在圖 2.18(a)中，所有水杯儲存的總水量為：

$$(0-A)cm \times 1m^2 + (0-B)cm \times 2m^2 + (0-C)cm \times 3m^2 + (0-D)cm \times 2m^2$$
$$= -((1A+2B+3C+2D)/100)m^3 \qquad \text{公式(2.24)}$$

假設電壓B上昇了 20cm，最後的水位為X，所有水杯儲存的總水量為：

$$(X-A)cm \times 1m^2 + (X-(B+20))cm \times 2m^2 + (X-C)cm \times 3m^2 + (X-D)cm \times 2m^2 = X \times 8m^2 - ((1A+2B+3C+2D)/100)m^3 - 0.4m^3 \qquad \text{公式(2.25)}$$

由於電荷沒有流入或流出的路徑，共同連通電極上的電荷不會增加或減少，因此，電壓B下降前後的連通電極上儲存的總電荷量是相同的，亦即：

$$-((1A+2B+3C+2D)/100)m^3 = X \times 8m^2 - ((1A+2B+3C+2D)/100)m^3 - 0.4m^3$$

公式(2.26)

所以得到：

$$X = 0.4m^3/8m^2 = 5cm \quad \text{公式(2.27)}$$

其實，可以直接計算水位最後的變化量：
底面積 $2m^2$ 的水杯提高了 20cm，比原水位高的水量有：

$$2m^2 \times 20cm = 0.4\ m^3 \quad \text{公式(2.28)}$$

這些水量會再分配到各個水杯中，使各個水杯的高度增加了：

$$0.4\ m^3/(1+2+3+2)m^2 = 5cm \quad \text{公式(2.29)}$$

在上面的計算中，我們注意到，如果知道要水杯中水量的總和的話，需要知道圖 2.18 中每個水杯杯底的高度，但是如果我們關心的只是水位的變化時，其實並不需要知道圖 2.18 中每個水杯杯底的高度，因為即使水杯杯底的高度不相同，只要是固定的，就不會影響水位變化量。我們也注意到，如果是把水杯向下降，最後總體水位的變化也會下降，而且下降量的計算方式是一樣的。

再回到 TFT LCD 的畫素中來，參見圖 2.19 來看電容耦合的現象：

圖 2.19 中的各個電容的其中一個電極是連通的，一開始在各個電容上的電壓是固定的，因此，如圖 2.19(a)所示，在連通的電極上電位是相同的；在某個瞬間，將其中一個電容的另一個電極電位降低，如圖 2.19(b)所示，由電路學中我們知道，電容上的電壓必須是連續的 [2]，在此瞬間，被降低電極電

2 參考"Fundamentals of Electric Circuits", by Charles K. Alexander & Matthew N. O. Sadiku, Section 6.2, ISBN 0-07-115126-5。

位的電容，在連通電極上的電位比較別的電容在連通電極上的電極低，而連通電極上的電位應該是要相等的，因此電荷會自其他電容流出而使電位向下降，被降低的電容電位則會因為電荷流入而使電位向上昇；最後，如圖 2.19(c)所示，連通電極上的電位會再度相同，但電位會比圖 2.19(a)中的情況向下降低了。

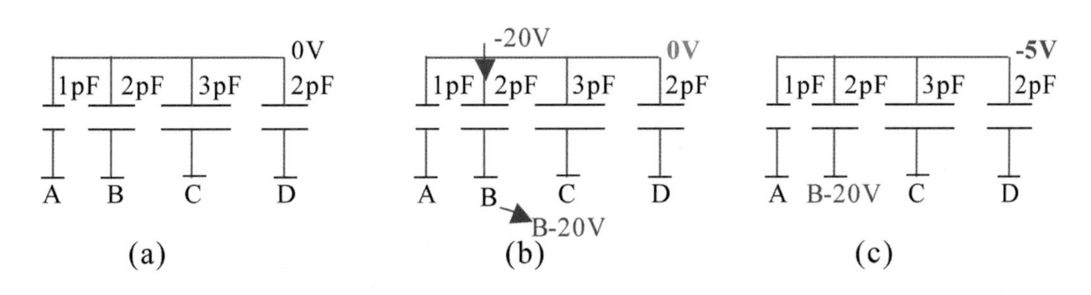

圖 2.19 畫素電容耦合示意圖 (a)一開始各電容電壓 (b)其中一個電容電壓改變 (c)最後各電容電壓

以圖 2.19 中舉例的數字代入計算連通電極電位最後的變化量：

在電容上所儲存的電荷 Q，等於電容上的跨電壓 V，乘以該電容值 C，所以在圖 2.19(a)中，連通電極上儲存的總電荷量為：

$$(0-A)V \times 1pF + (0-B)V \times 2pF + (0-C)V \times 3pF + (0-D)V \times pF$$
$$= -(1A+2B+3C+2D)pC \quad \text{公式(2.30)}$$

假設電壓 B 下降了 20V，最後的連通電極電位為 X，連通電極上儲存的總電荷量為：

$$(X-A)V \times 1pF + (X-(B-20))V \times 2pF + (X-C)V \times 3pF + (X-D)V \times 2pF$$

$$= X \times 8pF - (1A+2B+3C+2D)pC + 40pC \quad \text{公式(2.31)}$$

由於電荷沒有流入或流出的路徑，共同連通電極上的電荷不會增加或減少，因此，電壓B下降前後的連通電極上儲存的總電荷量是相同的，亦即：

$$-(1A+2B+3C+2D)pC = X \times 8pF - (1A+2B+3C+2D)pC + 40pC$$

所以得到 $X = -40pC/8pF = -5V$ 公式(2.32)

另外，如在圖 2.18 的討論中所述，水杯杯底的高度不相同，並不會影響水位變化量。我們也可以直接計算電荷變化量：

電容值 2pF 的電容下降了 20V，比原電位時的電荷量變化了：

$$2pF \times (-20V) = -0.4\ pC \quad \text{公式(2.33)}$$

這些減少的電荷量會再分配到各個電容中，使各個電容在連通電極上的電位變化了：

$$-0.4pC/(1+2+3+2)pF = -5V \quad \text{公式(2.34)}$$

這樣的情形，即是所謂的「電容耦合效應」。在圖 2.18 的討論中，有一個很重要的前提，那就是「水量守恆」，也就是說，在整個變化的過程中，水量不會再額外增加或減少；對應到圖 2.19 的討論，就像各個電容的共同連通電極上，沒有電荷的增加或減少，這個前提，就是「電荷守恆」。一旦電荷有流入或流出的路徑使得共同連通電極上的電荷增加或減少，這些電荷增減量，也會影響連通電極的電位，而不能僅僅考慮「電容耦合效應」。

2.5.1.2 電容分壓

對已具有電學背景的讀者而言，可以利用電容分壓的觀念來看電容耦合的效應，我們知道，電容在直流電壓下不會有電流的流動，而只有在電壓變化時才有電荷流動，以圖 2.19 中所舉的例子，在某個瞬間 B 點電壓有 −20V 的電壓變化，而其他A、C、D三個電壓沒有改變，可視為交流接地而視為並聯在一起（1pF+3pF+2pF = 6pF），因此，這個電壓變化會依電容倒數的比例，分壓在 2pF 的電容和 6pF 的並聯電容上，所以得到各個電容在連通電極上的電位變化，和（公式 2.34）的結果相同：

$$-20V \times (2pF / (2pF+6pF)) = -5V \qquad \text{公式(2.35)}$$

由以上的討論，我們可以歸納出電容耦合發生的情況，即：一個由數個電容所組成的電路，其電容值的總和為 ΣC，在這個電路中，所有電容的一個電極，是全部都連接在一起的，而這些電容的另一個電極，則各自連接到不同的電壓源，在電容相連接的電極沒有任何直流路徑可以流入或流出電荷（即「電荷守恆」）的前提下，若其中有一個電容 C 所連接的電壓源變化了ΔV，則在相連接的電極上的電壓變化量為：

$$\Delta V \times (C/\Sigma C) \qquad \text{公式(2.36)}$$

在 2.5.3 及 2.5.4 中將利用這個公式探討電容耦合的各種效應。

2.5.2 畫素中的電容

當TFT處於關閉時，忽略2.4.1.2中所述的TFT漏電流，在畫素中的畫素電極，就進入了2.5.1所述的「電荷守恆」狀態，而由於畫素電極是作為控制液晶電壓的電極，占了畫素面積的大部分（如圖2.20的虛線如示），有許多與此電極相關的電容，在此參照圖2.20的畫素布局圖，對這些相關的電容作討論。

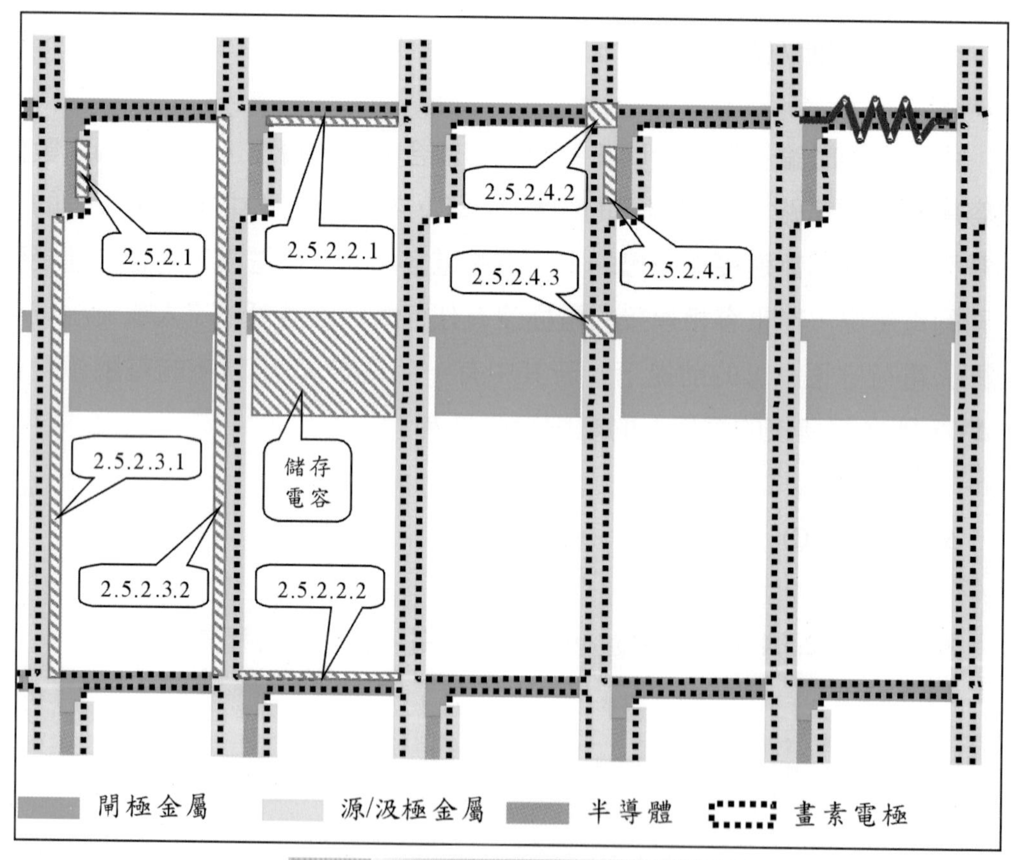

圖2.20 畫素布局例與其寄生電容

2.5.2.1 TFT本身的寄生電容

參見 1.3.3.2，我們說明了閘極與源／汲極重疊的必要性，也提及了因此而產生的寄生電容。這樣的寄生電容在源極和汲極二邊都會有，在此所關心的，是連接至畫素電極這一邊的電極，而如在 2.3.1 中所述，在畫素中TFT的源極和汲極是會隨資料線電壓和畫素電壓的差別正負而並非固定的，所以在相關文獻中有些會以閘極/源極電容（Cgs）稱之，有些則會以閘極／汲極電容（Cgd）稱之，在本書中也會以 Cgs 和 Cgd 混用，但指的都是連接至畫素電極這一邊的電極，因為只有畫素電極會進入「電荷守恆」的狀態而有電容耦合效應，至於另一邊連接至資料線的TFT電極上的寄生電容，因為電容的二端各自會連接在資料線和掃描線外部電壓上，不會進入「電荷守恆」的狀態，所以不會考慮其電容耦合效應，但是會考慮其驅動負載效應。

2.5.2.2 畫素電極與掃描線間的寄生電容

2.5.2.2.1 畫素電極與本身掃描線之間的電容

有畫素電極所存在的區域，才可以控制液晶的轉動來設定畫素亮度，而沒有畫素電極的地方，由於無法施加電壓而控制液晶穿透度，所以必須加以遮蔽，除了另外以在 1.4.2.2 中所述的黑色矩陣加以遮蔽之外，有時會利用將畫素電極與本身掃描線設計成有部分重疊，以掃描線來遮蔽，如圖 2.20 中所示。由於黑色矩陣是置於另一片彩色濾光片基板上，與畫素電極的對準誤差較大，需要較大的遮蔽範圍，而掃描線與畫素電極是在同一片 TFT基板上，可以精準地遮蔽，因而可以得到較大的開口率，這樣的做法，稱為內建型黑色矩陣（Integrated BM）。由於畫素電極與掃描線在製程上是有絕緣層阻隔的，二者之間並不會形成短路，但是會形成寄生的電容。

2.5.2.2.2 畫素電極與相鄰掃描線之間的電容

如 2.5.2.2.1 中所述，同樣地以相鄰掃描線作為內建型黑色矩陣，亦會產生寄生的電容，如圖 2.20 中所示。

2.5.2.2.3 儲存電容連接至掃描線（Storage on gate）

另外，如果畫素是 Storage on gate 的設計，其畫素布局與圖 2.20 會有些許不同，此時儲存電容亦成為畫素電極與相鄰掃描線之間的電容，利用這個電容，我們可以用掃描線多階驅動的方式，來解決一些驅動上的問題，留待 2.5.3.5 中作詳細的討論。

2.5.2.3 畫素電極與資料線間的寄生電容

2.5.2.3.1 畫素電極與本身資料線之間的電容

就傳統 TFT 製程上，資料線與畫素電極之間是沒有絕緣層阻隔的，二者之間的重疊會形成短路，因此不會將畫素電極與本身資料線設計成有部分重疊，也就不會產生寄生電容。然而，資料線方向上液晶不受控制控制的區域仍需遮蔽，若要以如黑色矩陣來遮蔽，會因畫素在資料線的方向較長，而有更大的開口率損失，所以，小畫素高 PPI（參見 1.1.1.3）的 TFT LCD，仍會類似 2.5.2.2.1 中所述，利用本身資料線作為內建型黑色矩陣，亦會產生寄生的電容，如圖 2.20 中所示，但是，為了避免資料線與畫素電極短路，需要在二者之間另外插入一層絕緣層，而將畫素電極（一般為透明的 ITO 電極）置於

上方（Top），這樣特殊的製程，特別稱為「Top ITO」。

2.5.2.3.2 畫素電極與相鄰資料線之間的電容

如 2.5.2.3.1 中所述，同樣地以相鄰資料線作為內建型黑色矩陣，亦會產生寄生的電容，如圖 2.20 中所示。

2.5.2.4 造成信號延遲與驅動負載的寄生電容

還有一些畫素中的電容，雖不會與畫素電極有關，而產生電容耦合效應，影響畫面，但是會造成信號延遲（參見 2.6）與驅動負載，在此以圖 2.20 作討論。

2.5.2.4.1 TFT 本身的寄生電容

在 2.5.2.1 中提到，TFT 在源極和汲極二邊都會有寄生電容，圖 2.20 中所示連接至資料線的寄生電容，因為電容的二端各自會連接在資料線和掃描線外部電壓源上，會成為資料線的驅動負載和掃描線的驅動負載。

2.5.2.4.2 資料線和掃描線的重疊

資料線和掃描線，各自在垂直方向上和水平方向上貫穿整個畫素陣列，因此在每個畫素上會有交錯跨越的重疊面積，而形成寄生電容，如圖 2.20 中所示，這個電容亦會成為資料線的驅動負載和掃描線的驅動負載。

2.5.2.4.3 資料線和下板共電極線的重疊

資料線和下板共電極線，各自在垂直方向上和水平方向上貫穿整個畫素陣列，因此在每個畫素上會有交錯跨越的重疊面積，而形成寄生電容，如圖 2.20 中所示，這個電容會成為資料線的驅動負載和下板共電極線的驅動負載。如果畫素是 Storage on gate（參見 2.4.3.3）的設計，則不會有這個電容。

2.5.2.4.4 與上板共電極間的其他寄生電容

圖 2.20 中所示，是 TFT 基板的布局圖，在此要請讀者自己想像一下，在此圖的上方，有另外一片 CF 基板，上面是整面的共電極，而二片基板之間夾置著液晶。畫素電極所存在的部分，即會與共電極形成液晶電容，但是，畫素電極所不存在的區域，如果有任何電極，即會與共電極形成寄生電容，如在資料線的上方或掃描線的上方，這些電容也會成為資料線或掃描線的驅動負載。

2.5.2.5 加入電容的畫素等效電路

在圖 2.17 中所示的畫素電路，並未考慮到這些寄生電容，將這些寄生電容納入畫素等效電路中，如圖 2.21 所示，與畫素電極相連的電容，共有接至下板共電極線的儲存電容 Cs，接至上板共電極的液晶電容 Clc，TFT 的寄生電容 Cgd，接至本身資料線的電容 Cpd，接至相鄰資料線的電容 Cpd'， 接至本身掃描線的電容 Cpg，接至相鄰掃描線的電容 Cpg'，需考慮這些電容的電容耦合效應。若未採用內建黑色矩陣的TFT設計，則Cpd、Cpd'、Cpg與Cpg'的值甚小而可以忽略。

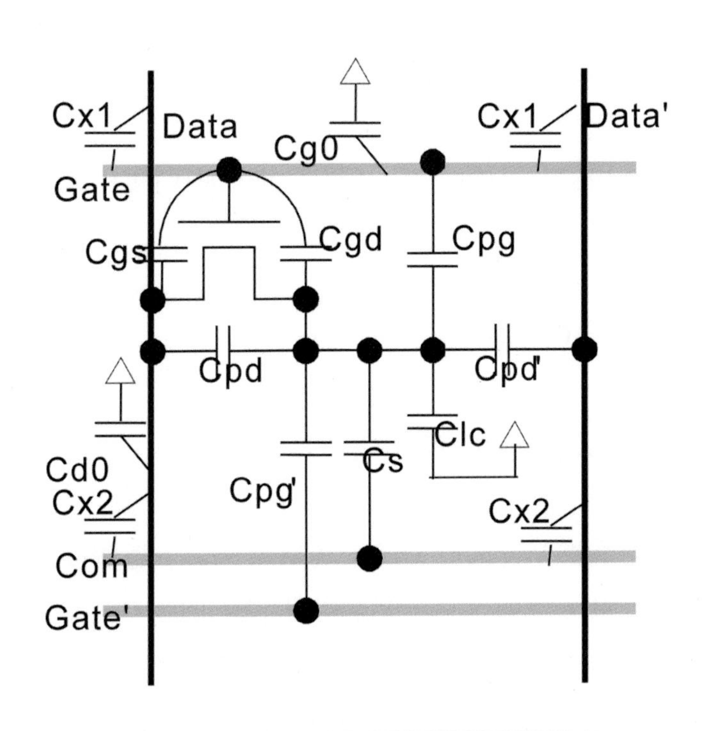

圖 2.21　加入電容的畫素等效電路

而負載電容則包括：掃描線和資料線之間的電容 Cx1，下板共電極線和資料線之間的電容Cx2，TFT的寄生電容Cgs，資料線和上板共電極之間的電容 Cd0，掃描線和上板共電極之間的電容 Cg0。

2.5.3　掃描線的電容耦合效應

2.5.3.1　掃描線對畫素電極的電容耦合

由（公式 2.36），若在「電荷守恆」的前提下，掃描線上的電壓變化為

$V_{OFF}-V_{ON}$，則畫素電壓的變化量ΔV為：

$$-\Delta V=(V_{OFF}-V_{ON})(Cgd+Cpg)/(Cs+Clc+Cgd+Cpd+Cpd'+Cpg+Cpg')$$

公式(2.37)

忽略Cpd、Cpd'、Cpg與Cpg'，則得到：

$$-\Delta V=(V_{OFF}-V_{ON})(Cgd)/(Cs+Clc+Cgd)$$

公式(2.38)

由於TFT的開電壓V_{ON}大於TFT的關電壓V_{OFF}，這個變動量會是負值，而且這個電壓變化量，會與$V_{OFF}-V_{ON}$的變化成正比，與TFT的寄生電容成正比，而與TFT的寄生電容、儲存電容和液晶電容的總和成反比。

想再次強調，在「電荷守恆」的前提下，當TFT由關變開的時候，便開始作充放電的動作，此時畫素電極與資料線之間有電荷的流動，並非「電荷守恆」，也就沒有電容耦合發生。但是，當TFT由開變關的時候，畫素電極上的電荷不再流動至資料線，因而進入「電荷守恆」的狀態而發生電容耦合。

事實上，TFT由開變關，並不是一個瞬間，而是一個需要時間的過程，如果此時間非常短暫，電荷來不及流動，「電荷守恆」的前提仍可成立；但是，若此過程並不那麼快，在TFT未關閉之前，仍會有電荷流動至資料線，更何況，TFT開與關並不是一個很明顯的界限，會使掃描線對畫素電極的電容耦合稍微複雜一些。相關內容將在2.7.4中加以討論。

這個電壓變化量，會使得由資料線寫入所設定的畫素電壓，在TFT關閉後有所變動，這個變動電壓有二個效應，一是使畫素最後所顯示的灰階，偏離原來寫入電壓所希望表現的灰階；二是使原來資料線寫入正負極性大小對稱的電壓，向下偏離，而產生2.2.4.2中所述的直流殘留效應。

2.5.3.2 解決掃描線電容耦合效應的方法

2.5.3.2.1 減少變化量

由（公式 2.38）我們可以找出減少變化量的幾個方向：首先是降低$|V_{OFF} - V_{ON}|$，但需考慮如 2.3.3.3 中所述的電壓範圍，無法降得太多。其次是降低 TFT 的寄生電容，但需考慮如 1.3.3.2 中所述的 TFT 開電流特性需求。最後是增加儲存電容和液晶電容的總和，其中增加液晶電容是比較不合適的，原因之一是液晶電容係由畫素面積大小和所選擇的液晶介電常數而決定，前者依據產品規格而定，後者會以光學特性的考量為主，不會因為電容需求而作選擇；原因之二會在 2.5.3.3 中說明，所以最有效減少變化量的方法，是增加儲存電容，而增加儲存電容會使開口率變小。

還記得 2.4.2 賣的關子嗎？儲存電容可以減少因電容耦合效應而產生的電壓變化量，這便是儲存電容的第二個角色。

2.5.3.2.2 資料線電壓補正

資料線的電壓是由驅動系統，根據所要顯示的灰階來設定的，可以將因電容耦合效應產生的電壓變化量$-\Delta V$，預先設置於驅動系統中，根據所要顯示的灰階定出所希望的畫素電壓 V，再將電壓變化量$|\Delta V|$加在所希望的畫素電壓上，設定在資料線上，如此真正寫入畫素的電壓，會是$V+|\Delta V|$，再經過 TFT 關閉時的電容耦合效應，畫素電壓會變成$V+|\Delta V|-\Delta V = V$，即是所要顯示的灰階所對應的畫素電壓。

2.5.3.2.3 共電極電壓補償

我們知道，真正決定液晶排列和穿透度的，是液晶電容上的跨壓 V_{LC}，而 V_{LC} 是畫素電壓 V_{PIXEL} 與共電極電壓 V_{COM} 的差，即：

$$V_{LC} = V_{PIXEL} - V_{COM} \qquad \text{公式(2.39)}$$

而由 2.4.3 和 2.5.1 的討論，我們也知道，只要 V_{COM} 是定值，並不會影響電荷儲存和電容耦合的效應。既然寫入的畫素會因電容耦合而變成 $V_{PIXEL} - \Delta V$，何不也把共電極電壓設為 $V_{COM} - \Delta V$，如此，液晶電容上的跨壓 V_{LC} 變成：

$$V_{LC} = (V_{PIXEL} - \Delta V) - (V_{COM} - \Delta V) = V_{PIXEL} - V_{COM} \qquad \text{公式(2.40)}$$

與（公式 2.39）的結果是相同的。所以，只要對共電極電壓作（$-\Delta V$）的補償，資料線電壓設定即可直接以由液晶電壓—穿透度關係曲線所對應到的電壓作設定，在發生 TFT 關閉時的電容耦合效應後，液晶電容上的跨壓便會對應到所要顯示的灰階。

事實上，共電極電壓補償方法，只能解決一部分的問題，仍無法完全解決掃描線的電容耦合效應。問題出在液晶電容的影響，將在 2.5.3.3 中討論。

2.5.3.3 液晶電容的影響

在 1.2.4 的討論中，我們知道液晶電容是會隨其二端的電壓差而改變的，再參照（公式 2.38），可將公式修正為：

$$-\Delta V(V) = (V_{OFF} - V_{ON})(Cgd)/[Cs+Clc(V)+Cgd] \qquad \text{公式(2.41)}$$

亦即，掃描線對畫素電極的電容耦合效應，在畫素電壓所造的變化量ΔV，是會隨液晶上的跨壓而改變的。液晶上的跨壓其實是根據所要顯示的灰階而設定，所以也可以說，ΔV是會隨所要顯示的灰階而改變的。我們用表 2.1 的例子，來看一下不同灰階下的變化量ΔV：

表 2.1　不同灰階下變化量ΔV 和畫素電壓的關係

	灰階	對應電壓	液晶電容	儲存電容	TFT 寄生電容	$V_{OFF}-V_{ON}$	$-\Delta V$	資料線補正電壓
正極性	0	4.0V	1.2pF	0.9pF	0.06pF	−20V	−0.556V	4.556V
	1	3.1V	1.0pF	0.9pF	0.06pF	−20V	−0.612V	3.712V
	2	2.6V	0.9pF	0.9pF	0.06pF	−20V	−0.645V	3.245V
	3	2.2V	0.8pF	0.9pF	0.06pF	−20V	−0.682V	2.882V
	4	1.8V	0.7pF	0.9pF	0.06pF	−20V	−0.723V	2.523V
	5	1.3V	0.6pF	0.9pF	0.06pF	−20V	−0.769V	2.069V
	6	0.6V	0.5pF	0.9pF	0.06pF	−20V	−0.822V	1.422V
	7	0.1V	0.3pF	0.9pF	0.06pF	−20V	−0.952V	1.052V
負極性	7	−0.1V	0.3pF	0.9pF	0.06pF	−20V	−0.952V	0.852V
	6	−0.6V	0.5pF	0.9pF	0.06pF	−20V	−0.822V	0.222V
	5	−1.3V	0.6pF	0.9pF	0.06pF	−20V	−0.769V	−0.531V
	4	−1.8V	0.7pF	0.9pF	0.06pF	−20V	−0.723V	−1.077V
	3	−2.2V	0.8pF	0.9pF	0.06pF	−20V	−0.682V	−1.518V
	2	−2.6V	0.9pF	0.9pF	0.06pF	−20V	−0.645V	−1.955V
	1	−3.1V	1.0pF	0.9pF	0.06pF	−20V	−0.612V	−2.488V
	0	−4.0V	1.2pF	0.9pF	0.06pF	−20V	−0.556V	−3.444V

由表 2.1 可以看出，變化量ΔV會隨著灰階不同而改變，其變動的最大值與最小值各為：

$$-\Delta V_{MAX} = (V_{OFF} - V_{ON})(Cgd)/[Cs+Clc_{,MIN}+Cgd] \quad \text{公式(2.42)}$$

$$-\Delta V_{MIN} = (V_{OFF} - V_{ON})(Cgd)/[Cs+Clc_{,MAX}+Cgd] \quad \text{公式(2.43)}$$

所以，變動的平均值ΔV_{AVG}與變動的範圍$\Delta(\Delta V)$各為：

$$-\Delta V_{AVG} = -(\Delta V_{MAX}+\Delta V_{MIN})/2=(V_{OFF} - V_{ON})(Cgd)\{1/[Cs+Clc_{,MIN}+Cgd]+1/[Cs+Clc_{,MAX}+Cgd]\}/2 \quad \text{公式(2.44)}$$

$$-\Delta(\Delta V) = -(\Delta V_{MAX} - \Delta V_{MIN})=(V_{OFF} - V_{ON})(Cgd)\{1/[Cs+Clc_{,MIN}+Cgd] - 1/[Cs+Clc_{,MAX}+Cgd]\}=(V_{OFF} - V_{ON})(Cgd)(Clc_{,MAX} - Clc_{,MIN})/\{[Cs+Clc_{,MIN}+Cgd]\ [Cs+Clc_{,MAX}+Cgd]\} \quad \text{公式(2.45)}$$

檢視 2.5.3.2.1 中的方法，降低$|V_{OFF} - V_{ON}|$，降低 TFT 的寄生電容，和增加儲存電容，都有助於減少變動的平均值Δ_{AVG}與變動的範圍Δ（ΔV）。若是增加液晶電容Clc，雖然會使分母變大，但同時也會使$Clc_{,MAX} - Clc_{,MIN}$變大，讓變動的範圍Δ（ΔV）的降低效果打了折扣，更何況如 2.5.3.2.1 所言，液晶電容依產品規格和液晶材料而定，沒有特別去更動的機會。

如果以 2.5.3.2.2 的資料線電壓補正方法，以表 2.1 中最後一欄的電壓作補正，是可以完全補正電壓變化量的，但是這個方法在量產上會有問題，原因將在 2.5.3.4 說明。

以 2.5.3.2.3 中的方法，設定共電極電壓來補償電壓變化量，可以將（公式 2.44）的變動的平均值ΔV_{AVG}補償掉，但是，由於共電極只能有一個值，而灰階卻有多種可能，在各位置、各時間，都可能不相同，無法以單一個共電極電壓補償設定值，去補償各灰階的變動範圍Δ（ΔV）。以表 2.1 中的數據為例，$-\Delta V_{AVG}$為－0.754V，而－Δ（ΔV）為－0.369V，將共電極電壓補償電壓－0.754V，可以幾乎補償第 5 灰階的電容耦合效應，但是若是面板所顯示的是第 0 灰階或是第 7 灰階，則會有 0.369V/2＝0.185V的直流電壓無法補償，這個方法是否可行，端看這個 0.185V的直流電壓會不會造成 2.2.4.2 中所述的

直流殘留現象，甚或是否會造成正負極性的液晶跨壓太大的不同而使人感覺到 2.2.4.3 中所述的閃爍。這個特別的變動範圍Δ（ΔV），有人特地以符號「Ω」來表示。

2.5.3.4 製程變異的電容耦合效應考量

理論上，2.5.3.2.2 中的方法，是可以補償各灰階的變動的，但實際在TFT LCD製作生產時，由於製程的變異，而使電容值有所改變，例如，絕緣層沈積時厚度的變動，會造成儲存電容的大小不同，或是光學微影時因對準量變動，會造成 TFT 閘極／汲極的重疊面積改變，而使 TFT 寄生電容不同，如此，對每一片生產出的 TFT LCD 面板，都要就表 2.1 中每個灰階的電壓補正作設定改變，由於顯示的灰階很多，要一一實行這樣的電壓補正設定，會使大量生產的過程複雜而緩慢。

而以 2.5.3.2.3 中的方法，雖然每一片生產出的 TFT LCD 面板的變動的平均值ΔV_{AVG}也是不同的，但在大量生產時只要調校一個共電極電壓即可。至於無法完全補償的變動範圍Δ（ΔV），則利用以 2.5.3.2.1 中增加儲存電容的方式，加以降低，至不會產生直流殘留或閃爍的程度（見練習 2-2）。

2.5.3.5 儲存電容在掃描線上

在 2.5.2.2.3 略為提到儲存電容連接至掃描線（Storage on gate）的設計，圖 2.22 和圖 2.23 各示出這種設計的布局例與其等效電路，在這樣的畫素中，因為沒有下板共電極線，所以沒有下板共電極線和資料線之間的電容 Cx2。另外，在這樣的畫素中的寄生電容，大部分和一般的畫素設計一樣，只是其中的儲存電容Cs和 2.5.2.2.2 中所述的畫素電極與相鄰掃描線之間的電容，變成同一個電容 Cs，因此（公式 2.38）修正為：

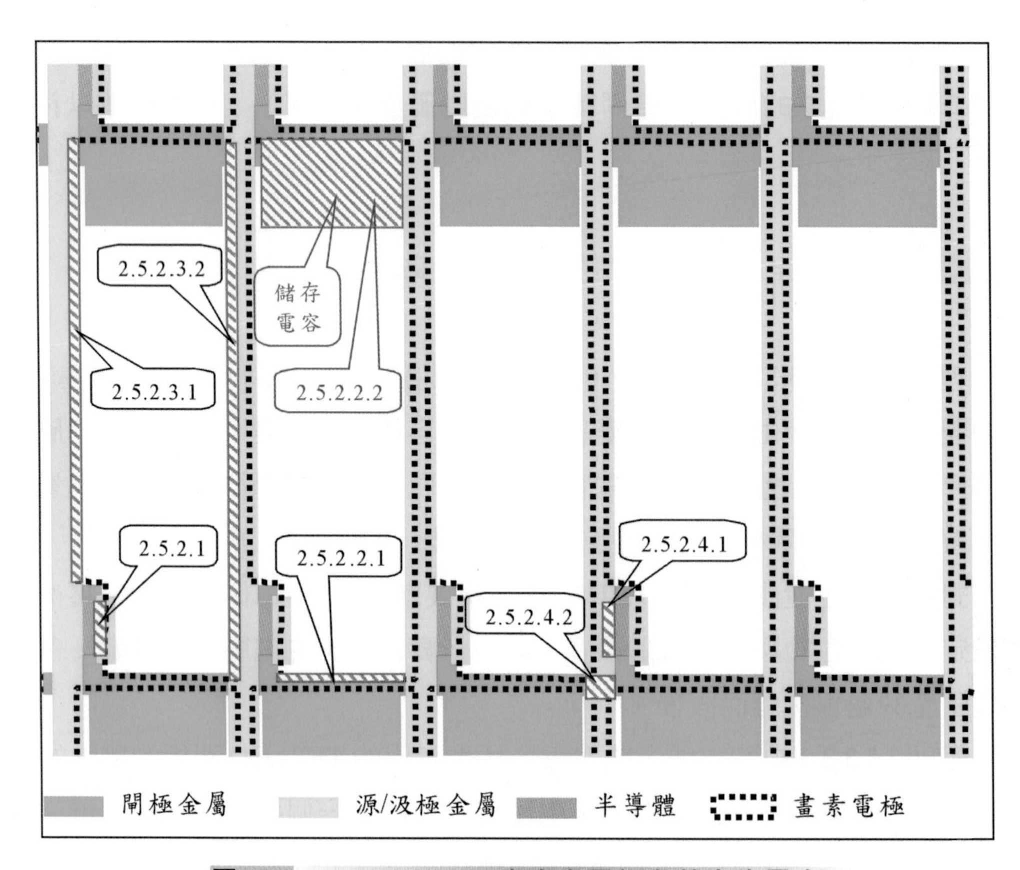

圖 2.22 Storage on gate 畫素布局例與其寄生電容

$$-\Delta V = (V_{OFF} - V_{ON})(Cgd)/(Cs+Clc+Cgd)+ (V'_{scan1} - V'_{scan2})(Cs)/(Cs+Clc+Cgd) \quad \text{公式(2.46)}$$

其中 V'_{scan1} 和 V'_{scan2} 為所儲存的相鄰掃描線上變化前和變化後的電壓，經由儲存電容Cs影響畫素電壓。由（公式 2.46）可看出，所儲存的相鄰掃描線上電壓變化（$V'_{scan1} - V'_{scan2}$）對畫素電壓的影響程度，會是本身掃描線上變化的（Cs/Cgd）倍。在 2.5.3.5.1 中，將討論其對畫素電壓的影響。甚至可以利用這樣大程度的影響，來達成一些積極的目的，將在 2.5.3.5.2 和 2.5.3.5.3 中作說明。

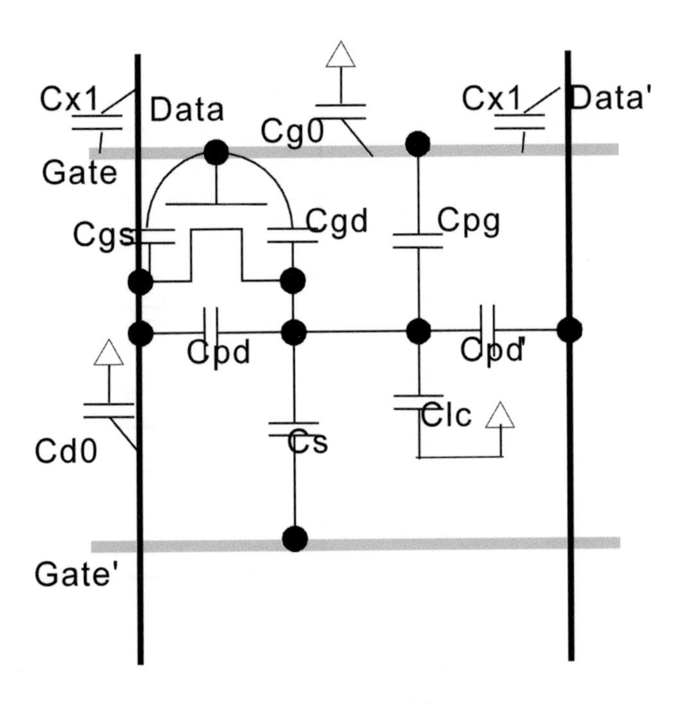

圖 2.23　Storage on gate 畫素等效電路

2.5.3.5.1　儲存電容在前一條或下一條掃描線上

在Storage on gate的設計中，儲存電容是由畫素電極和相鄰畫素的掃描線作為其二個電極，因為畫素在垂直方向上有二個相鄰畫素，一個在前一條掃描線上，另一個在下一條掃描線上，由圖 2.22 Storage on gate 畫素布局來看，難以將儲存電容連接至更遠的畫素掃描線。圖 2.24 所示為這三個畫素的等效電路，以及對應的掃描線波形。

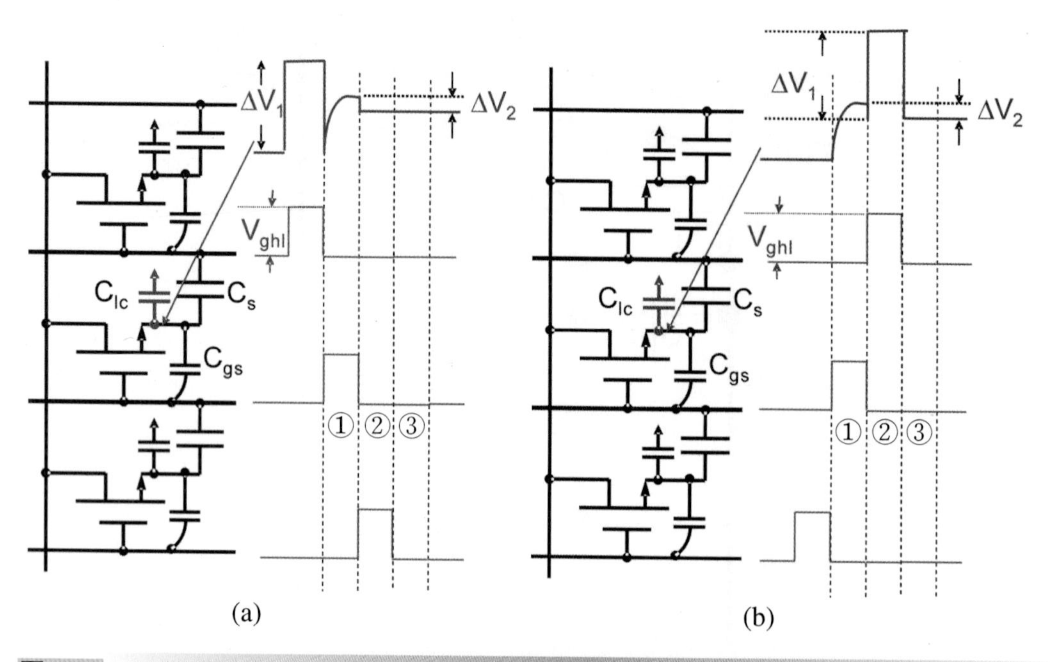

圖 2.24 三個垂直相鄰畫素的等效電路與對應波形，其中儲存電容在 (a)前一條 (b)下一條掃描線上

先計算儲存電容在前一條掃描線上的情況：在本身掃描線打開之前，在前一條掃描線打開時，電壓會由 V_{OFF} 變成 V_{ON}，經由儲存電容 Cs 造成畫素電壓變化：

$$+\Delta V_1 = (V_{ON} - V_{OFF})\ (Cs)/(Cs+Clc+Cgs) \qquad \text{公式(2.47)}$$

在一條掃描線打開的時間之後，前一條掃描線關閉，電壓會由 V_{ON} 變回 V_{OFF}，經由儲存電容 Cs 造成畫素電壓變化：

$$-\Delta V_1 = (V_{OFF} - V_{ON})\ (Cs)/(Cs+Clc+Cgs) \qquad \text{公式(2.48)}$$

此時，畫素本身的掃描線打開，雖然電壓也會由 V_{OFF} 變成 V_{ON}，但無論此時畫素電壓為何，由於TFT已導通，畫素電壓會被設定在資料線上的電壓。然後，由於畫素本身的掃描線關閉，經由TFT寄生電容Cgs造成畫素電壓變化：

$$-\Delta V_2 = (V_{OFF} - V_{ON})(Cgs)/(Cs+Clc+Cgs) \qquad \text{公式(2.49)}$$

以表 2.1 中的數值，參照圖 2.24(a)，嘗試計算如果資料線對畫素的設定是±2.2V 而共電極電壓補償為－0.682V 的情況下，以了解電容耦合效應的大小。由（公式 2.47）和（公式 2.49）得到：

$$\Delta V_1 = (20V)\,(0.9pF)/(0.9pF+0.8pF+0.06pF) = 10.227V \qquad \text{公式(2.50)}$$

$$\Delta V_2 = (20V)\,(0.06pF)/(0.9pF+0.8pF+0.06pF) = 0.682V \qquad \text{公式(2.51)}$$

假設此 TFT LCD 一共有 M 條掃描線，則掃描線打開的時間比例為（1/M），再假設TFT充電很快，計算液晶所受的電壓方均根值 V_{RMS}，考慮正負極性反轉，需要計算二次圖框時間才是一個週期：

$$\begin{aligned} V_{RMS}^2\,(V^2) = \{&[-2.2+10.227-(-0.682)]^2+[2.2-(-0.682)]^2+[2.2-0.682-\\ &(-0.682)]^2(M-2)+[2.2+10.227-(-0.682)]^2+[-2.2-(-0.682)]^2+\\ &[-2.2-0.682-(-0.682)]^2(M-2)\}/2M\\ = \{&(8.709)^2+(2.882)^2+(2.2)^2(M-2)+(13.109)^2+(-1.518)^2+(-2.2)^2\\ &(M-2)\}/2M \qquad \text{公式(2.52)} \end{aligned}$$

若 M=100，則 V_{RMS} =2.457V，若 M=1000，則 V_{RMS} =2.227V。

由此可知，當掃描線數愈多時，相鄰掃描線對液晶電壓方均根值影響愈小。同理，我們也可以計算占 1/M時間的前一條掃描線電容耦合效應，對液晶電壓之直流成分的影響（練習 2-3），當掃描線數愈多時影響愈小，因此

Cs on gate 的設計適用於高解析度（掃描線多）的 TFT LCD。

接著再計算儲存電容在下一條掃描線上的情況，亦以表 2.1 中的數值，參照圖 2.24(b)，ΔV1 和ΔV2，會與（公式 2.50）和（公式 2.51）計算相同，各為 10.227V 和 0.682V；而計算液晶所受的電壓方均根值 V_{RMS}：

$$\begin{aligned} V_{RMS}(V^2) = \{&[2.2-(-0.682)]^2+[2.2+10.227-0.682-(-0.682)]^2 \\ &+[2.2-0.682-(-0.682)]^2(M-2)+[-2.2-(-0.682)]^2 \\ &+[-2.2+10.227-0.682-(-0.682)]^2+[-2.2-0.682-(-0.682)]^2 \\ &(M-2)\}/2M \\ =\{&(2.882)^2+(12.427)^2+(2.2)^2(M-2)+(-1.518)^2 \\ &+(8.027)^2+(-2.2)^2(M-2)\}/2M \end{aligned} \quad \text{公式(2.53)}$$

若 M=100，則 V_{RMS} =2.427V，若 M=1000，則 V_{RMS} =2.224V。

此結果與儲存電容在前一條掃描線的情況差別不大，理論上，二種 Storage on gate 的方式都可以，但一般的習慣，會將儲存電容設在前一條掃描線上，如此，萬一因為某些因素，畫素電壓耦合效應不如預期，只會影響一條掃描線打開的時間。而若是將儲存電容設在下一條掃描線上，萬一因為某些因素，在下一條掃描線開啟時，畫素電壓耦合效應不如預期，會影響一整個圖框的時間。

2.5.3.5.2 掃描線三階驅動法

利用 Storage on gate 畫素中，前一條掃描線對畫素電壓電容耦合的影響，可以解決 2.5.3.3 中所述因液晶電容變化的影響，而產生的電容耦合量變動範圍Δ（ΔV），無法由單一共電極補償的問題，這個方法的掃描電極電壓有三個準位，如圖 2.25 中所示，故稱為掃描線三階驅動，其中只有最大的一個電壓準位會將 TFT 打開，在其他二個電壓下，TFT 都是關閉的。

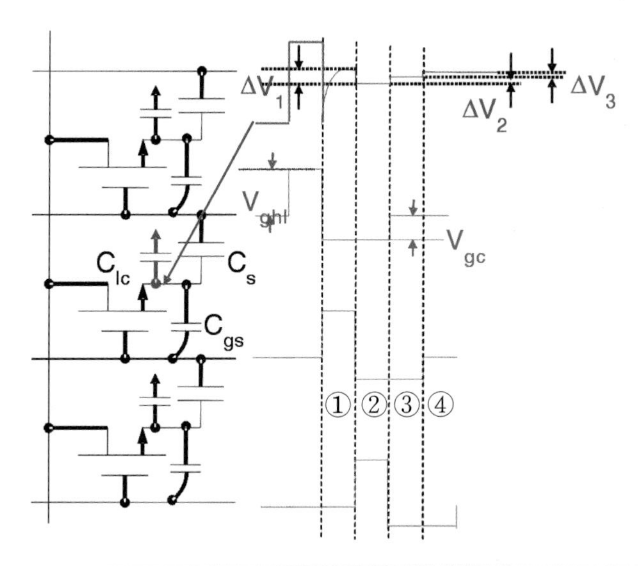

圖 2.25　掃描線三階驅動之三個垂直相鄰畫素的等效電路與對應波形

參照圖 2.25，在畫素 TFT 打開之前的電壓耦合變化，在時間①會被資料線寫入的電壓重設，此時畫素電壓V_{pixel}等於資料線電壓V_{data}；在時間②，畫素本身的掃描線電壓變化－（$V_{ghl}+V_{gc}$），經由 TFT 電容 Cgs，造成畫素電壓變動$-\Delta V_1$：

$$\Delta V_1 = (V_{ghl} + V_{gc})\, Cgs / (Cgs+Cs+Clc+\cdots) \qquad \text{公式(2.54)}$$

在時間③，前一條掃描線的電壓變化$+V_{gc}$，經由儲存電容Cs，造成畫素電壓變動ΔV_2：

$$\Delta V_2 = V_{gc} Cs / (Cgs+Cs+Clc+\cdots) \qquad \text{公式(2.55)}$$

在時間④，畫素本身的掃描線電壓變化$+V_{gc}$，經由 TFT 電容 Cgs，造成畫素電壓變動ΔV_3：

$$\Delta V_3 = V_{gc}Cgs / (Cgs+Cs+Clc+\cdots) \quad \text{公式(2.56)}$$

因此在時間④之後，畫素電壓 V_{pixel} 與資料線電壓 V_{data} 的關係為：

$$V_{pixel} = V_{data} - \Delta V_1 + \Delta V_2 + \Delta V_3 \quad \text{公式(2.57)}$$

若使（$-\Delta V_1 + \Delta V_2 + \Delta V_3$）為 0，在 TFT 打開時所寫入畫素的電壓 V_{data}，在經過時間②③④一連串電容耦合效應之後，畫素電壓 V_{pixel} 會回到等於資料線電壓 V_{data}；將（公式 2.54）、（公式 2.55）和（公式 2.56）代入（$-\Delta V_1 + \Delta V_2 + \Delta V_3$），由於三個公式的分母相同，而液晶電容變化只會影響分母的值，只要分子為 0，則可得到使耦合變化總量為 0 的設計條件，亦即：

$$V_{gc}Cs = V_{ghl}Cgs \quad \text{公式(2.58)}$$

如此，便可消除 2.5.3.3 中所述液晶電容變化的影響，而完全補償掃描線的電容耦合效應。回頭檢視一下三階驅動所用到的一些觀念：

A. 在掃描線數很多時，畫素電壓在幾條掃描線的時間比例下，對個圖框顯示的液晶跨壓方均根與直流成分影響不大。

B. 無論在 TFT 打開之前的畫素電壓為何，在 TFT 打開之後，會將畫素電壓充放電至資料線電壓。

C. 只要在 TFT 的電流小到符合電位保持的需求，TFT 關閉電壓並不是只有一個值，而是一個範圍。

基於這些觀念，可利用掃描線電壓向上改變，經由儲存電容將畫素電壓再耦合向上，將畫素本身的掃描線電壓變化使畫素電壓耦合向下的影響，補償回來。

2.5.3.5.3 掃描線四階驅動法

除了三階驅動之外，也可以用四階驅動，來解決電容耦合量變動的問題，其掃描電極電壓有四個準位，如圖 2.26 中所示，故稱為掃描線四階驅動，其中只有最大的一個電壓準位會將 TFT 打開，在其他三個電壓下，TFT 都是關閉的。

參照圖 2.26(a)，看如何寫入正極性畫素電壓 V_{pixel}^{+}。在畫素TFT打開之前的電壓耦合變化，在時間①會被資料線寫入的電壓重設，此時畫素電壓等於資料線電壓 V_{data}；在時間②，畫素本身的電壓變化－（$V_{ghl} - V_{gc2}$），經由TFT 電容 Cgs，造成電壓變動 $-\Delta V_1$：

$$\Delta V_1 = (V_{ghl} - V_{gc2})\ Cgs / (Cgs+Cs+Clc+\cdots) \quad \text{公式(2.59)}$$

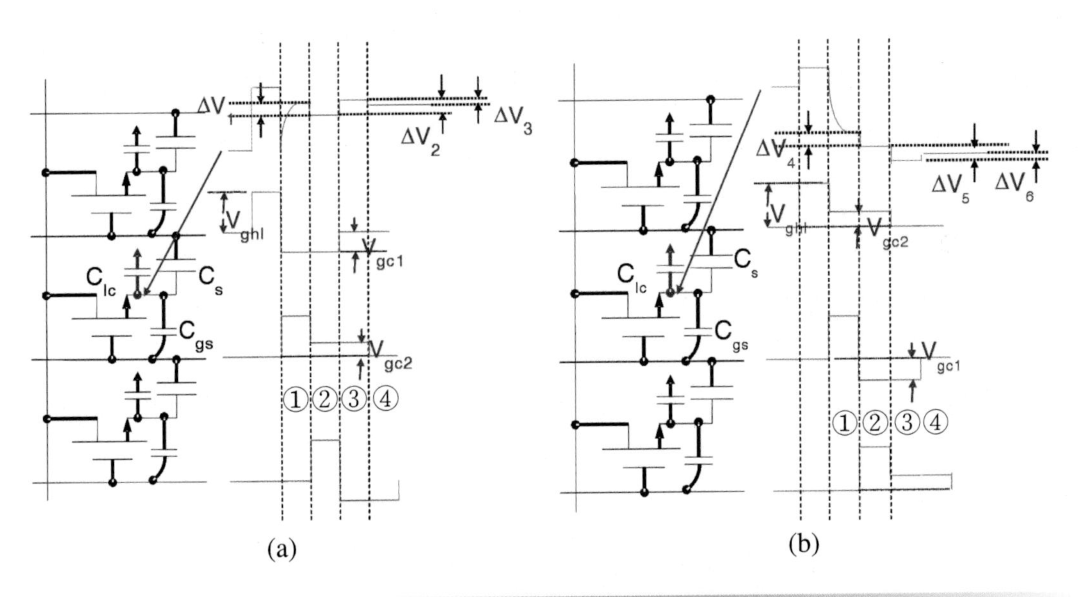

圖 2.26 掃描線四階驅動之三個垂直相鄰畫素的等效電路與 (a)正極性 (b)負極性的對應波形

在時間③，前一條掃描線的電壓變化$+V_{gcl}$，經由儲存電容 Cs，造成電壓變動ΔV_2：

$$\Delta V_2 = V_{gcl}Cs / (Cgs+Cs+Clc+\cdots) \quad \text{公式(2.60)}$$

在時間④，畫素本身的電壓變化$-V_{gc2}$，經由 TFT 電容 Cgs，造成電壓變動$-\Delta V_3$：

$$\Delta V_3 = V_{gc2}Cgs / (Cgs+Cs+Clc+\cdots) \quad \text{公式(2.61)}$$

因此在時間④之後，畫素電壓V_{pixel}^+與資料線電壓V_{data}^+的關係為：

$$V_{pixel}^+ = V_{data}^+ - \Delta V_1 + \Delta V_2 - \Delta V_3 \quad \text{公式(2.62)}$$

參照圖 2.26(b)，看如何寫入負極性畫素電壓V_{pixel}^-。在畫素TFT打開之前的電壓耦合變化，在時間①會被資料線寫入的電壓重設，此時畫素電壓等於資料線電壓V_{data}；在時間②，畫素本身的電壓變化$-(V_{ghl}-V_{gc1})$，經由TFT電容 Cgs，造成電壓變動$-\Delta V_4$：

$$\Delta V_4 = (V_{ghl} - V_{gc1})\, Cgs / (Cgs+Cs+Clc+\cdots) \quad \text{公式(2.63)}$$

在時間③，前一條掃描線的電壓變化$-V_{gc2}$，經由儲存電容 Cs，造成電壓變動$-\Delta V_5$：

$$\Delta V_5 = V_{gc2}Cs / (Cgs+Cs+Clc+\cdots) \quad \text{公式(2.64)}$$

在時間④，畫素本身的電壓變化$+V_{gc1}$，經由 TFT 電容 Cgs，造成電壓變動

ΔV_6：

$$\Delta V_6 = V_{gc1}Cgs / (Cgs+Cs+Clc+\cdots)$$ 公式(2.65)

因此在時間④之後，畫素電壓 V_{pixel}^- 與資料線電壓 V_{data}^- 的關係為：

$$V_{pixel}^- = V_{data}^- - \Delta V_4 - \Delta V_5 + \Delta V_6$$ 公式(2.66)

由於資料線寫入正負極性電壓是對稱的，所以：

$$V_{data}^+ = - V_{data}^-$$ 公式(2.67)

又希望正負極性的畫素電壓是對稱的，需使：

$$V_{pixel}^+ = - V_{pixel}^-$$ 公式(2.68)

將（公式 2.62）和（公式 2.66）相加，並代入（公式 2.67）和（公式 2.68），可得到設計條件：

$$- \Delta V_1 + \Delta V_2 - \Delta V_3 = - (- \Delta V_4 - \Delta V_5 + \Delta V_6)$$ 公式(2.69)

亦即：

$$\begin{aligned} &- (V_{gh1} - V_{gc2})\, Cgs + V_{gc1}Cs - V_{gc2}Cgs \\ &= (V_{gh1} + V_{gc1})\, Cgs + V_{gc2}Cs - V_{gc1}Cgs \end{aligned}$$ 公式(2.70)

化簡成：

$$2V_{ghl}Cgs = (V_{gcl} - V_{gc2})\ Cs \qquad \text{公式(2.71)}$$

如此，可消除因為2.5.3.3中所述液晶電容變化而無法完全補償直流電壓成分的情況，但是，資料線上設定的電壓，會與實際畫素電壓相差 $-\Delta V_1 + \Delta V_2 - \Delta V_3$，而且這個值會與液晶電容有關，進一步可以再利用如2.5.3.2.2的資料線電壓補正來作校正，其與2.5.3.2.2的補正方法最大的不同是，這裡的資料線電壓校正仍會是正負極性對稱的，對驅動系統的設計是很有利的。而且由於可調動二個掃描線關電壓值設定，設計時可比三階驅動更有彈性。

另外還要注意的是，這個掃描線四階驅動法，由於奇數和偶數的掃描線對畫素電壓的電容耦合效應正負不同，因此在垂直方向上的畫素極性設定必須不同，而水平方向上的畫素共用同一條掃描線的，因此在水平方向上的畫素極性設定必須相同，換言之，這個必須驅動法配合採用「列反轉」的極性反轉方式。

2.5.4 資料線的電容耦合效應

經由2.5.2.3所述的畫素電極與資料線間的寄生電容Cpd和Cpd'，資料線對畫素電極的電容耦合效應為：

$$\Delta V = (V_{data1} - V_{data2})(Cpd)/\ (Cgs+Cs+Clc+\cdots)$$
$$+\ (V'_{data1} - V'_{data2})(Cpd')/\ (Cgs+Cs+Clc+\cdots) \qquad \text{公式(2.72)}$$

其中 V_{data1}、V_{data2}、V'_{data1} 和 V'_{data2} 各為畫素本身資料線及相鄰資料線變化前後的電壓。由於資料線電壓隨著所要顯示的畫面和極性反轉的方式而定，而且在每開啟一條掃描線就會變化一次，如果寄生電容Cpd和Cpd'無法忽略，便會產生顯示畫質不良，將會在5.6中舉例說明。

2.6 信號延遲（Delay）

在 2.3～2.5 的討論中，都是就單一個畫素本身的效應作考慮，而要組成一個顯示畫面，需要將畫素展開成陣列，此時便會有衍生的效應出現，其中最重要的，便是本節所要討論的信號延遲。

2.6.1 信號延遲的原理

在顯示器操作的過程中，需要將驅動掃描線或資料線的信號源，從一個電壓轉換到另一個電壓，例如，將掃描線由TFT的開電壓切換成關電壓，或將資料線由正極性電壓切換成負極性電壓，這樣的電壓切換，在驅動信號源端的IC，會希望將此切換速度設計得很快，亦即，使其電壓變化波形為接近理想的方波，來充分利用所分配到的充電時間（參見 2.3.2）。然而這樣理想的方波，隨著其在面板畫素陣列中傳遞，電壓波形會產生變化，無法很快地切換電壓，其相關原理說明如下：

2.6.1.1 電阻—電容低通濾波器（RC low-pass filter）

在電路學中我們學到，在如圖 2.27 所示的一階電阻 R—電容 C 電路上，若Ⓐ點的電位瞬間由 V_1 切換至 V_2，則Ⓑ點亦會由起始值 V_1 向 V_2 改變，而且是以指數形式漸近[3]：

$$V_{Ⓑ} = V_2 - (V_2 - V_1) \exp [- t / (RC)] \quad \text{公式(2.73)}$$

---

3 參考“Fundamentals of Electric Circuits”, by Charles K. Alexander & Matthew N. O. Sadiku, Section 7.5, ISBN 0-07-115126-5。

由（公式 2.73）可以計算出，這樣的電壓變化情形，電壓 $V_{Ⓑ}$ 接近 V_2 的誤差，在時間 t 等於 3 倍的（RC）時，為（$V_2 - V_1$）的 exp（－3）＝5%。

另外，從阻抗分壓的角度來看這個電路。一個瞬間切換電壓的方波，可以視為由分布在高低不同頻率的弦波所組成，此即傅立葉轉換（Fourier transform）的觀念，電容 C 的阻抗為（1/jωC），其中 j 為 $\sqrt{(-1)}$，ω為角頻率，若Ⓐ點施加的電壓頻率愈高，則電容 C 的阻抗愈低，因而Ⓑ點電壓（即為在電容上的分壓）也就愈小，反之，若Ⓐ點施加的電壓頻率愈低，則電容C的阻抗愈高，因而Ⓑ點電壓也就愈接近輸入端電壓。所以這樣的電阻一電容電路，是一種讓低頻信號通過而阻擋高頻信號的低通濾波器（low-pass filter）。在高頻部分的成分被過濾掉之後，理想的方波就變成了上述的指數形式的漸近波形。

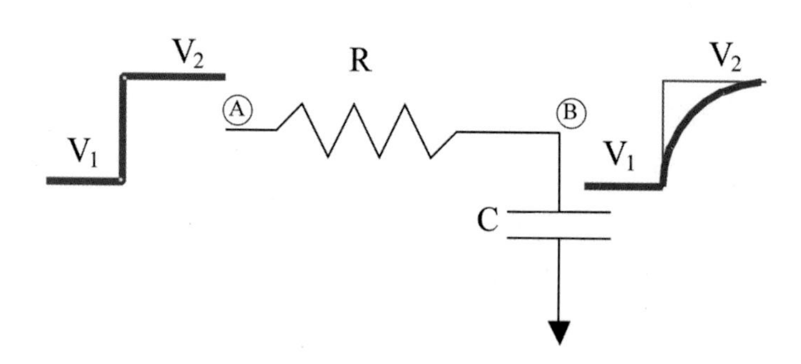

圖 2.27　電阻一電容電路電壓切換波形示意圖

以信號源近端Ⓐ點的方波而言，切換是立即發生的，但是信號源遠端Ⓑ點的波形，卻需要一段時間來使電壓從一個值切換到另一個值，這樣的現象，即稱為「信號延遲」。

2.6.1.2 一維分散化電阻—電容串接電路

在顯示面板的畫素陣列中，若以每一個畫素為單元，其電阻和電容的效應可簡化為一級電阻 Rn—電容 Cn 的低通濾波器電路（掃描線和資料線的等效電阻和電容的計算，將在 2.6.3.1 和 2.6.4.1 中討論），在一條有 N 個畫素單元的掃描線或資料線上，假設信號線上的總電阻和總電容各為 R 和 C，則 Rn 和 Cn 各為（R/N）和（C/N），如此，一條信號線可被視做為如圖 2.28 所示的一維分散型電阻一電容串接電路。

為了知道在掃描線或資料線上的信號變化，我們必須去解析這樣的一維分散型電阻 Rn—電容 Cn 串接電路。初步地分析，在直流情況下電容的電導為 0，所以在直流情況下Ⓐ點和Ⓑ點的電位是相等的，若Ⓐ點的電位瞬間由 V_1 切換至 V_2，則點亦會由起始值 V_1 向 V_2 改變，而且，這樣的電路是由一連串的低通濾波器所組成，高頻信號的成分因不斷地分壓而遞減，這樣的電壓波形與信號源端的波形有所不同，在此稱之為「延遲波形」。令人好奇的問題是，其間變化的過程，會是何種形式呢？我們在 2.6.2 中將會討論這個問題。

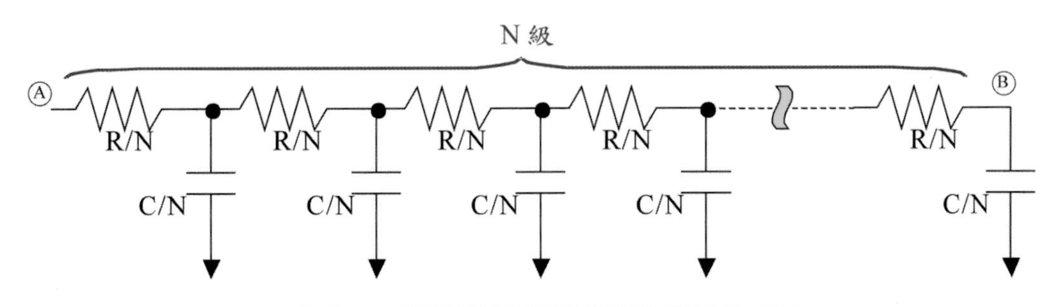

圖 2.28　一維分散型電阻一電容串接電路

2.6.1.3 畫素單元等效成其他電阻—電容電路組合

在 2.6.1.1 中，將一個畫素視為一個電阻連接一個電容，但是實際在畫素單元中的電阻和電容，都是雜散在畫素中的，所以畫素等效電阻—電容電路也可以有其他的看法，如圖 2.29 中所示，幸運的是，當這些等效電阻—電容電路展開成一維串接電路時，只有開始和結束的地方會稍有差別，在中間連接的部分，電阻串聯或電容並聯會得到相同的一維串接電路，當串接級數很多時，開始和結束的地方的效應便可以忽略，因此，單一畫素的等效形式，對整個串接電路的延遲效應計算並沒有太大的影響。

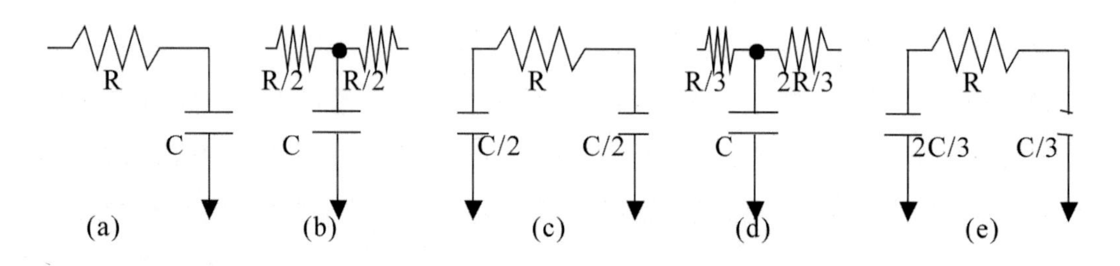

圖 2.29 畫素單元的等效電阻—電容電路

2.6.2 信號延遲的計算方法

2.6.2.1 利用電腦輔助計算信號延遲

要精確計算電壓切換在一維分散型電阻—電容串接電路上的變化情況，

需要利用傅立葉轉換，將方波的各個頻率成分計算出來，再針對各頻率成分利用電阻－電容的阻抗分壓，來求得各頻率成分落在每個串接點上的分壓，再利用傅立葉反轉換，將各頻率成分組合回電壓隨時間的變化情形。可以想見的，這樣的計算過程太過繁複，需要用到電腦輔助計算。

另外，目前的電路模擬軟體（Simulation Program with Integrated Circuit Emphasized, SPICE）已非常成熟，亦可直接用來計算延遲波形，因此現在幾乎不會再自行撰寫程式以傅立葉轉換的方式來計算了。

2.6.2.2 利用簡單的公式估計信號延遲

在TFT LCD設計的過程中，往往會因為其他因素（如更換液晶）而改變畫素的布局設計，因影響畫素的等效電阻和電容，此時若是有簡單的公式可以估計延遲波形的變化，對設計時的調動而言是很方便的，可以先用簡單的公式來估計，待設計接近完成時，再用電路模擬軟體計算來確認。

在TFT LCD的畫素陣列中，每一個畫素的布局都是一樣的，因而其等效的電阻－電容也會是一樣的。在每一級串接的電阻－電容都是一樣情況下，有人推導出來[4]，延遲波形變化的情形，會非常近似於 2.6.1.1 中所討論的單級電阻－電容低通濾波器，以指數形式由起始值 V_1 向 V_2 改變：

$$V_{Ⓑ} = V_2 - (V_2 - V_1)\exp(-t/\tau) \qquad \text{公式(2.74)}$$

而其中的時間常數τ，可以近似為：

$$\tau = N(N+1)RnCn/2 \qquad \text{公式(2.75)}$$

4 參考L. Pillage and R. Rohrer. "The essence of AWE," IEEE Circuits and Devices Magazine, Sept. 1994, pp.12-19。

其中 Rn 為每一串接單元的電阻，Cn 為每一串接單元的電容，N 為一維串接的級數。以一條信號線而言，假設線上的總電阻為 R，總電容為 C ，將其平均切分為 N 級，則每級的電阻 Rn 為 R/N，每級的電容 Cn 為 C/N，代回（公式 2.75），可得到：

$$\tau = 1(1+1/N)RC/2$$ 公式(2.76)

因此，只要計算出信號線上的畫素等效電阻和電容，便可很快地得到延遲信號的電壓波形。

2.6.2.3 信號延遲的計算結果比較

以實例來比較 2.6.2.1 和 2.6.2.2 的方法計算出來的結果。假設有一個 SXGA（1280 × RGB × 1024）的 TFT LCD 面板，在掃描線上的次畫素等效電阻和電容，各為 0.542Ω和 0.129pF，將這樣的次畫素，展開成對應到共 3840 個的畫素陣列，則線上的總電阻和總電容，各為 2.08kΩ和 0.494nF，信號端的電壓由起始值 V_1=0V 在 0 秒時改變至 V_2=30V，於 12.9 微秒時再回到起始值 V_1=0V，以 2.6.2.1 的傅立葉轉換方法與直接利用電路模擬軟體計算的延遲波形，和 2.6.2.2 中以（公式 2.74）與（公式 2.76）計算的方法做比較，結果繪於圖 2.30 中，三種方法所計算出來的延遲信號波形，三種方法所計算出來的信號延遲時間相同，只是波形有些許差別而已。另外，2.6.2.1 的方法係利用電腦計算，因此其精確度會與計算的設定值有關，基本上，計算得愈精確，所需的時間愈久。

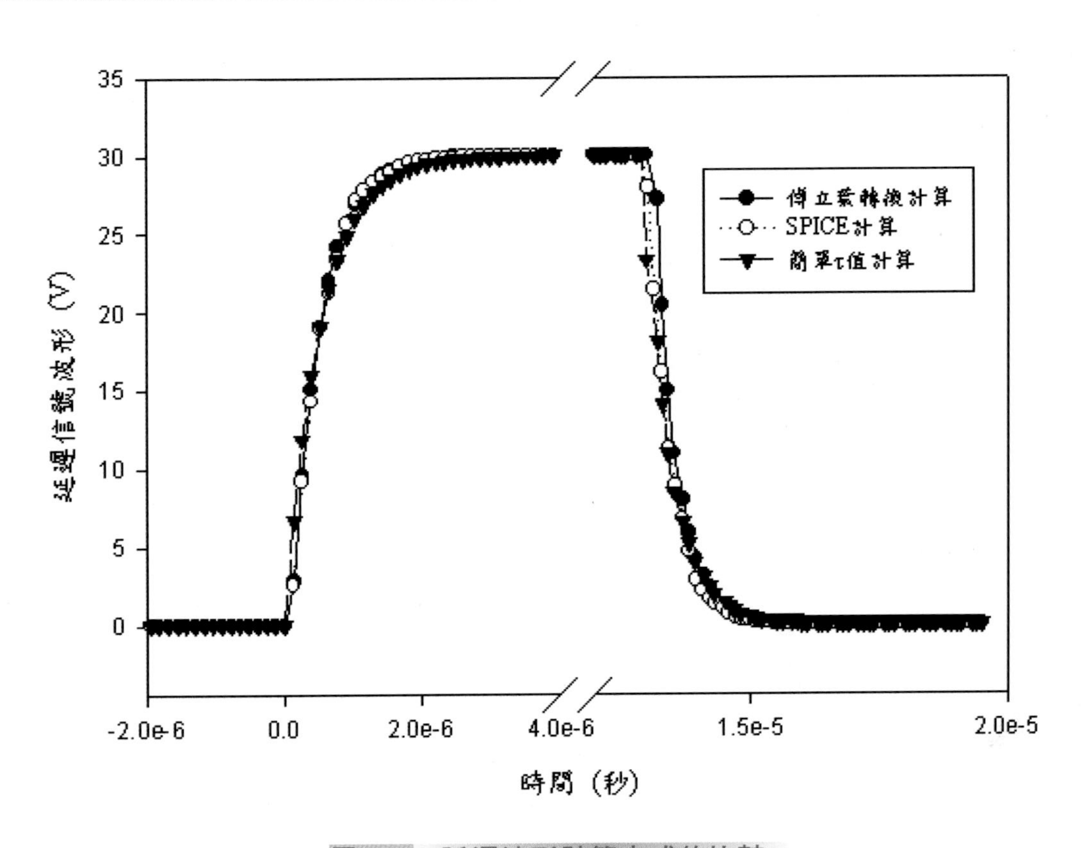

圖 2.30 延遲波形計算方式的比較

2.6.2.4 一維分散型電阻—電容串接的分割級數

無論是用何種方法計算延遲信號，可以想見，當以最小的次畫素為單位串接時，計算出來的延遲波形與真實情況差別便愈小，但是由於信號線上的畫素數目太多，所需的計算時間就會愈長，應該可以將數個次畫素視為一個單元，來減少信號線分割的級數，但是若因級數太過簡化，誤差便會愈大，其間應該有一個適當的分割級數。

考慮 2.6.2.3 中的例子，將信號線分割成 N=3、6、30 與 3840 的四種分割情況（各會對應到將 1280 個、640 個、128 個與 3 個次畫素視為一個分割單元），結果如圖 2.31 中所示，N=30 與 3840 的波形已經沒有什麼差別。

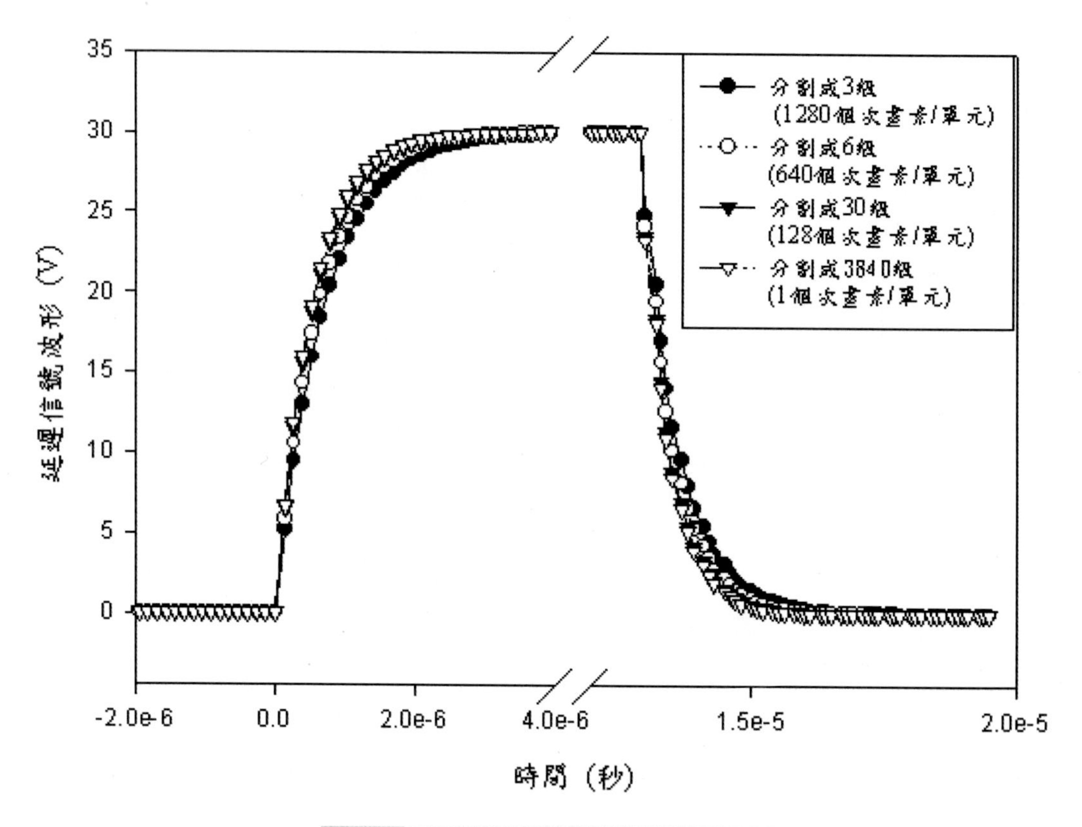

圖 2.31 延遲波形分割級數的比較

經驗上，當 N 大於 5 時，延遲波形便已足夠接近 N 更大的計算結果，所以一般會將信號線分割成 5 級以上，而不會直接以次畫素為單位分割信號線成非常多級，以簡化計算時間，不論用電路模擬軟體計算或是簡單的公式估計，即使再保守地希望多分割幾級來減少誤差，N=10 已會是一個足夠精確的分割級數，而且，以較少的分割級數計算信號延遲，會高估信號延遲時間，意謂著採取比較保守的設計，可以確保設計的成功。

2.6.3 掃描線上的信號延遲

2.6.3.1 掃描線的次畫素等效電路

基於 2.6.1 的討論，可將掃描線的次畫素等效電路等效成電阻—電容低通濾波器的一維串接，因此需要計算出掃描信號線上的畫素等效電阻和電容，在此僅先就其計算方法作一說明，待 3.2 再以實際的設計例討論其信號延遲狀況。

2.6.3.2 掃描線上的次畫素等效電阻

以圖 2.20 畫素布局為例，掃描線上的次畫素等效電阻 R_{scan}，可利用基本電阻公式計算：

$$R_{scan} = \rho_{scan} (L_{scan} / A_{sscan})$$
$$= (\rho_{scan} / t_{scan})(L_{scan} / W_{scan}) \quad \text{公式(2.77)}$$

其中ρ_{scan}為掃描線所用的金屬之電阻係數（Resistivity），L_{scan}為次畫素中掃描線的長度，即為次畫素的寬度，A_{scan}為掃描線的剖面面積，一般即為掃描線金屬的寬度 W_{scan} 乘以其厚度 t_{scan}。由於製作在面板上金屬厚度是固定的，（公式 2.77）中的（ρ_{scan} / t_{scan}）即為金屬的片阻值，而（L_{scan} / W_{scan}）為金屬線布局的長寬比，二者相乘可得到電阻值。若是實際的畫素布局並不是矩形，可將複雜的形狀切割成矩形後再加以串聯或並聯，即可求得總電阻。

2.6.3.3 掃描線上的次畫素等效電容

在圖 2.21 中繪出包括寄生電容的畫素等效電路，需要從這個電路計算出畫素在掃描線上的等效電容，方法是把除了掃描線本身以外的其他信號源都視為接地，如此，圖 2.21 的電路變成如圖 2.32(a)所示的電路，其中 Cx1'會於相鄰畫素中計算，故在此畫素中不重覆計算。

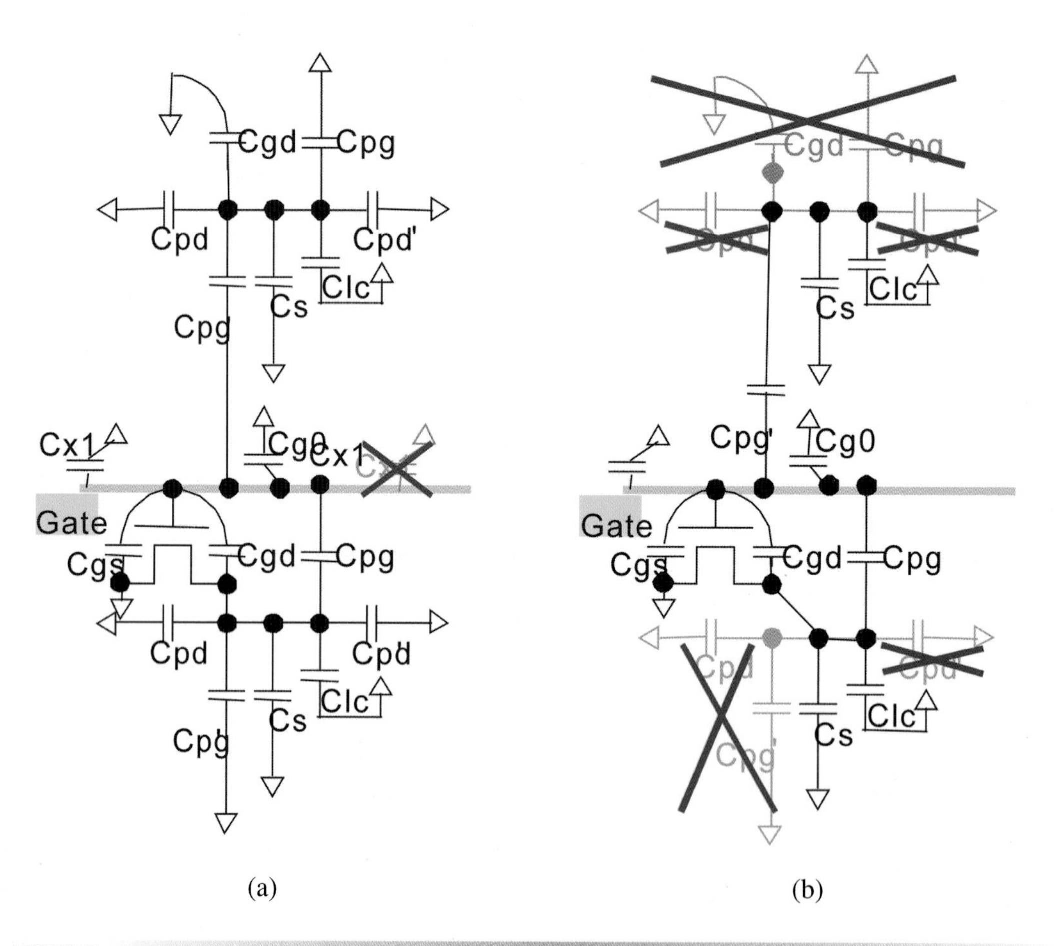

圖 2.32 掃描線上次畫素電容 (a)包括畫素電極上所有電容的等效電路 (b)簡化的等效電路

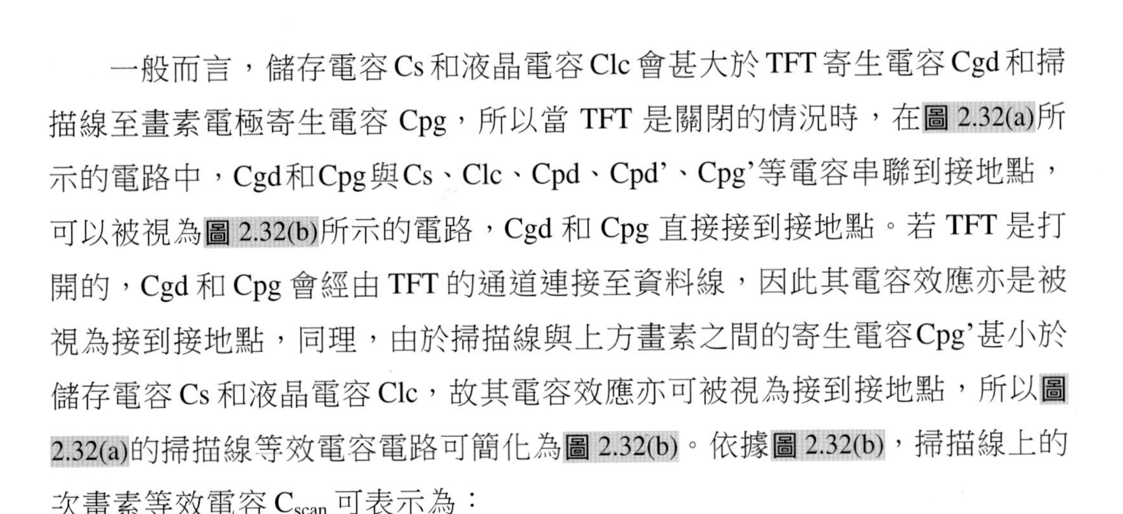

一般而言，儲存電容Cs和液晶電容Clc會甚大於TFT寄生電容Cgd和掃描線至畫素電極寄生電容Cpg，所以當TFT是關閉的情況時，在圖2.32(a)所示的電路中，Cgd和Cpg與Cs、Clc、Cpd、Cpd'、Cpg'等電容串聯到接地點，可以被視為圖2.32(b)所示的電路，Cgd和Cpg直接接到接地點。若TFT是打開的，Cgd和Cpg會經由TFT的通道連接至資料線，因此其電容效應亦是被視為接到接地點，同理，由於掃描線與上方畫素之間的寄生電容Cpg'甚小於儲存電容Cs和液晶電容Clc，故其電容效應亦可被視為接到接地點，所以圖2.32(a)的掃描線等效電容電路可簡化為圖2.32(b)。依據圖2.32(b)，掃描線上的次畫素等效電容 C_{scan} 可表示為：

$$C_{scan} = Cx1+Cg0+Cgs+C_{TFT}+ [(Cpg + Cgd)\text{串聯}(Cs+Clc)] + [Cpg'\ \text{串聯}(Cs+Clc)]$$

公式(2.78)

注意到（公式2.78）的最後一項，要考慮掃描線上的等效電容，便必須要特別說明TFT在掃描線上的電容效應，這個電容 C_{TFT}，當TFT是關閉時，由於通道內沒有導電的電荷，所以是接近0的值；而當TFT是開啟時，由於通道充滿導電的電荷，所以是可視為閘極金屬和導電的半導體之間夾置一層閘極絕緣層的電容值，亦即，若TFT的通道寬度和長度各為W和L，閘極絕緣層介電常數和厚度各為 ε_{ins} 和 t_{ins}，則 C_{TFT} 可表示為：

$$C_{TFT} = W\,L\,(\varepsilon_{ins}\varepsilon_0 / t_{ins})$$

公式(2.79)

因為掃描線的電壓，只有在要將TFT打開或關閉時才會變化，所以討論掃描線上信號延遲的目的，便是要了解TFT由關閉到打開，或是由打開到關閉時，因為掃描線的信號延遲所造成的開關速度變化，來決定TFT何時做充電的動作，而何時進入電荷保持的狀態。但是，C_{TFT} 卻會隨連接至其閘極上的掃描線電壓而變動，像這樣的情況，該如何評估掃描線上的信號延遲呢？

在此建議以（公式 2.79）的 TFT 開啟時的電容值來代入（公式 2.78）計算掃描線次畫素等效電容 C_{scan}，簡單地說，這樣的計算方法，也會高估掃描線上的信號延遲效應，意謂著採取比較保守的設計，可以確保設計的成功。實際上還有一些其他理由，將在 3.2 中有實際設計例的數據之後，再作較詳細的討論。

2.6.3.4 以雙邊驅動降低信號延遲

上述的信號延遲，係假設驅動電壓是施加掃描線的一端，若是掃描線的二端皆以電壓信號源來驅動，則可視為一端的電壓信號源各負責驅動一半的畫素陣列，由（公式 2.75）我們知道，在畫素相同的情況下，數目減少了一半，信號延遲的時間會減少成 $(1/2)^2 = 1/4$ 倍，如此，可以降低信號延遲的影響。

但是這樣的做法要注意到，如果掃描線二端的信號沒有完全同步，而有一端為開電壓，另一端為關電壓時，在掃描線上會產生一個電流，稱為 over current，造成不必要的功率消耗。

2.6.4 資料線上的信號延遲

與 2.6.3 中所述的掃描線等效電路類似，資料線上的次畫素等效電阻 R_{data} 為：

$$R_{data} = \rho_{data} (L_{data} / A_{data}) \quad \text{公式(2.80)}$$

其中 ρ_{data} 為資料線所用的金屬之電阻係數，L_{data} 為次畫素中資料線的長度，即為次畫素的高度，A_{data} 為資料線的剖面面積，一般即為資料線金屬的寬度乘以厚度。

同樣地將圖 2.21 中的畫素等效電路，把除了資料線本身以外的其他信號源都視為接地，如此，可得到如圖 2.33(a)所示的電路。又由於資料線與本身及左方畫素之間的寄生電容 Cpd 和 Cpd'甚小於儲存電容 Cs 和液晶電容 Clc，故其電容效應亦可被視為接到接地點，再者，由於資料線上的所有畫素，同時間只會有一個畫素的TFT會是打開的，當掃描線數很多時，計算資料線上的信號延遲，可以忽略這個畫素的效應，所以圖 2.33(a)的資料線等效電容電路可簡化為圖 2.33(b)。依據圖 2.33(b)，資料線上的次畫素等效電容 C_{data} 可表示為：

$$C_{data} = Cx1 + Cx2 + Cd0 + Cpd + Cpd' + Cgs \qquad \text{公式(2.81)}$$

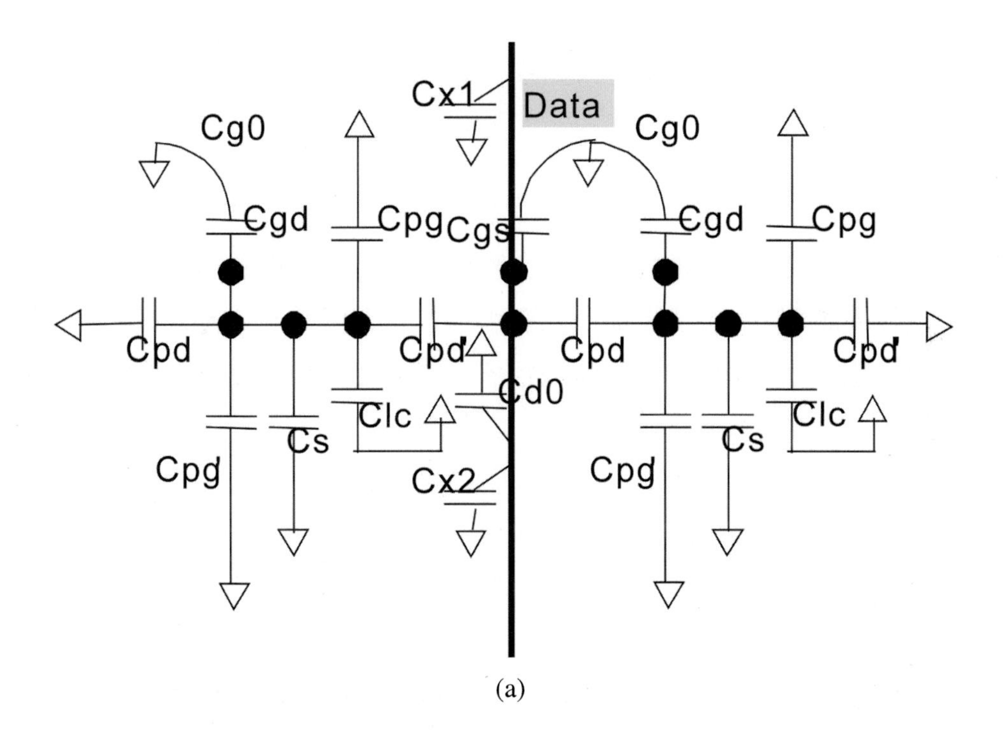

(a)

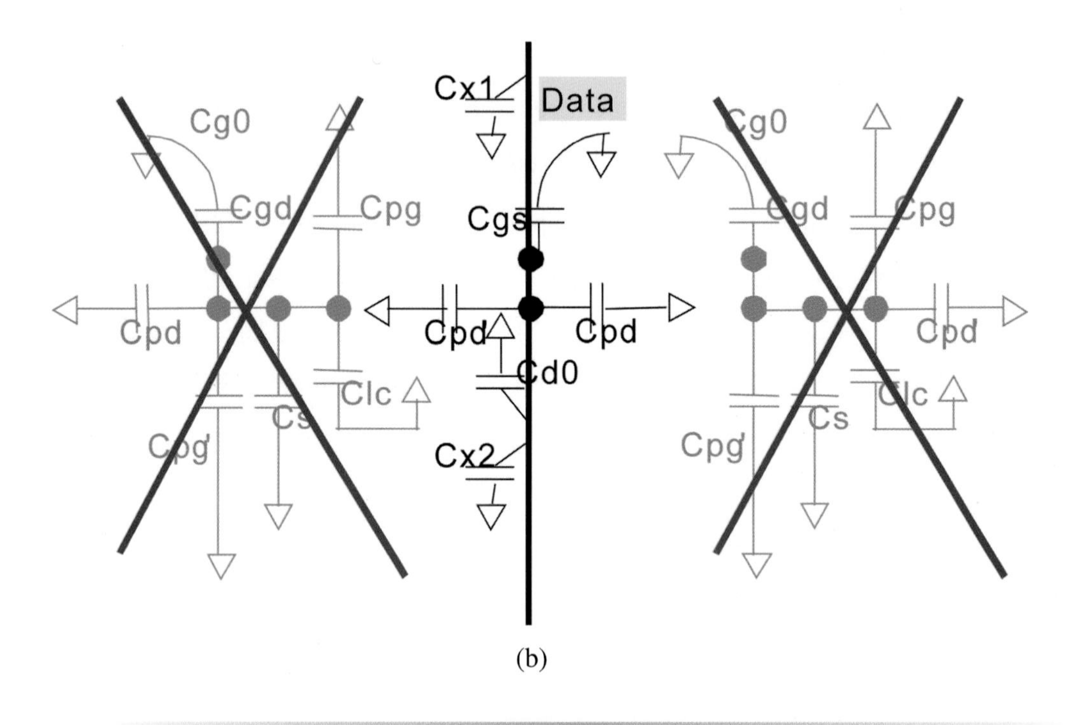

(b)

圖 2.33 資料線上次畫素電容 (a)包括畫素電極上所有電容的等效電路 (b)簡化的等效電路

一般而言，由於資料線所使用的金屬材料阻值比掃描線的金屬材料低，而且厚度比掃描線厚，再加上掃描線在水平方向上傳遞的次畫素數目，要比資料線在垂直方向上傳遞的次畫素數目多3倍以上，因此，掃描線的信號延遲會比資料線嚴重很多。

2.6.5 共電極的信號延遲

在TFT LCD畫素陣列中的共電極，並不是直接由共電極電源來驅動的，而是會經過其他週邊的畫素才會連接到陣列中心的畫素，如果要以 2.3.3.1.2

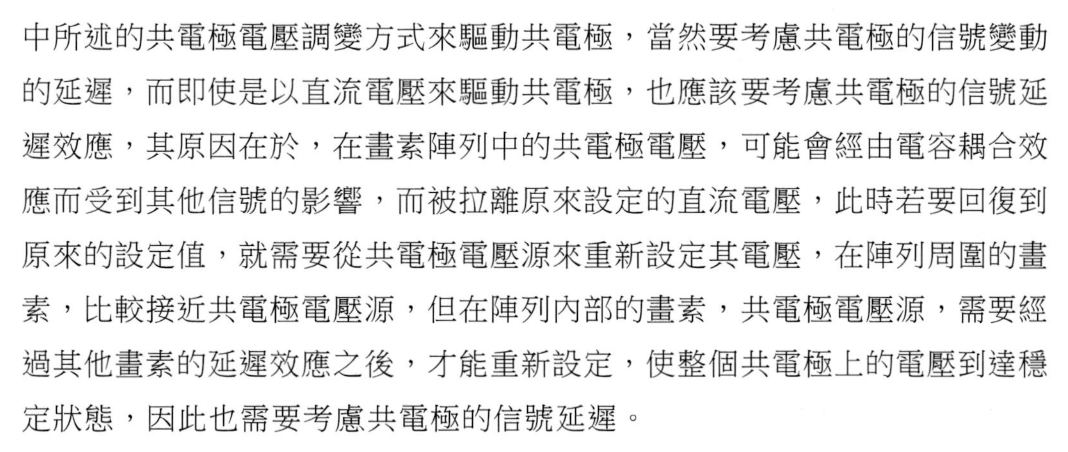

中所述的共電極電壓調變方式來驅動共電極，當然要考慮共電極的信號變動的延遲，而即使是以直流電壓來驅動共電極，也應該要考慮共電極的信號延遲效應，其原因在於，在畫素陣列中的共電極電壓，可能會經由電容耦合效應而受到其他信號的影響，而被拉離原來設定的直流電壓，此時若要回復到原來的設定值，就需要從共電極電壓源來重新設定其電壓，在陣列周圍的畫素，比較接近共電極電壓源，但在陣列內部的畫素，共電極電壓源，需要經過其他畫素的延遲效應之後，才能重新設定，使整個共電極上的電壓到達穩定狀態，因此也需要考慮共電極的信號延遲。

如 2.4.3.1 中所討論的，參見圖 2.17，上板共電極與下板共電極其實是對應到不同的實體，前者是一個大平面，與下板之間隔著一層絕緣的液晶層，而後者則與TFT同樣地位在下板，和掃描線平行在列的方向上延伸，上下板的共電極會在畫素陣列外面，以導電金膠點相連在一起，再由系統電路板上的共電極電壓源來驅動。

可將下板的共電極線，視做和掃描線類似的一維電阻一電容串接，而上板的共電極，則需視為一個二維的電阻一電容網路，二者的信號延遲行為會有所不同。因此可以想見，共電極的驅動會與系統電路板的電壓源驅動能力，以及導電金膠點的位置和數目有關，並與上板和下板的延遲效應有關。

2.7 綜合效應

一個成功的 TFT LCD 設計，2.3 至 2.6 的四項考量必須要同時滿足，因此，在本節中，我們嘗試著探討由其中二項所造成的綜合效應，希望藉由在此的討論，引發大家對各項效應的綜合思考能力，事實上的效應會是四項綜合，需考量得更加複雜而一言難盡，要以更縝密的思考來面對。

2.7.1 充電與電荷保持

以 2.3 中的（公式 2.11）討論充電，和 2.4 中的（公式 2.13）討論漏電，一個成功的 TFT LCD 設計，二者必須要同時滿足。

2.7.1.1 儲存電容

當儲存電容較大時，需要更強的充電能力，但可以忍受較大的漏電流；反過來說，當儲存電容較小時，只能忍受較小的漏電流，但需要的充電能力較小。因此，儲存電容的設計需要在二者之間取得平衡，這是最基本的畫素設計考量，若再加上電容耦合和信號延遲的考量，儲存電容值的設計會更加複雜。在 3.2 中，作者將會就個人相關的畫素設計經驗作一分享。

2.7.1.2 TFT 開關電流比（TFT on/off current ratio）

討論充電與電荷保持二者分別在其最嚴苛的情況，可得到 TFT 開關電流比的要求。以（公式 2.11）除以（公式 2.12），可得到：

$$I_{charge} / I_{leak} > (C_{charge}/C_{hold})\ (dV_{charge}/dV_{hold})\ /\ (dt_{charge}/dt_{hold}) \quad \text{公式(2.82)}$$

先就電容而言，不論是要充電的 C_{charge} 或是要保持電荷的 C_{hold}，其主體都是畫素電容，基本上為液晶電容再加上儲存電容，其中液晶電容會隨其施加電壓不同而有所改變（參見 1.2.4），充電的嚴苛情況是在此電容最大時，漏電的嚴苛情況則是在此電容最小時，二者大致上差別約為 3～4 倍；如果再加上儲存電容，二者的差別會更小。

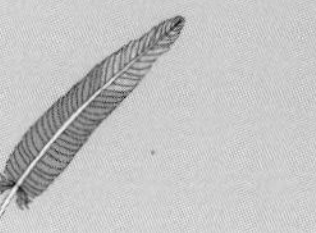

再就電壓而言，充電的嚴苛情況是最大的dV_{charge}充電範圍，如2.3.3.1中所述，會是由負極性最負電壓充電至正極性最正電壓時，約為10V，而漏電的嚴苛情況則如前所述，8位元的驅動約為8mV左右，二者相差約1000倍。

然後就時間而言，充電時間如2.3.2中所述，約為16.7微秒，而漏電時間則如前所述，約為16.67毫秒左右，二者相差約1000倍（即掃描線的數目）。

所以，對I_{charge}/I_{leak}的要求，需要$3 \sim 4 \times 10^6$倍，如果TFT的元件特性不能提供大於這個值的開關電流比，不論儲存電容如何設計，只可能大至可以保持電位但不能在時間內完成充電，或可以小至在時間內完成充電但不能可以保持電位，而無法同時滿足充電和電位保持二個要求，因此便無法做為TFT LCD的開關。

以第一章的圖1.28 TFT電壓一電流特性曲線圖為例，看起來大小電流的確達到大於10^6倍。但事實上，I_{charge}並非定值，而是如1.3.2所述依閘極一源極電壓和汲極一源極電壓而改變，當畫素電壓充電愈接近資料線電壓，意謂著汲極一源極電壓相差得愈小，此時電流也會跟著變小，所以，需要以更精確的計算來決定TFT的操作電壓，在3.2中，對這方面的設計將以實例作更深入的討論。

2.7.2 充電與電容耦合

2.7.2.1 TFT的開電壓V_{on}

由1.3.2中所討論的TFT電壓一電流關係，參照（公式1.18）和（公式1.19），我們知道，TFT的充電能力與其閘極和源極之間的電壓差V_{gs}有關，電壓差V_{gs}愈大，充電能力便愈好；而由2.5.3中所討論的掃描線的電容耦合效應，參照（公式2.37），我們也知道，耦合電壓變化會與TFT的開電壓

V_{on} 與關電壓 V_{off} 的差成正比，開電壓 V_{on} 愈小，耦合電壓變化便愈小；所以，TFT 的開電壓 V_{on} 的選擇，必需同時考慮充電的需要與電容耦合效應的大小。

2.7.2.2 儲存電容 Cs

為了減低電容耦合效應，參照（公式 2.37），也可以增加儲存電容Cs；但再參照充電考量的（公式 2.11），儲存電容Cs增加，又會造成充電能力的需求。所以，儲存電容 Cs 的選擇，也必需同時考慮充電的需要與電容耦合效應的大小。

2.7.3 充電與信號延遲

在 2.3.2 充電時間的說明中，已略為提到信號延遲對充電時間的影響，在此進一步作說明。

2.7.3.1 掃描線信號與資料線信號的同步

圖 2.34 所示為TFT LCD的面板信號延遲示意圖，其中掃描驅動電壓源位於畫素陣列的左方，資料驅動電壓源則位於畫素陣列的上方，如此，掃描線信號會隨著傳播距離而向右延遲，而資料線信號則向下延遲。

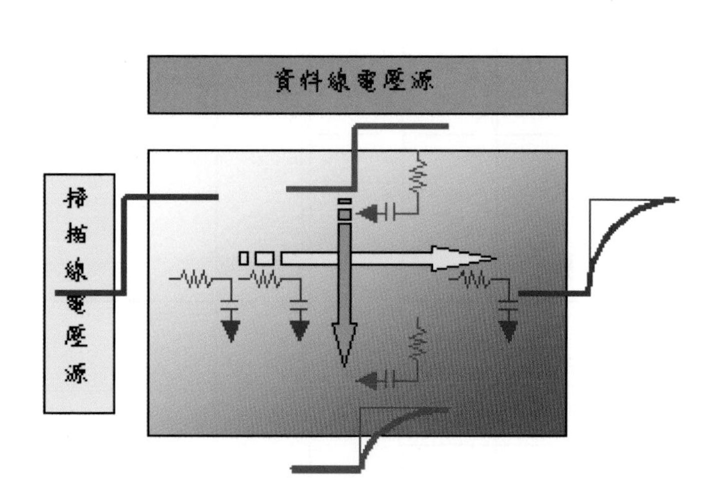

圖 2.34　TFT LCD的面板信號延遲示意圖

如果不考慮信號延遲的情形，掃描線信號與資料線信號之間的時序關係會是同步的，如圖 2.35 所示，在掃描線由開電壓切換至關電壓後，資料線信號便開始作轉換。考慮畫素陣列四個角落信號延遲的情形，在左上方，掃描線和資料線信號皆未延遲，所以寫入畫素的電壓是正確的；在左下方，掃描線信號未延遲，而資料線信號則延遲了，由於掃描線關閉時，資料線上仍是對應至本身畫素的電壓，所以寫入畫素的電壓仍是正確的；在右上方，掃描線上發生了如圖 2.35 中所示的信號延遲，對應至該延遲掃描線信號的畫素中之TFT尚未關閉，資料線信號便已開始轉換至對應到下一條掃描線上的畫素電壓，因此會造成寫入本身畫素的電壓不正確；在右下方，掃描線和資料線信號皆有所延遲，所以寫入畫素的電壓是否正確，需視實際延遲狀況而定，由於二者皆有延遲，不正確的程度反而沒有右上方的畫素嚴重。

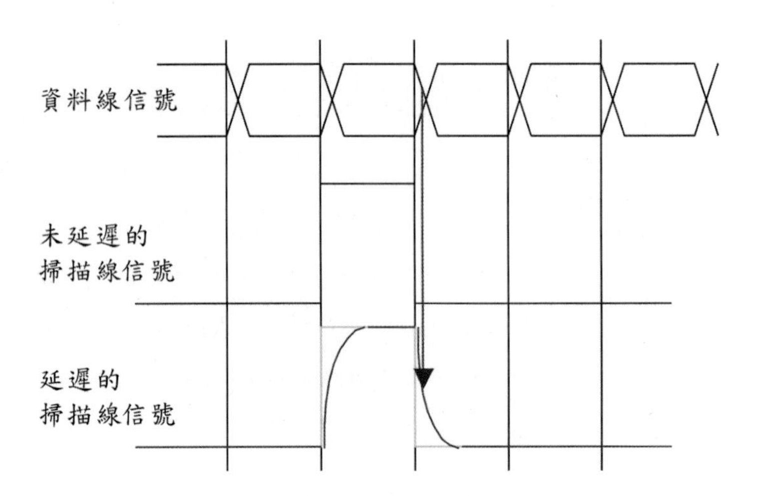

圖 2.35 不考慮信號延遲的掃描線與資料線信號時序關係示意圖

2.7.3.2 掃描線的 Output Enable 信號與充電時間的縮短

為了保證陣列中所有的畫素，在資料線信號切換之前，掃描線信號已將畫素的TFT關閉，以避免寫入不正確的電壓，因此在時序上，需要對信號延遲作補償。由於時間是相對的，補償的方法有二種，如圖 2.36 所示，一種是延後資料線信號切換的時間，另一種則是提前將掃描線關閉。目前大部分的TFT LCD 面板是採用第二種方法，如圖 2.37 所示，在邏輯上將所有的掃描線與圖中的 OE（Output Enable）信號作 AND ，即可使每條掃描線提早關閉。

這樣的做法，雖然可以確保TFT即使掃描線上有信號延遲，在資料線信號切換至對應下一條掃描線的畫素電壓之前一定會關閉，但同時也使得畫素實際可用的充電時間變短，因此，需要同時考慮充電與信號延遲的綜合效應。

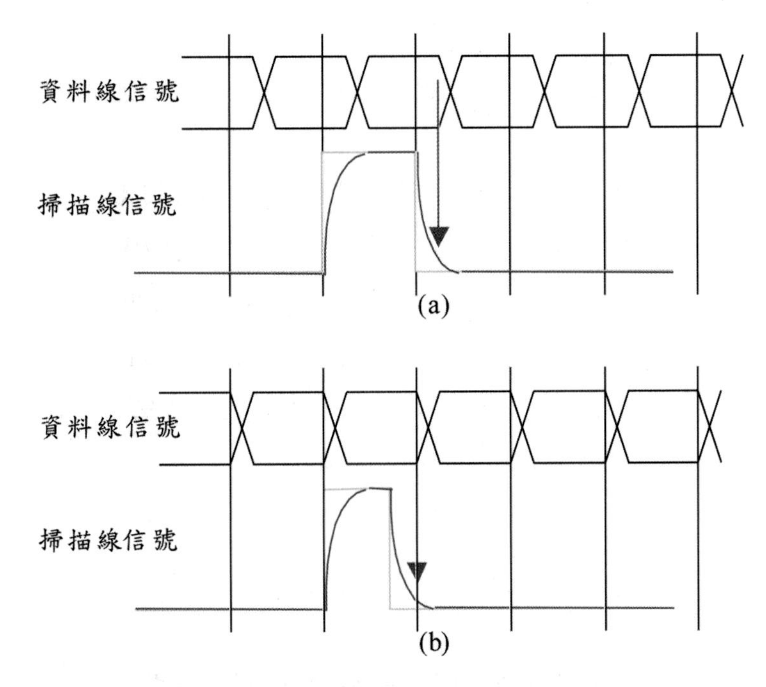

圖 2.36　補償信號延遲的方式　(a)延後資料線信號切換　(b)提前掃描線關閉

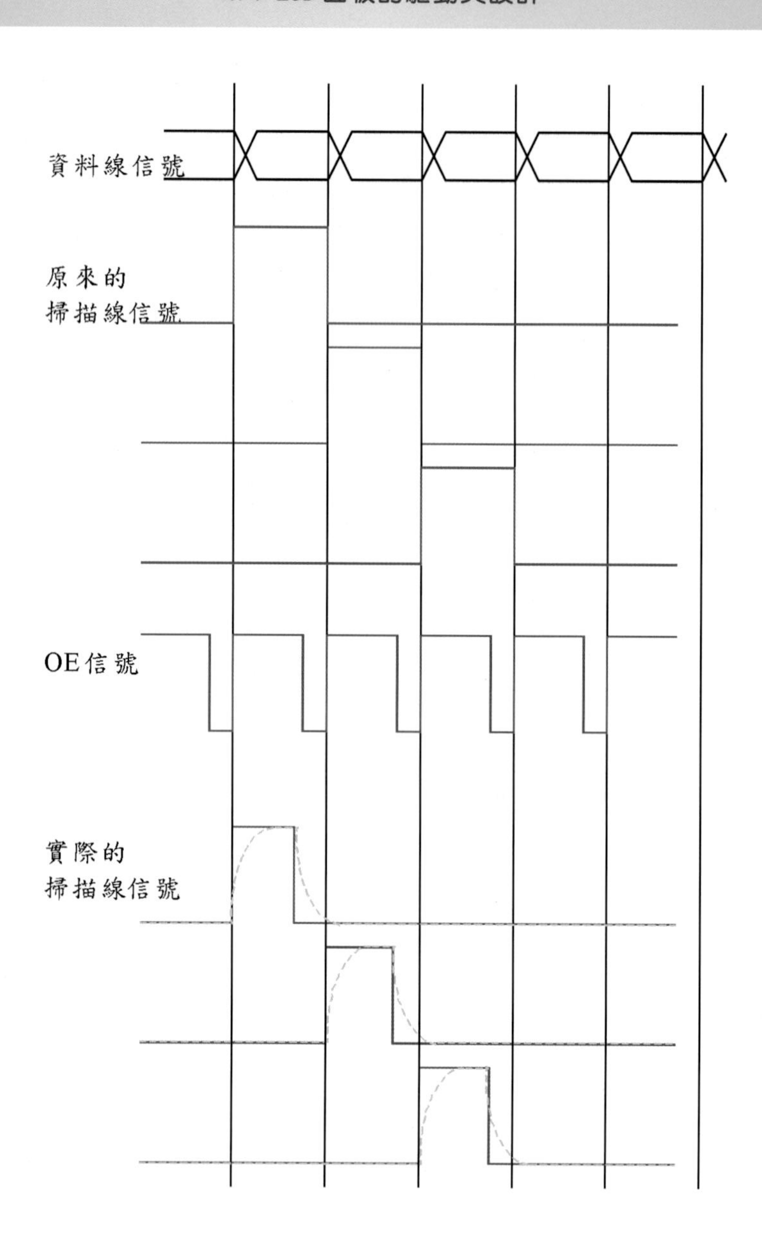

圖 2.37 掃描線的 Output Enable 信號

2.7.4 電荷保持與電容耦合

理論上來說，當電荷無法保持時，電荷就不會守恆，因此電容耦合效應便不會出現，但是實際上在 TFT LCD 中，電荷保持的要求如 2.4 中所述，需要小於 8mV，在這樣要求下，電荷的流失量是非常小的，仍可假設畫素電極上的電荷守恆是成立的，而將畫素電容耦合效應二者對畫素電壓的影響個別考慮，使二者的效應都符合顯示的需求。增加儲存電容可以穩定畫素電壓，無論是為了幫助電荷保持或是降低電容耦合效應，這都是最有效的方法。

另外，如果是採用在 2.3.3.1.2 中所述的共電極電壓調變來驅動 TFT LCD，畫素電壓會因為來自共電極的電容耦合效應，而可能降至−5V，如在 2.3.3.3 中討論到掃描驅動 IC 電壓範圍，需要將掃描線上的關電壓再降低，以確保畫素電極上的電荷保持。

2.7.5 電容耦合與信號延遲

再一次強調，電荷守恆是電容耦合效應的前提。在 2.5.3.1 中，我們討論了掃描線對畫素電極的電容耦合效應，在那一段討論中，我們假設掃描線上的電壓是在瞬間切換的，也就是說，TFT 在瞬間便由開狀態轉換成關狀態而進入電荷守恆。而在 2.6.3 中，我們則討論了掃描線上的信號延遲，即使在掃描信號電壓源端，仍可符合瞬間開關狀態轉換的假設，因此，如 2.5.3.1 中的（公式 2.38）所述，參照圖 2.38(a)，電容耦合電壓差 ΔV 會與掃描線上電壓變化 V_{ghl} 成正比；另一方面，若是在信號源的遠端，參照圖 2.38(b)，發生了不可忽略的信號延遲，瞬間轉換的假設便不能成立了，在掃描線由開電壓開始向關電壓變化的一段時間，TFT 的閘極電壓仍會使 TFT 是導通的，雖然其導電度比其掃描線上是開電壓的情況小，但這樣的導電度仍會讓畫素上的電荷來得及流動至資料線，因而此時畫素電極仍未進入電荷守恆狀態，直到掃描線上的電壓降低到使TFT的電阻大增而進入電荷守恆狀態，電容耦合效應才會發生，掃描線遠端的真正有效的掃描線電壓變化 V_{ghl}'會比掃描線近端的 V_{ghl} 小，因而掃描線遠端的電容耦合電壓差$\Delta V'$也會比近端的ΔV 小；再回想到 2.5.3.3 中討論液晶電容的影響的一個重要觀念：共電極電壓只能補償一個電壓值，在此，我們又面臨到掃描線的近端和遠端之電容耦合電壓差不同，而無法以單一共電極電壓補償的情況。

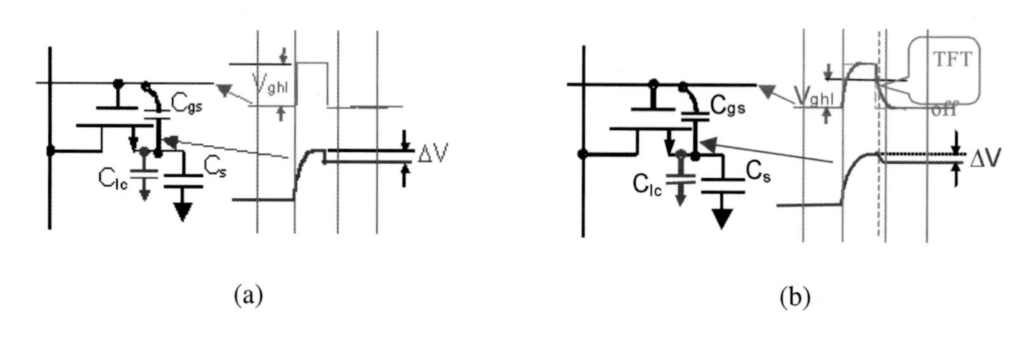

圖 2.38　掃描線上不同畫素位置的電容耦合效應　(a)信號源的近端　(b)信號源的遠端

為了解決掃描線上的信號延遲，所造成的電容耦合效應不同而無法完全補償的問題，有幾種被專利所保護的方式：

減少掃描線信號的高頻成分

如 2.6.1 中所述，信號延遲的發生原因，與信號經過電阻—電容低通濾波器將其中的高頻成分被過濾掉有關，因此，如果掃描線信號源所輸出的波形

如圖 2.39 中所示，由這幾種波形的高頻成分都比較少，所以掃描線的近端和遠端的波形仍很接近，如此所造成的電容耦合電壓差ΔV 也會比較接近；或者，也可以降低電容耦合發生時的開關電壓差。這些方法雖然可有效地降低因為掃描線上的信號延遲而造成的電容耦合效應差異，但掃描驅動 IC 中的電路設計會比較複雜，畫素 TFT 的有效充電時間也會稍為縮短。

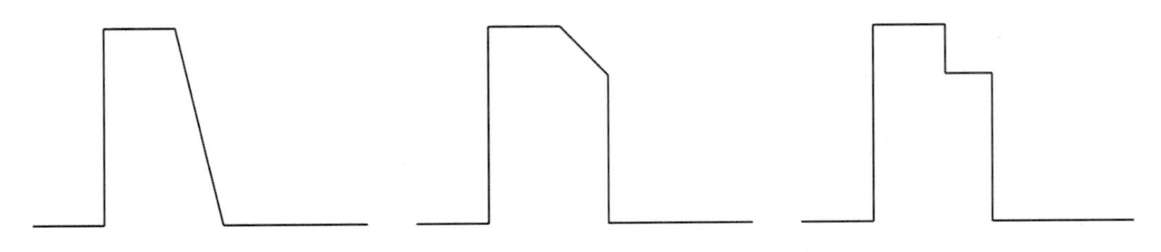

圖 2.39 幾種電容耦合效應差異較少的掃描線信號波形

2.7.5.2 以掃描線的延遲波形補償共電極的電壓波形

如表 1.1 中提到的觀念：電壓是相對的；而共電極雖然是所有畫素的參考電極，但是如 2.6.5 中所述，共電極也會發生信號延遲的現象，如果可以在掃描線遠端的共電極加上一個對應到掃描線延遲波形的電壓變化，而這個電壓變化會因為共電極本身的延遲，隨著向掃描線近端傳播而減小，如此掃描線近端和遠端的畫素電極，都會參考到相似的掃描線信號相對變化，因此也可以使電容耦合效應相似。

2-1 已知有一種液晶材料，介電常數$\varepsilon_{//}$和$\varepsilon_{\perp}$各為 11 和 3.5，電阻值為 $8\times10^{11}\Omega$-cm，以此液晶材料，製成均勻間隙的液晶單元，面積為 30,000 μm^2，厚度為 4.5μm：

a. 請問此液晶單元的液晶電容最小值，液晶電阻為何？

b. 若此液晶單元原來儲存 5V 的電壓，此電壓因電荷經由液晶電阻漏電而降低，請問電壓變化至 4.5V 的時間最短要多久？

c. 如 b，但液晶單元的面積變為 $1cm^2$，厚度不變

d. 如 b，但液晶單元的面積不變，厚度變為 2.5μm

2-2 以儲存電容為 1.2pF，重新計算表 2.1。

2-3 考慮儲存電容在前一條掃描線上，參照（公式 2.50）至（公式 2.52），當掃描線數M=768 時，請以表 2.1 中的數值，計算寫入電壓為±2.8V時，畫素電壓的方均根（RMS）值與直流成分。

2-4 假設畫素電容（包括液晶電容與儲存電容）為 1.6pF，液晶操作電壓為 5V，電壓與穿透度的關係如圖 2-A：

a. 當顯示器所要表現的色彩數為 64K時，畫素大約能夠忍受的多大的漏電流？

b. 如 a，但表現的色彩數為 16.2M

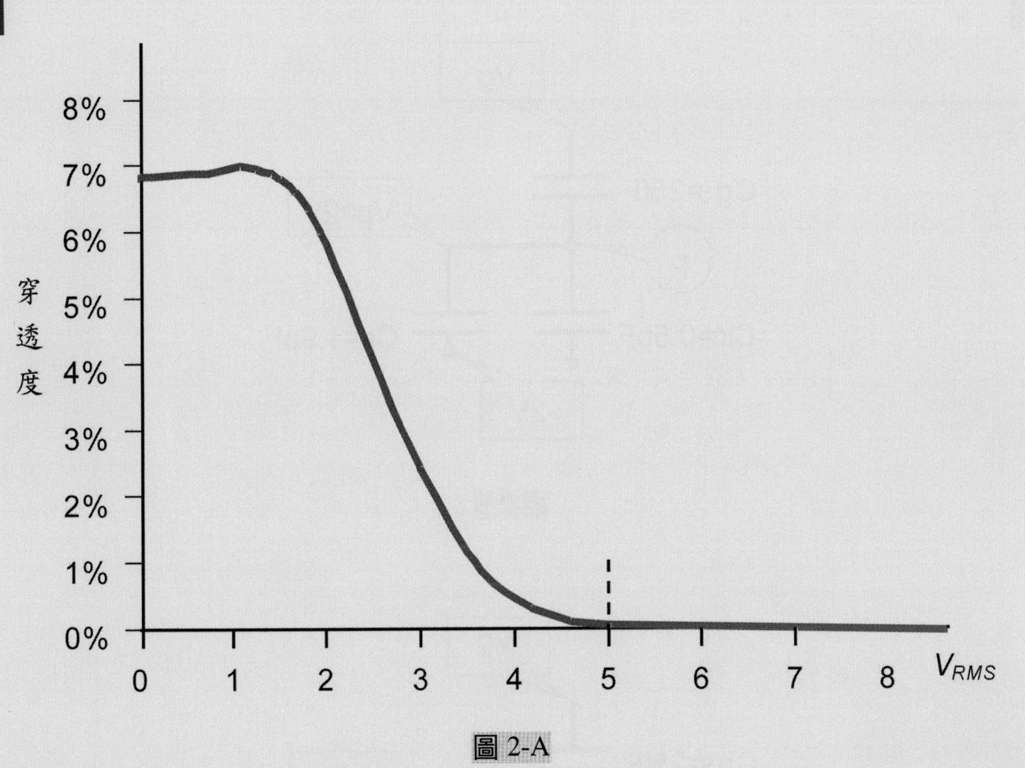

圖 2-A

2-5 假設 Vg 由 24V 改變成−6V，請問：

a. 圖 2-B 中的 P 點電壓變成幾 V？

b. 如 a，但計算圖 2-C

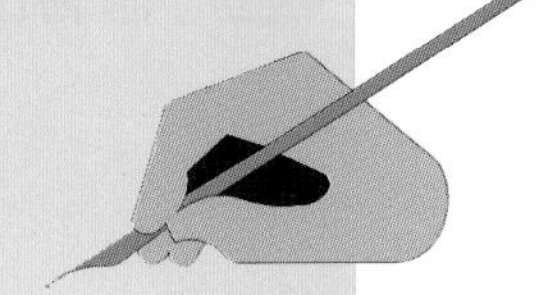

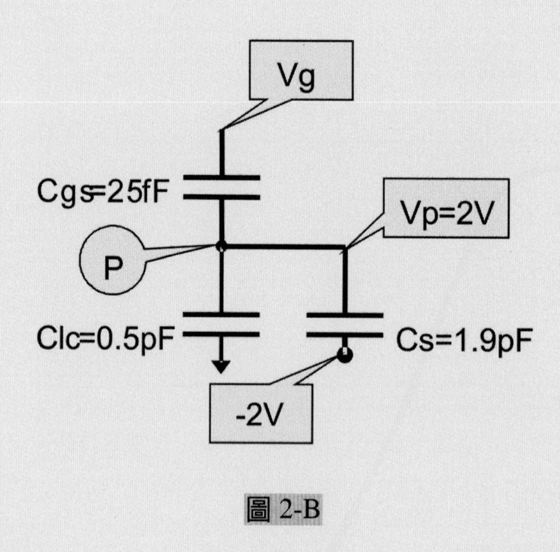

圖 2-B

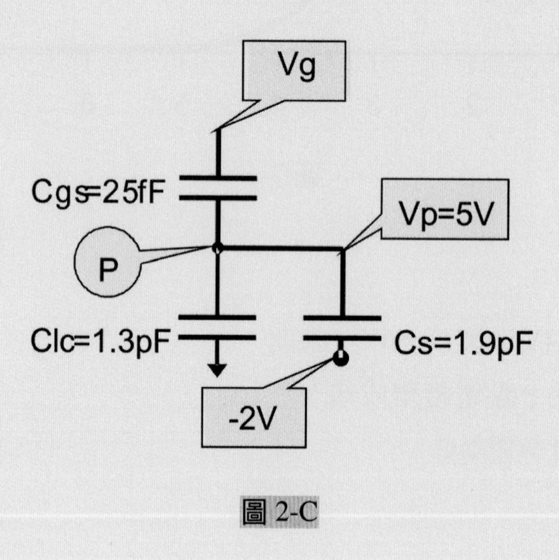

圖 2-C

2.6 請繪出圖 2-D 中Ⓔ點的電壓波形，並計算何時 $V_E = 5V$？

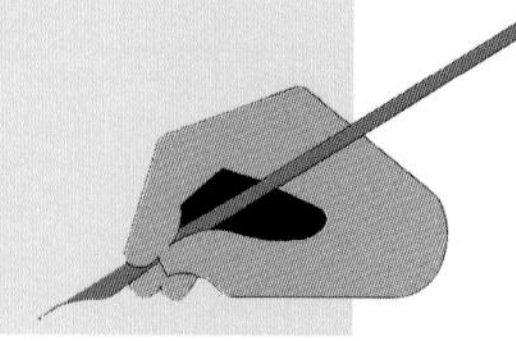

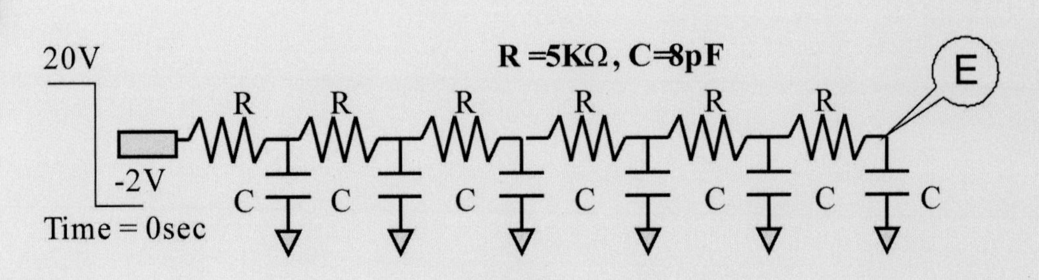

圖 2-D

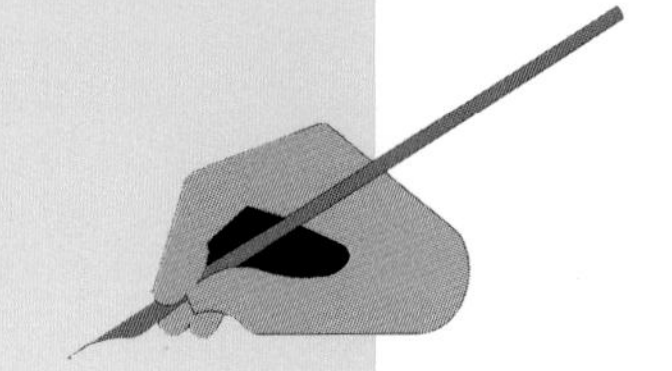

面板設計實作

3.1 從產品規格開始

3.2 TFT LCD 畫素陣列

3.3 畫素陣列之外

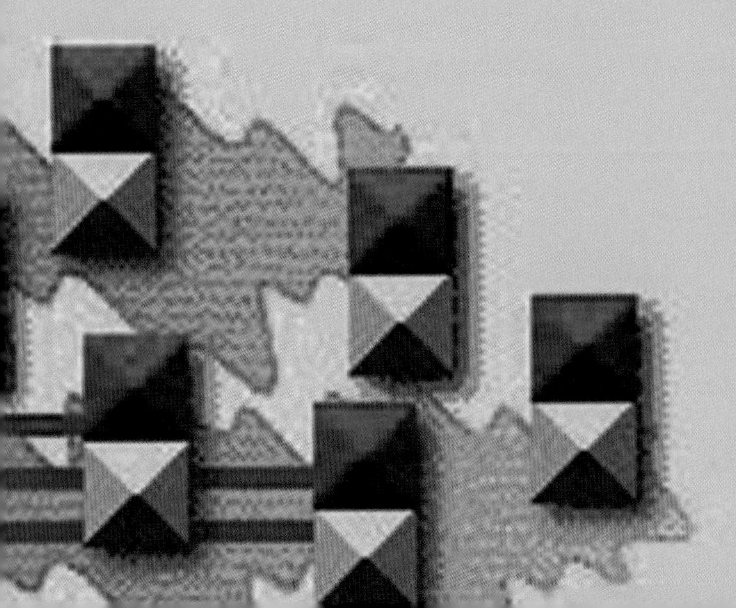

在前兩章中，談到了許多TFT LCD的工作原理。而在了解了這多項複雜的原理之後，要如何用這些原理，真正地去設計一個TFT面板，也許仍然使人感到困惑。本章接著提供設計者開始著手設計的建議方式，然後再針對許多布局設計的細節作個介紹。想要先提醒的是，TFT LCD 面板產品種類很多，每個產品訴求不同，要考量的設計重點也就不一樣，而在各項因素交互影響下，很難定出所謂的標準規範，故本章內容只是就一般設計時所要做的考慮作一個建議型的示範，希望經由這樣以實例展現的方式，一方面，讓讀者更加熟悉TFT LCD的工作原理，能融會貫通地加以運用，另一方面，也提供作為執行設計時的參考。但是，真正的設計工作仍須由設計者對真正面臨的課題加以解決，希望讀者可以建立自己的思考能力，而勿視所撰內容為理所當然，能夠就實際面臨的情況，自行斟酌適當的設計方案。

3.1 從產品規格開始

3.1.1 認識 TFT LCD 的產品規格

表 3.1　TFT LCD 的產品規格舉例

a	Size	17"
b	Resolution (pixel)	SXGA (1280×1024)
c	Aspect Ratio	05:04
d	Active Area (mm)	337.9×270.3
e	Pixel Pitch (mm)	0.264
f	Mode	TN

g	Number of Colors	16.2M
h	Color Saturation (%)	72
i	View Angle (H/V)	140 / 130
j	Brightness (cd/m²)	300
k	Contrast Ratio	500:1
l	Response Time (ms) (at 25°C)	8
m	Power Consumption (W)	25.8
n	Interface	2ch LVDS
o	Supply Voltage (V)	5
p	Backlight	4 CCFL
q	Outline Dimensions (mm)	396.0×224.0×17.5
r	Weight (g)	1900

顯示器的規格，其實很難有一個完全的定義，因為產品是否被消費者所接受，有很多是主觀的「感覺」，所以，不同廠商所提供的顯示器規格，也會有些許不同。但是，對設計者而言，仍需要客觀量化的數據做為設計的目標。我們先來看看一個 TFT LCD 的產品規格包括哪些項目。表 3.1 是某一個產品規格，基於第一章的說明，對大部分的規格項目應該已有認識，在此僅簡單重新檢視一遍：

a.Size ⇒ 17"：有效顯示區域（Active Area）的對角尺寸，參見 1.1.1.2 和 1.5。

b.Resolution (pixel) ⇒ SXGA (1280 × 1024)：解析度，參見 1.1.1.4 和 1.5。

c.Aspect Ratio ⇒ 5:4：畫面比率，參見 1.1.1.2 和 1.5，以及圖 1.3。

d.Active Area (mm) ⇒ 337.9 × 270.3：畫面有效顯示區域，參見 1.5。

e.Pixel Pitch (mm) ⇒ 0.264：畫素大小，參見 1.1.1.3。

f.Mode ⇒ TN：液晶模式，參見 1.2.2.6。

g.Number of Colors ⇒ 16.2M：顯示器所能表現出的顏色數目為 16.2 百萬色，亦即紅、藍、綠三原色各為 8 位元，各可以表現出 $2^8=256$ 色，三

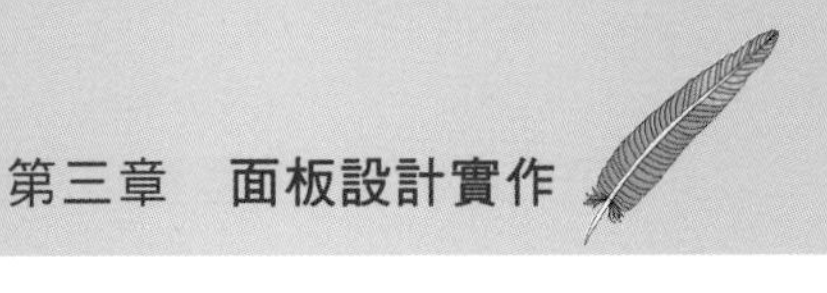

色組合成 $2^8 \times 2^8 \times 2^8 = 16,777,216$ 色。

h.Color Saturation (%) ⇒ 65：色彩飽和度，即顯示器所能表現出的色彩在 XY 色座標系統圖（參見 1.1.4.1.3）上的面積，與美國電視標準委員會（National Television Standard Committee, NTSC）所定義的色彩表現區域面積的比值，這個比值愈大，表示顯示器所能表現的色彩愈多。

i.View Angle (H/V) ⇒ 140/130：水平和垂直方向的視角，參見 1.2.2.7。

j.Brightness (cd/m^2) ⇒ 300：顯示器所能表現出的最大亮度。

k.Contrast Ratio ⇒ 500:1：顯示器所能表現出的最大對比度，參見 1.1.2。

l.Response Time (ms) (at 25°C) ⇒ 8：25°C 下的液晶反應時間，參見 1.5。

m.Power Consumption (W) ⇒ 25.8：面板功率消耗。

n.Interface ⇒ 2ch LVDS：面板與系統的介面格式，待第四章第 4 節中討論。

o.Supply Voltage (V) ⇒ 5：面板與系統的介面電壓。

p.Backlight ⇒ 4 CCFL：面板的背光源以 4 支冷陰極螢光燈管（Cold Cathode Fluorescence Light）組成。

q.Outline Dimensions (mm) ⇒ 96.0 × 224.0 × 17.5：面板的外觀尺寸。

r.Weight (g) ⇒ 1900：面板的重量。

3.1.2　專業領域的整合

如在前言中所述，TFT LCD是一種整合多元知識的技術，牽涉了很多原理，所以，一個TFT LCD也是由各個專業領域的設計者一同努力所設計出來的，除了本書所著重的TFT面板本身以外，還需要整合以下幾個領域，才能設計出符合規格需求的產品：

3.1.2.1 液晶光學設計

這個專業領域熟知液晶的物理材料特性和光學知識，負責設計產品的液晶模式，包括其材料、間隙、配向角度、偏光片角度、光學補償膜等等，以符合產品規格中視角、亮度、對比和反應時間等需求；也要設計彩色濾光片的三原色之色座標，以符合產品規格中色彩飽和度的需求。還有其他一些沒有列在產品規格中的項目，如液晶的操作電壓、抗反射膜的選用等等，也是這個專業領域要考量的。

3.1.2.2 模組機構設計

這個專業領域熟知模組中各機械零件和力學知識，負責設計產品的外觀，也要選用各零件的材料與製程設計，以符合產品規格中尺寸、重量等需求，並使模組組裝生產過程流暢易行；另外，背光模組和光學膜的選用，涉及產品厚度、重量和功率消耗，也需要與其他方面的設計一起考量。還有其他一些沒有列在產品規格中的項目，如耐震度、合乎環保的材料等等，也是這個專業領域要考量的。

3.1.2.3 電子系統設計

這個專業領域熟知面板中各電子零件和電學知識，以及各種顯示介面的定義，以負責設計產品的驅動系統，符合產品規格中系統介面、功率消耗、操作電壓等需求；另外，還有其他一些沒有列在產品規格中的項目，如色彩Γ的校正（參見 4.3），需要在驅動系統設計時一起考量。

3.1.3 產品規格的協調訂定

設計的明確目標，即是設計出符合規格需求的產品。由以上3.1.2的簡單討論，我們已經可以感覺得到TFT LCD設計的複雜程度，不是僅僅將各個設計領域的設計結果加總起來就可以，而是由於有許多規格涉及多個設計領域，需要在產品規格制定時，將最終的產品規格，詮釋展開成各設計領域的專業規格，才能由各設計領域就其專業作進一步考量。如果這樣的詮釋展開沒有做好，會在將各領域的設計結果作整合時，才發現無法滿足產品的需求，造成產品開發時程的延宕。因此，個人認為，產品設計最關鍵的時間，便是一開始依據產品規格而協調，訂定出各設計領域的專業規格這個階段。

在此僅舉二個例子來說明產品規格協調訂定的重要性。由以下的例子，我們將可以體會到，TFT LCD 面板的設計，不僅牽涉到許多不同的專業領域，還需要各領域之間良好而即時的互動，才能順利完成新產品的設計開發。所以，產品設計會是由各個專業領域的成員組成的設計小組來一同進行，而各成員除了對本身專業領域的本職學能之外，對其他領域知識的了解愈深入，便愈能達成更好的溝通與合作，至於在實務上，相關規格要如何去協調訂定，與小組成員的互動有很大的關係，並沒有一定的規則可循。

3.1.3.1 厚度

TFT LCD模組成品的厚度，會是很多零組件厚度的總和，包括二片玻璃基板、二片偏光片、光學補償膜、光學增亮膜、背光源模組、框架等等。如果需要減少設計的厚度以符合產品要求，可以採用薄型偏光片而增加成本，也可以選擇減少光學補償膜而犧牲視角，也可以選擇減少光學增亮膜而犧牲亮度，也可以採用薄型框架而增加破損的風險。至於要採取哪一種方法，要視產品的定位和其他規格的競爭力而定，並沒有一定的答案。

3.1.3.2 亮度

TFT LCD模組成品的亮度，會是光源強度和光效率的乘積，以表 3.1 的產品為例，亮度要求為 300cd/m^2。假設既有的產品設計，是使用亮度為 4000cd/m^2 的 CCFL 背光源，而液晶單元的光效率為 7.35%，畫素的開口率為 85%，則得到的亮度會是 4000cd/m^2 × 7.35% × 85% =250 cd/m^2。為了要達成新的產品要求，可以設法使用亮度更高到 4800cd/m^{2}的背光源，但是會增加消耗功率，燈管的壽命也可能減少；也可以設法增加液晶單元本身的光效率到 8.82%；也可以設法增加畫素的開口率，但是就開口率而言，不可能再增加成 102%（最大也不可能達到 100%）來使 250cd/m^{2}增加成 300cd/m^2。

此時可能協調成：採用 4200cd/m^{2}的背光源，使液晶單元的光效率增加為 8.1%，畫素的開口率為 88%，使得到的亮度成為 4200cd/m^2 × 8.12% × 88% =300 cd/m^2。再由各設計領域去達成協調決定的專業規格。此時需要液晶光學設計的專業去努力地將原來的光效率 7.35%提高 10%至 8.1%，也許要採用新的液晶模式，也許要降低色彩飽和度。假設有一種狀況：在各設計領域各自努力之後，所設計的畫素開口率仍無法達到 88%，而只有 86%，此時便需要再重新進行協調，希望增加背光源亮度或液晶單元的光效率，有可能因而需要更換液晶材料，因此又使畫素的充電和電容耦合效應改變，於是又要重新設計一次畫素，又有新的開口率設計，可以想見，產品的規格進步，愈可能會需要長時間一再地設法協調，以訂定出各領域皆能達成的專業規格。

3.1.4 TFT 面板設計相關的專業規格

在經過產品規格的協調訂定之後，可以將其中的一些產品規格，轉換成

與 TFT 面板設計相關的專業規格：

3.1.4.1 次畫素大小和畫素陣列數目

由 3.1.1 產品規格中的 Size、Resolution、Aspect Ratio、Active Area，以及 Pixel Pitch，可以得知出次畫素的大小和畫素陣列數目。這是非常明確的尺寸規格，沒有專業協調的空間與必要。

3.1.4.2 開口率

如 3.1.3.2 中所述，會依據 3.1.1 產品規格中的 Brightness 和 Color Saturation，在充分協調之後，設定開口率的設計目標。

3.1.4.3 最小視訊電壓容許誤差

主要依據 3.1.1 產品規格中的 View Angle、Contrast Ratio、Response Time，以及 Supply Voltage 等等，3.1.2.1 中所述的液晶光學專業領域，會決定所採用的液晶單元設計，包括液晶的材料、模式、間隙、配向方向等等，因而其對應的電壓－電容關係與電壓－穿透度關係也會決定下來。再由 3.1.1 產品規格中的 Number of Colors，可以計算出每個顏色要分別出 $2^8=256$ 個灰階，根據電壓－穿透度關係，可訂出最小視訊電壓容許誤差。至於液晶的電壓－電容關係，會作為設計時考量充電、電荷保持、電容耦合，以及信號延遲的計算基礎。

至於 3.1.1 產品規格中的 Interface、Backlight、Outline Dimensions、Weight 等規格，與 TFT 面板設計並沒有直接的相關性。

3.2 TFT LCD 畫素陣列

在本節中，是從3.1.4所討論的相關規格訂定之後，針對 TFT 面板開始進行的設計工作，以實例說明如何基於第二章中的原理，來設計TFT LCD畫素陣列。

3.2.1 畫素完全相同與最壞情況設計（Worst case design）

如1.1.1中所述，陣列中的每個畫素大小和形狀是一樣的，但是每個畫素的細部設計，並不一定要完全一樣。利用畫素的細部設計改變，可以解決一些問題，例如，藉由精密計算設計沿著掃描線改變 TFT 寄生電容 Cgd 的大小，可以補償2.7.5中所述的電容耦合與信號延遲綜合效應。但是，這樣的做法不僅使得布局工作複雜化，增加布局失誤的機會（注意到，即使只有一個畫素布局發生錯誤，整個光罩也得要重新製作），而且可能解決了一個問題，卻引入了另外一個問題。

因此，目前在絕大部分的TFT LCD中，連畫素的細部設計也是完全相同的。在這樣的情況下，便需要考慮這樣完全相同的畫素設計，可否在各種情形下，皆可以滿足顯示驅動原理的要求，所以，在此所用的設計觀念是最壞情況設計（Worst case design），只要考慮「最壞情況」都能夠滿足，其他情形就更沒有問題，例如，產品有可能操作在60至75Hz的畫面更新頻率，則需以75Hz的頻率考慮充電時間，而以60Hz的頻率考慮電荷保持時間。在後續的討論中，我們會用這樣的觀念來說明各種「最壞情況」。

3.2.2 初始設計

由第二章中的討論，我們可以了解到，設計項目和驅動原理的滿足，是彼此有所關連的。例如，為了增加開電流，而增加TFT的通道寬度，會同時造成關電流和TFT寄生電容的增加。又例如，為了減少電壓耦合效應而增加儲存電容，會造成TFT開電流之充電能力不足，以及增加信號延遲效應。因此，在設計時必須一次同時考量所有的設計條件才行。但是，要如何同時考量這麼多的項目呢？有沒有辦法很快地得到一個完全符合考量的設計，然後很快地完成設計的布局呢？

根據作者個人的經驗，建議先把最重要的設計值做個初步估計，以找出所要設計的產品之粗坯，並藉以了解到影響該設計的考量重點。等到找到合理的粗坯設計之後，再建立初始畫素布局以計算畫素中的各個電容，利用SPICE 等軟體做詳細模擬，將設計再精細化，以得到最大的開口率。最後再根據設計值，考量製造的誤差容許空間和量測的方便性，來執行最後的布局。

根據作者個人的經驗和看法，與所有設計考量關係最密切的二項設計值，一是儲存電容 **Cs** 的大小，二是 TFT 的通道寬度 **W**；其他設計值並非不重要，而是往往不會輕易改變，例如，TFT的通道長度會設定在製作能力的最小極限，以得到最大的開電流和最小的閘極負載電容。又例如，閘極絕緣層或金屬導線層的材料和厚度等，除非設計上真的面臨無法過關的窘境，一般不會去做更動。所以，作者個人建議，將以上設計考量中之各方程式，撰寫成初始設計程式，很快地先把儲存電容 **Cs** 和 TFT 的通道寬度 **W** 的初始值作一設定。如圖 3.1 所示，即是作者自行撰寫的程式，因為儲存電容 **Cs** 的面積對畫素開口率有直接的影響，所以在該程式中，將 X 軸換成是 **Cs** 面積佔畫素面積的比率，以對所設計的畫素開口率能很快地有個粗略的估算。

此初始設計程式，即考慮 2.3 至 2.6 中所述之四個驅動原理，作為四項設計考量，先以簡單的算式來作粗估計算，其中將儲存電容 **Cs** 置於 X 軸，將

TFT 的通道寬度 **W** 置於 Y 軸，而得到四條限制線。該等方程式計算所需的數值須加以設定，例如，液晶的介電值、TFT 的通道長度和電子移動率，所用之絕緣層的厚度和介電值，以及金屬導線的阻值與厚度等等。以下就四條限制線加以說明：

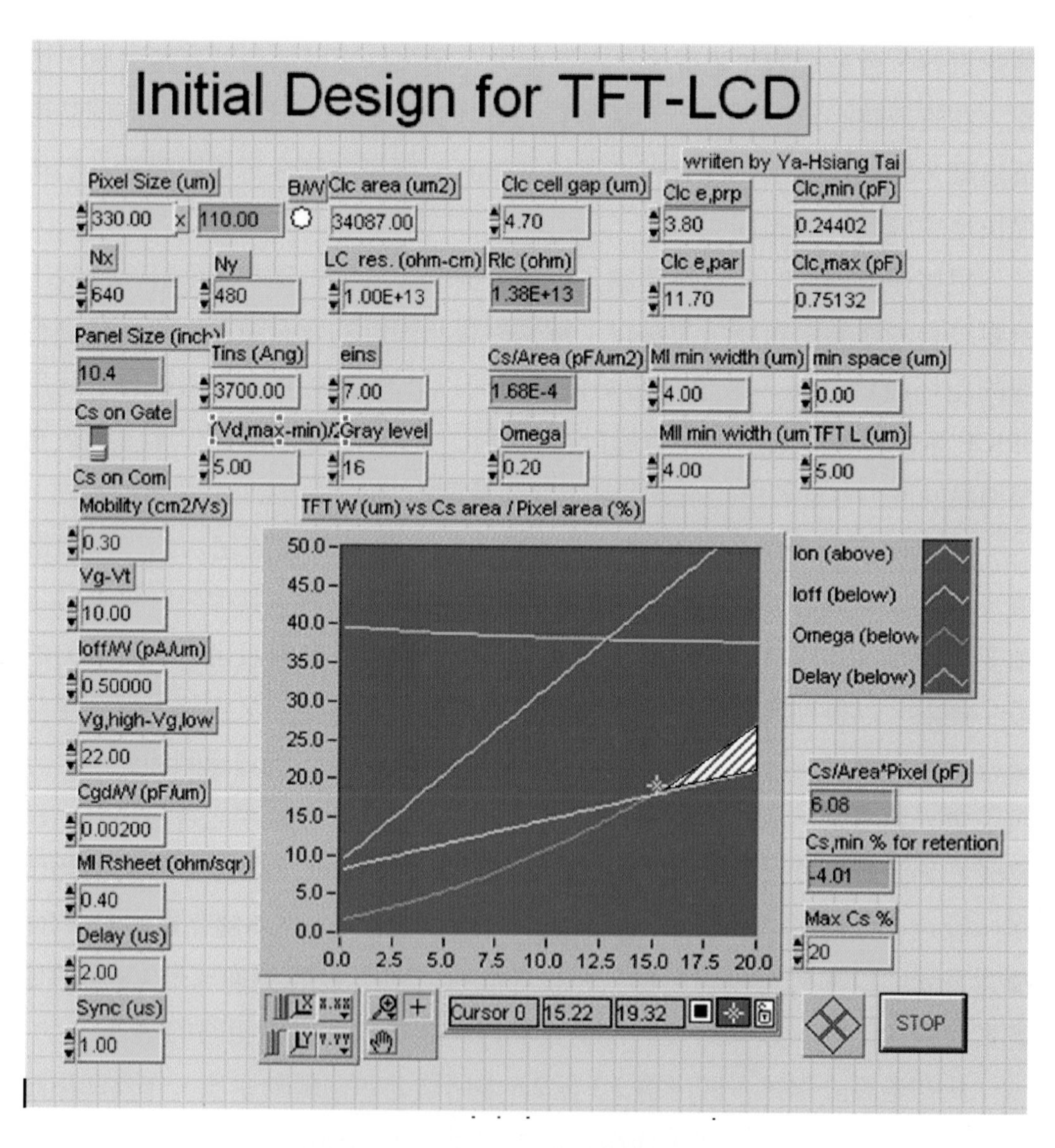

圖 3.1 TFT 畫素陣列初始設計程式

3.2.2.1 TFT 開電流之限制線

依據 2.3 中對充電的討論，需要求：

$I_{charge}\ dt_{charge} > C_{charge}\ dV_{charge}$　　公式(2.11)

就其中各值的計算加以討論：

3.2.2.1.1 充電電流 I_{charge}

以 TFT 作為畫素開關，如 2.7.1.2 中所述，I_{charge} 並非定值，而是如 1.3.2 所述依閘極—源極電壓 Vgs 和汲極—源極電壓 Vds 而改變，當畫素電壓充電愈接近資料線電壓，意謂著充電電流的「最壞情況」，是當畫素電壓愈接近資料電壓時，此時汲極—源極電壓很小，TFT的電流Ids應如第一章中的（公式 1.18）：

$Ids = \mu_{eff}\ (\varepsilon_{ins}\varepsilon_0/t_{ins})(\mathbf{W}/L)(Vgs - Vth)Vds$

當 $Vgs - Vth \geq Vds$　　公式(1.18)

由於在此只是作初步的估計，為了簡化計算，忽略 Vgs 的改變而保持在定值 Vgs,on，將充電電流 I_{charge} 設定為 Ids 的大約平均值，約為：

$I_{charge} = (1/6)\ \mu_{eff}\ (\varepsilon_{ins}\varepsilon_0/t_{ins})\ (\mathbf{W}/L)\ (Vgs,on - Vth)\ Vds$　　公式(3.1)

其中(1/6)僅是一個參考值 [1]，可依實際經驗做修改，另外，需在程式中

1 M. Shur, M. Jacunski, H. Slade, M. Hack, “Analytical Models for Amorphous and Polysilicon

設定其他的參數，包括μ_{eff}、ε_{ins}、t_{ins}、L 以及 Vgs,on − Vth。

3.2.2.1.2 充電時間 dt_{charge}

如 2.3.2 中所述，充電時間應該是畫面更新週期除以水平掃描線數 Ny，一般畫面更新頻率為 60Hz，但如 2.3.2 中所述，會配合視訊資料的傳送時間而減少一段不會打開 TFT 作充電的時間（在圖 3.1 中以 Sync 表示），再加上如 2.7.3.2 中所述，以掃描線的 Output Enable 信號縮短的時間（在圖 3.1 中以 Delay 表示），所以：

$$dt_{charge} = [(1/60)/Ny] - Sync - Delay \quad \text{公式(3.2)}$$

需要在程式中設定 Ny。

3.2.2.1.3 充電電容 C_{charge}

需要充電的畫素電容主要包括儲存電容 **Cs** 和液晶電容 C_{LC}，由（公式 2.16）計算液晶電容C_{LC}，考慮「最壞情況」，以其介電常數最大值計算，一般為$\varepsilon_{//}$，而其面積A_{LC}則可假設為畫素大小扣除掃描線和資料線的區域，得到：

$$C_{charge} = \mathbf{Cs} + (A_{LC}\ \varepsilon_{//}\ \varepsilon_0) / d_{LC} \quad \text{公式(3.3)}$$

其中ε_0為介電常數，d_{LC}需要在程式中設定，A_{LC}則以程式中設定的畫素尺寸和掃描線（metal 1）與資料線（metal 2）的最小線寬來估計。

Thin Film Transistors for High Definition Display Technology," J. of the Society for Information Display, vol. 3, no. 4, p. 223, 1995.

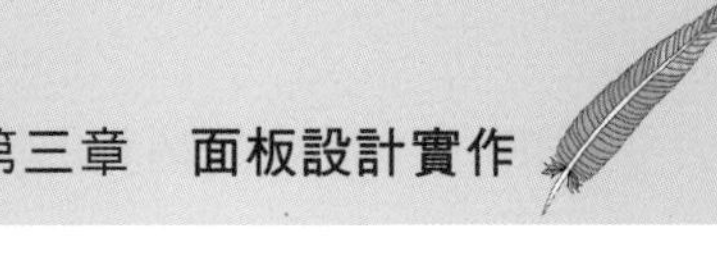

3.2.2.1.4 充電電壓 dV_{charge}

需要充電的電壓為資料線電壓與畫素電壓的電壓差，即為 TFT 的 Vds：

$$dV_{charge} = Vds \qquad \text{公式(3.4)}$$

將（公式 3.1）至（公式 3.4）組合，可將（公式 2.11）轉換成得到第一條設計限制線，為 TFT 開電流之限制線：

$$(1/6)\mu_{eff}(\varepsilon_{ins}\,\varepsilon_0/t_{ins})(\mathbf{W}/L)(Vgs,on - Vth)Vds\{[(1/60)/Ny] - Sync - Delay\} > [\mathbf{Cs} + (A_{LC}\,\varepsilon_{//}\,\varepsilon_0)/d_{LC}]Vds \qquad \text{公式(3.5)}$$

可再寫成：

$$\mathbf{W} > 6[\mathbf{Cs} + (A_{LC}\,\varepsilon_{//}\,\varepsilon_0)/d_{LC}]\,L/[\mu_{eff}(\varepsilon_{ins}/t_{ins})\,(Vgs,on - Vth)]/\{[(1/60)/Ny] - Sync - Delay\} \qquad \text{公式(3.6)}$$

可在 **W-Cs** 圖上繪出一條直線，如圖 3.1 中的黃色線，設計 TFT 的通道寬度 **W** 比須較大，才足以對所設計的儲存電容 **Cs** 作充電。因為以 TFT 的通道寬度 **W** 作為 Y 軸，故此線左上方的範圍，才是合乎設計考量的。

TFT 關電流之限制線

依據 2.4 中對電荷保持的討論，需要求：

$$I_{leak}\, dt_{hold} < C_{hold}\, dV_{hold} \qquad \text{公式(2.13)}$$

就其中各值的計算加以討論：

3.2.2.2.1 漏電電流 I_{leak}

TFT的漏電流，會與TFT的通道寬度**W**成正比，可寫成：

$$I_{leak} = (I_{OFF}/W)\,\mathbf{W} \quad \text{公式(3.7)}$$

其中（I_{OFF}/W）是一個設定值。

3.2.2.2.2 電荷保持時間 dt_{hold}

如2.7中所述，電荷保持時間約等於畫面更新週期，一般畫面更新頻率為60Hz，所以：

$$dt_{hold} = (1/60) \quad \text{公式(3.8)}$$

3.2.2.2.3 電荷保持電容 C_{hold}

保持電荷的畫素電容主要包括儲存電容**Cs**和液晶電容C_{LC}，亦由（公式2.16）計算液晶電容C_{LC}，但此時所考慮的「最壞情況」，以其介電常數最小值$\varepsilon_{\perp}$計算，而其面積A_{LC}和d_{LC}與（公式3.3）中相同，得到：

$$C_{hold} = \mathbf{Cs} + (A_{LC}\,\varepsilon_{\perp}\,\varepsilon_0) / d_{LC} \quad \text{公式(3.9)}$$

3.2.2.2.4　容許電壓差別 dV_{charge}

如 2.3.3.1 中所述 8 位元的資料驅動信號最小電壓差別大約為 8mV 左右，即：

$$dV_{charge} = 8mV \qquad \text{公式(3.10)}$$

將（公式 3.7）至（公式 3.10）組合，可將（公式 2.13）轉換成得到第二條設計限制線，為 TFT 關電流之限制線：

$$(I_{OFF}/W)\ \mathbf{W}\ (1/60) > [Cs + (A_{LC}\ \varepsilon_{\perp}\ \varepsilon_0)/d_{LC}]\ (8mV) \qquad \text{公式(3.11)}$$

可再寫成：

$$\mathbf{W} > 60\ [\mathbf{Cs} + (A_{LC}\ \varepsilon_{\perp}\ \varepsilon_0)/d_{LC}]\ (8mV)\ /\ (I_{OFF}/W) \qquad \text{公式(3.12)}$$

可在 **W-Cs** 圖上繪出另一條直線，如圖 3.1 中的淺藍色線，設計 TFT 的通道寬度 **W** 比須較小，所設計的儲存電容 **Cs** 才能保持畫素電位差不至於太大。因為以 TFT 的通道寬度 **W** 作為 Y 軸，故此線右下方的範圍，才是合乎設計考量的。

3.2.2.3　電容耦合效應之限制線

依據 2.5.3.3 中對液晶電容影響電容耦合效應的討論，如果並未採用 2.5.3.5.2 和 2.5.3.5.3 中所述的掃描線三階驅動或四階驅動的方式，需要求$|-\Delta(\Delta V)|$要小於液晶材料所能忍受的直流電壓殘留值Ω，由（公式 2.45），可得到：

$|-\Delta(\Delta V)|<\Omega$ 公式(3.13)

亦即：

$|V_{OFF}-V_{ON}|(Cgd)(Clc,_{MAX}-Clc,_{MIN})/\{[Cs+Clc,_{MIN}+Cgd]$
$[Cs+Clc,_{MAX}+Cgd]\}<\Omega$ 公式(3.14)

其中Ω是一個設定值，$Clc,_{MAX}$ 與 $Clc,_{MIN}$ 各可以 A_{LC}、$\varepsilon_{//}$、$\varepsilon_{\perp}$、ε_0和 d_{LC}求得；V_{ON} 會對應到（公式 3.6）中的（Vgs,on − Vth），V_{OFF} 則是一個可調動的設計值；TFT 的寄生電容 Cgd，會與 TFT 的通道寬度 **W** 成正比，可寫成：

$Cgd=(Cgd/W)\ \mathbf{W}$ 公式(3.15)

其中（Cgd/W）是一個設定值。由於一般 Cgd 甚小於儲存電容 **Cs**，故可忽略（公式 3.14）分母中的 Cgd 項而改寫成：

$|V_{OFF}-V_{ON}|(Cgd/W)\mathbf{W}(Clc,_{MAX}-Clc,_{MIN})/\{[\mathbf{Cs}+Clc,_{MIN}]$
$[\mathbf{Cs}+Clc,_{MAX}]\}<\Omega$ 公式(3.16)

可再改寫成第三條設計限制線，為電容耦合效應之限制線，即：

$\mathbf{W}<\Omega[\mathbf{Cs}+Clc,_{MIN}][\mathbf{Cs}+Clc,_{MAX}]/\{|V_{OFF}-V_{ON}|(Cgd/W)\}$
公式(3.17)

可在 **W-Cs** 圖上繪出另一條拋物線，如圖 3.1 中的橘色線，設計 TFT 的通道寬度 **W** 比須較小，所造成的電容耦合效應才不至於太大。因為以 TFT 的通道寬度 **W** 作為 Y 軸，故此線右下方的範圍，才是合乎設計考量的。

信號延遲之限制線

依據 2.6.3 中對信號延遲的討論，需要求掃描線在信號延遲後的 TFT 關電壓值，足夠接近未延遲時的TFT關電壓值，若設定此誤差在TFT開關電壓差的 5%，則如 2.6.1.1 中所述，需要使掃描線信號延遲的時間常數ι_{scan}的 3 倍仍小於在 3.2.2.1 中所設定因信號延遲而縮短的充電時間 Delay，亦即：

$$3\iota_{scan} < Delay \qquad \text{公式(3.18)}$$

再以（公式 2.74）估計掃描線信號延遲時間常數ι_{scan}，再代入（公式 2.77）中的次畫素等效電阻 R_{scan}與（公式 2.78）中的次畫素等效電容 C_{scan}，但忽略 Cpg 和 Cpg'，再代入（公式 2.79）的 C_{TFT}，可得到：

$$3R_{scan}\{Cx1 + Cg0 + Cgs + \mathbf{W}L(\varepsilon_{ins}\varepsilon_0/tins) + [Cgd \text{ 串聯}(\mathbf{Cs} + Clc)]\} < Delay \qquad \text{公式(3.19)}$$

其中L、ε_{ins}、t_{ins}已在（公式 3.1）中設定；ρ_{scan}是另一個設定值，掃描線的最小線寬乘以另外設定的掃描線厚度可得到A_{scan}，再由畫素尺寸可以得到次畫素的寬度L_{scan}，可求得R_{scan}；由掃描線與資料線的最小線寬可以得到Cx1的估算面積，再以ε_{ins}和 t_{ins} 來估計出 Cx1 值；由次畫素的寬度 L_{scan} 與掃描線的最小線寬可以得到 Cg0 的估算面積，再以（公式 3.3）中的$\varepsilon_{//}$和 d_{LC}來估計出 Cg0 值；以「最壞情況」的 $Clc_{,MAX}$ 估算 Clc；再假設 Cgs 等於 Cgd，代入（公式 3.15），可將（公式 3.19）改寫成第四條設計限制線，為為信號延遲之限制線，即：

$$3R_{scan}\{Cx1 + Cg0 + (Cgd/W)\mathbf{W} + \mathbf{W}L(\varepsilon_{ins}\varepsilon_0/t_{ins}) + [(Cgd/W)\mathbf{W} \text{ 串聯}(\mathbf{Cs}+Clc_{,MAX})]\} < Delay \qquad \text{公式(3.20)}$$

可在**W-Cs**圖上再繪出一條曲線，如圖3.1中的綠色線，設計儲存電容和TFT的通道寬度皆比須較小，才不會造成太大的畫素電容，而導致過大的信號延遲。故此線左下方的範圍，才是合乎設計考量的。

由以上（公式3.6）、（公式3.12）、（公式3.17）和（公式3.20）的四條限制線所界定出的範圍，即可交集出一符合這四個設計考量的範圍，即如圖3.1中三角形的區域。此時，我們會選擇最左下方的儲存電容和TFT的通道寬度，作為初始設計值，因為此設計值的儲存電容和TFT的通道寬度最小，故可以得到最大的開口率。

由此圖中可以看出，限制此一設計的考量，並不在TFT的關電流，也不在信號延遲的效應，而是受限於TFT的開電流，與電容耦合效應Ω。也就是說，當此設計不符合所需要的開口率時，應該要由增加充電能力與降低電容耦合效應二方面來解決，例如，增加TFT之電子移動率，或減少通道長度L，以增加開電流，或減少TFT之寄生電容Cgd。

若此四條限制線所界定出的範圍沒有任何交集區域，即表示此設計面臨製造技術上的挑戰，應嘗試更動所設定的其他數值，如液晶電容或金屬的厚度等，使其產生交集區域，而這些更動，即為製造技術所需改善的重點。另外，不同的產品設計，也可能會受到不同的考量所限制，例如，以1.2.2.6中所提到的IPS型液晶模式製成的TFT LCD，由於其液晶電容非常小，幾乎可以不用考慮電容耦合效應，但是卻會受到電荷保持的限制。

還要再強調的是，上述四個設計考量只是舉例說明，有時必須再加上其他的考量限制，例如，上述電壓耦合效應係考慮來自掃描控制線的影響，但有時由視訊資料線而造成的電壓耦合亦必須列入考量；又例如，上述信號延遲係考慮來自掃描線的影響，但有時由資料線而造成的信號延遲也必須列入考量。

初始設計只是做為一個設計起始點，由於其中簡化了許多計算，可能與最終的設計結果有所差距，仍然需要進一步的精確計算。

3.2.3　初始畫素布局

有了初始設計之後，即可基於所決定的儲存電容大小和TFT的尺寸來執行初始畫素布局的工作。初始畫素布局的目的，是為了找出精確計算TFT的四項設計考量所需要的各個電容。

TFT 製程

像 IC 製程一樣，製作 TFT 和各電極的所需的形狀布局，是先將各形狀布局製作在光罩上，再光學微影的方式，將光罩上的圖案轉移到基板上的光阻，以蝕刻來定義出去除的光阻所未保護的部分，而留下光阻所在的部分。因此，在執行TFT畫素布局之前，必須先了解TFT的製程，知道各層次之間的相互關係及用途，由於TFT製程有許多做法，並非本書要說明的重點，為了實際說明設計的考量，必須基於一種製程，若使用的製程不同，設計的原理雖然相同，但考量的方式要配合改變。在此使用的例子是一種 Top ITO 型（參見 2.5.2.3.1）的五道光罩 TFT 製程，如圖 3.2 中所示。

製程設計準則（Process design rule）

在執行 TFT 畫素布局時，還必須基於 TFT 製程設計準則（Process design rule），或稱為布局設計準則（Layout design rule），這些規則係由製程的能力與經驗所訂定，甚至會隨著製程能力的改善而修改，其中規範了相關的能力限制，以及製程中所採用的金屬和絕緣體材料的厚度和特性，所設計的TFT畫素布局，必須完全符合這些規則，才能被順利地以對應的TFT製程製作出來，典型的TFT設計準則如表 3.2 中所示。

閘極金屬沉積及圖形定義（第1道光罩）

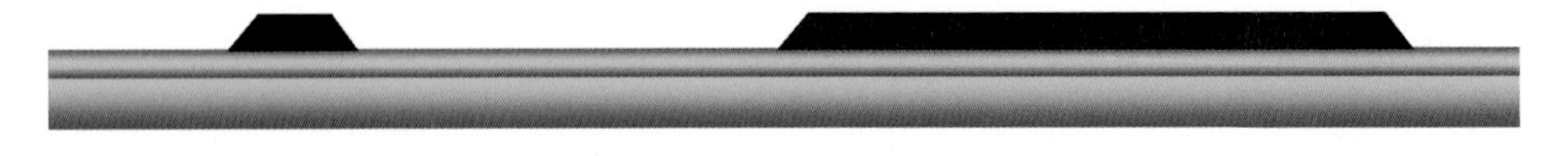

連續沉積閘極絕緣層／半導體層／N^+型半導體層

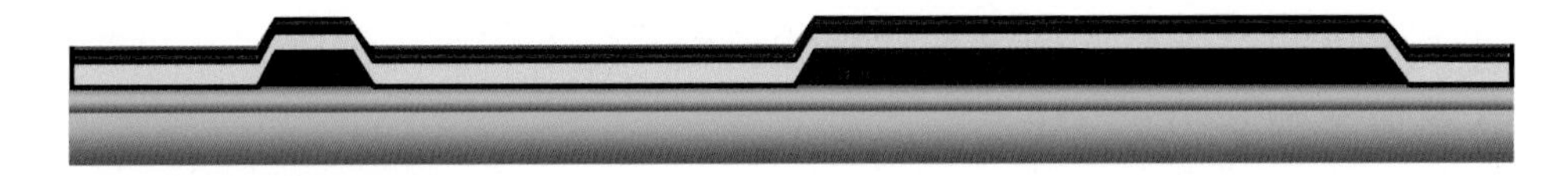

半導體層圖形定義（第2道光罩）

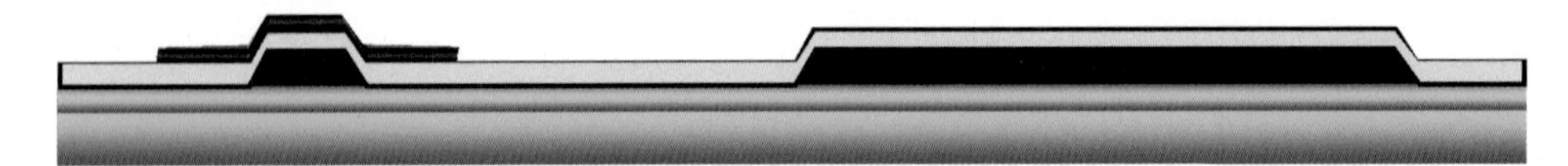

源／汲極金屬沉積及圖形定義（第3道光罩）／背通道蝕刻去除N^+型半導體

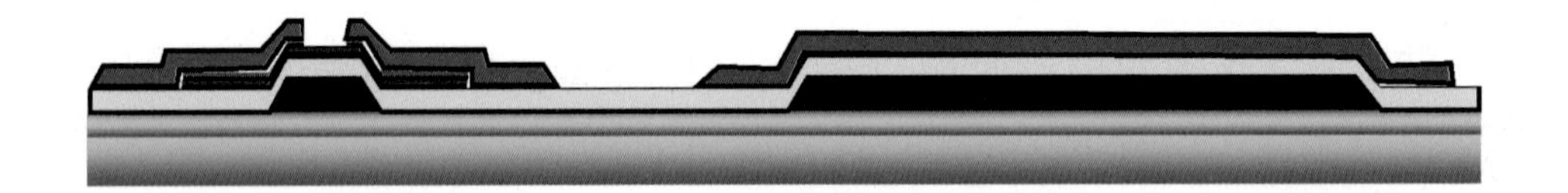

沉積保護絕緣層／接觸孔蝕刻（第4道光罩）

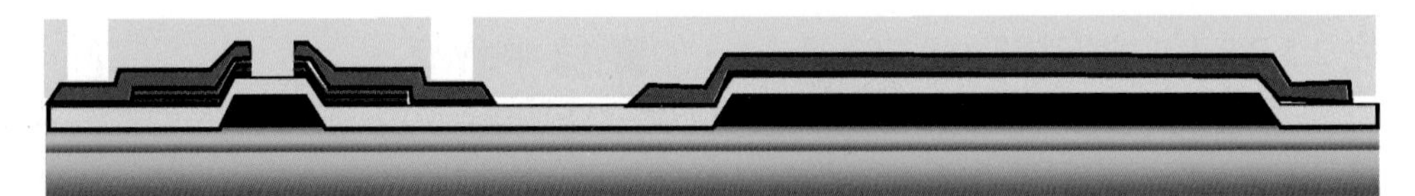

ITO沉積及圖形定義（第5道光罩）

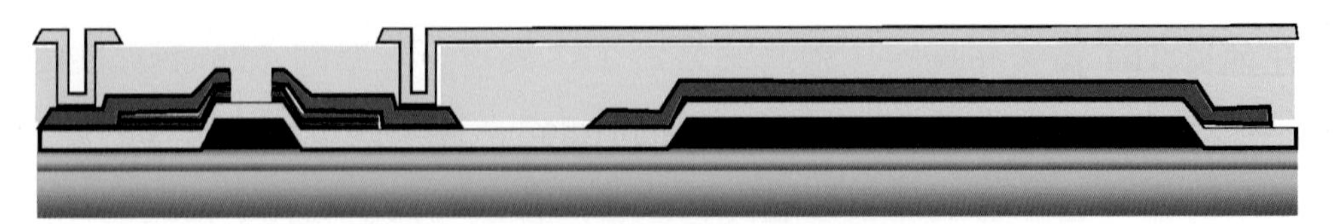

圖3.2 一種Top ITO型的五道光罩TFT製程

表 3.2　TFT 製程設計準則

材料與厚度		
閘極金屬	MoW，阻值：14μΩcm，200nm 片阻值＝14μΩm/200nm＝0.7 Ω/□	亦作為掃描線及共電極線
閘極絕緣層	SiNx，介電常數：6.9，360nm 單位面積電容＝ $6.9\varepsilon_0$/360nm ＝0.17 $fF/\mu m^2$	
半導體層	非晶矽，100nm	
摻雜半導體層	N 型非晶矽，50nm	
源／汲極金屬	Al-Nd，阻值：4μΩcm，600nm 堆疊 MoW，阻值：14μΩcm，50nm 片阻值＝4μΩcm/600nm 並聯 14μΩm/50nm ＝0.067 並聯 2.8Ω/□＝0.065Ω/□	亦作為資料線
保護絕緣層	SiNx，介電常數：6.0，400nm 單位面積電容＝ $6.0\varepsilon_0$/400nm ＝0.133 $fF/\mu m^2$	
透明電極	ITO，阻值：30μΩcm，800nm	作為畫素電極
厚度誤差＜10%		
線寬定義限制		
閘極金屬線	最小寬度： 5μm，最小間隔：3.5μm 光罩尺寸與實際尺寸差距：1±0.5μm	
半導體層線	最小寬度：5μm，最小間隔：4μm 光罩尺寸與實際尺寸差距：0±0.5μm	
源／汲極金屬線	最小寬度：7μm，最小間隔：4μm 光罩尺寸與實際尺寸差距：2±1μm	
接觸孔	最小寬度：3μm，最小間隔：3μm 光罩尺寸與實際尺寸差距：－1±1μm	
ITO 透明電極	最小間隔：5μm 光罩尺寸與實際尺寸差距：1±1μm	
對準誤差限制		
半導體層 v.s. 閘極金屬	閘極延伸出半導體最小長度：3μm 對準誤差：0.6μm	

源／汲極金屬 v.s. 閘極金屬	對準誤差：0.6μm	
源／汲極金屬 v.s. 半導體層	最小重疊寬度：3μm 對準誤差：1μm	
接觸孔 v.s. 閘極金屬	閘極延伸出接觸孔最小長度：4μm 對準誤差：0.6μm	
接觸孔 v.s. 源／汲極金屬	閘極延伸出接觸孔最小長度：5μm 對準誤差：1μm	
透明電極 v.s. 閘極金屬	對準誤差：0.6μm	
透明電極 v.s. 源／汲極金屬	對準誤差：1μm	
透明電極 v.s. 接觸孔	ITO 延伸出接觸孔最小長度：5μm 對準誤差：1μm	
TFT 特性（參見圖 3.3）		
電子移動率	一般值：0.15cm^2/Vsec	
截止電壓	最大值：1V，最小值：－0.5V	
漏電流	小於 0.1pA/μm	總漏電流除以通道寬度
寄生電容	一般值：0.17fF/μm	總電容除以通道寬度

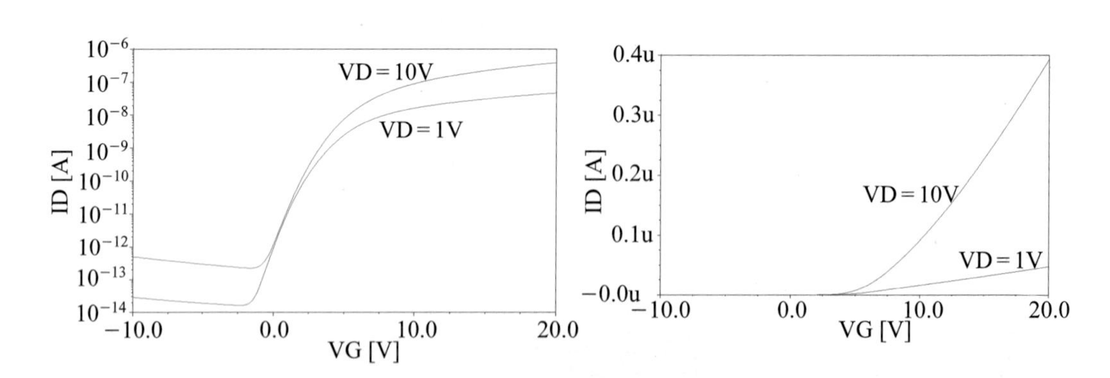

圖 3.3 畫素設計模擬用的 TFT 元件特性圖

執行初始畫素布局

利用布局軟體，基於初始設計所決定的儲存電容大小和TFT的尺寸，即可開始做初始畫素布局的動作。

如 2.4.2 中所述，儲存電容會遮去透光區域而降低開口率，為了使其面積最小，會選用各絕緣層中，介電常數與厚度的比值最大的，以用最小的面積實現出最大的電容值，一般而言，這個絕緣層常常會是閘極絕緣膜。

畫素布局的方式大多屬於各家公司的 Know-how。例如，同樣的儲存電容，可以布局成環繞畫素的U字型，或橫跨畫素的一字型，其各有光學特性方面或製造容易程度的優缺點，很難說孰是孰非，需由設計者依產品的特性或成本需求加以考慮，而有所取捨，實在很難下一個定論，只有靠不斷累積經驗，儘可能地避免不良的效應，尋求最佳的布局方式。

除了利用以上方法來建立初始畫素布局以外，另外一種常用來建立初始設計的方法，是直接採用以前設計過的相似產品設計做為樣本，在產品變動不大的情況下直接將畫素布局放大或縮小，例如，解析度相同而尺寸由 17 吋放大到 19 吋，可將原來的畫素設計放大 1.12 倍，來作為初始畫素布局，只要不是變動太多，倒不失為是一種快速的捷徑。

3.2.4 布局後模擬

在初始設計中，由於並沒有實際的布局面積，因此只是計算出所需儲存電容大小和TFT的尺寸的粗略估計值，而到了此時，才可以基於 3.2.3.2 的初始畫素布局，真正地計算出每個寄生電容的面積大小，再配合表 3.2 中的絕緣層介電常數和厚度，即可利用（公式 1.12）求得各個寄生電容的電容值。隨著 TFT LCD 面板的不斷改進，TFT 畫素尺寸變得愈來愈小，此時，便必須考慮更多不可忽略的邊際電場效應。因為這個效應，寄生電容已無法簡單地利用（公式 1.12）來估計，必須利用電容模擬軟體 [2]，才能計算出更精確的電容值。

所計算出的寄生電容，要加入計算之中，而 TFT 的開關電壓、Output enable 時間（參見 2.7.3.2）的長短，也都要藉由模擬來決定出適當的值，利用SPICE軟體做更精確的模擬，以確認是否同時滿足四項設計考量，包括在 2.7 中談的綜合效應。

另外，還可以做進一步的確認事項，例如，驅動陣列所需的驅動電流，是否符合驅動 IC 的規格等等。如何以最短的時間，模擬出最正確的結果，也需要累積使用的經驗，才能增加設計的速度。

如果模擬的結果無法滿足四項設計考量，必須再因應面臨的情形，分析不滿足設計的原因，思考對策，對畫素布局設計作調整，如增加儲存電容大小以克服漏電，或增加掃描線寬度以降低信號延遲。

3.2.5 畫素設計實例

在此以表 3.1 的產品所對應的實際畫素設計為例，展示出一些 TFT 面板設計考量的歷程，一方面希望使讀者對設計考量有更清楚的了解，但另一方面也要提醒，這並不是唯一的設計方式，實際設計面臨的問題也無法完全盡述。

3.2.5.1 製程選擇

要設計一個TFT面板，必須基於一個確定的TFT製程，在此假設採用設

2 如 Synopsis 公司的 Raphael™、Cadence 公司的 Assura™ 等等。

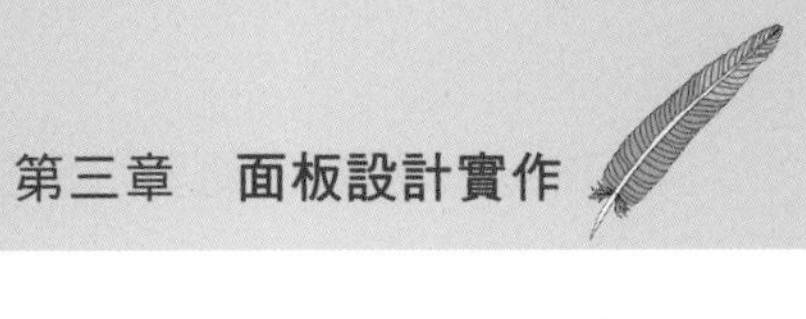

計準則為對應到表 3.2 的 TFT 製程。

3.2.5.2 TFT 面板設計規格

假設已經過了 3.1.3 中所述的產品規格協調訂定，完成了 3.1.4 TFT 面板設計相關的專業規格訂定如表 3.3。

表 3.3　17 吋 SXGA TFT 面板設計規格舉例

畫素陣列數目	1280×3×1024	
次畫素的大小	88μm×264μm	
圖框時間	16.7msec	參見圖 2.8 所示的 VESA 標準
掃描線時間	15.6μsec	參見圖 2.8 所示的 VESA 標準
開口率	88%	參見 3.1.3.2 的討論
最大液晶介電常數	11.7	
最小液晶介電常數	3.8	
液晶阻值	$10^{13}\Omega$cm	
液晶間隙	4.7μm	
液晶模式最小視訊電壓容許誤差	8mV	參見 2.3.3.1
液晶最大容許未補償之直流電壓殘留	0.1V	即 $\Delta(\Delta V)$ 或 Ω，參見 2.5.3.3

3.2.5.3 畫素初始設計

首先，利用起始設計程式，如圖 3.4 所示，在此例中，畫素採取 Storage on gate 的結構。藉由調整起始設計程式的設定值，由圖 3.3 找出可以符合四項設計要求的 TFT 的通道寬度與儲存電容面積，將 TFT 的通道寬度設為

22μm，而儲存電容大小為畫素面積的 10%的情況。這個畫素初始設計還有一些要注意的地方：

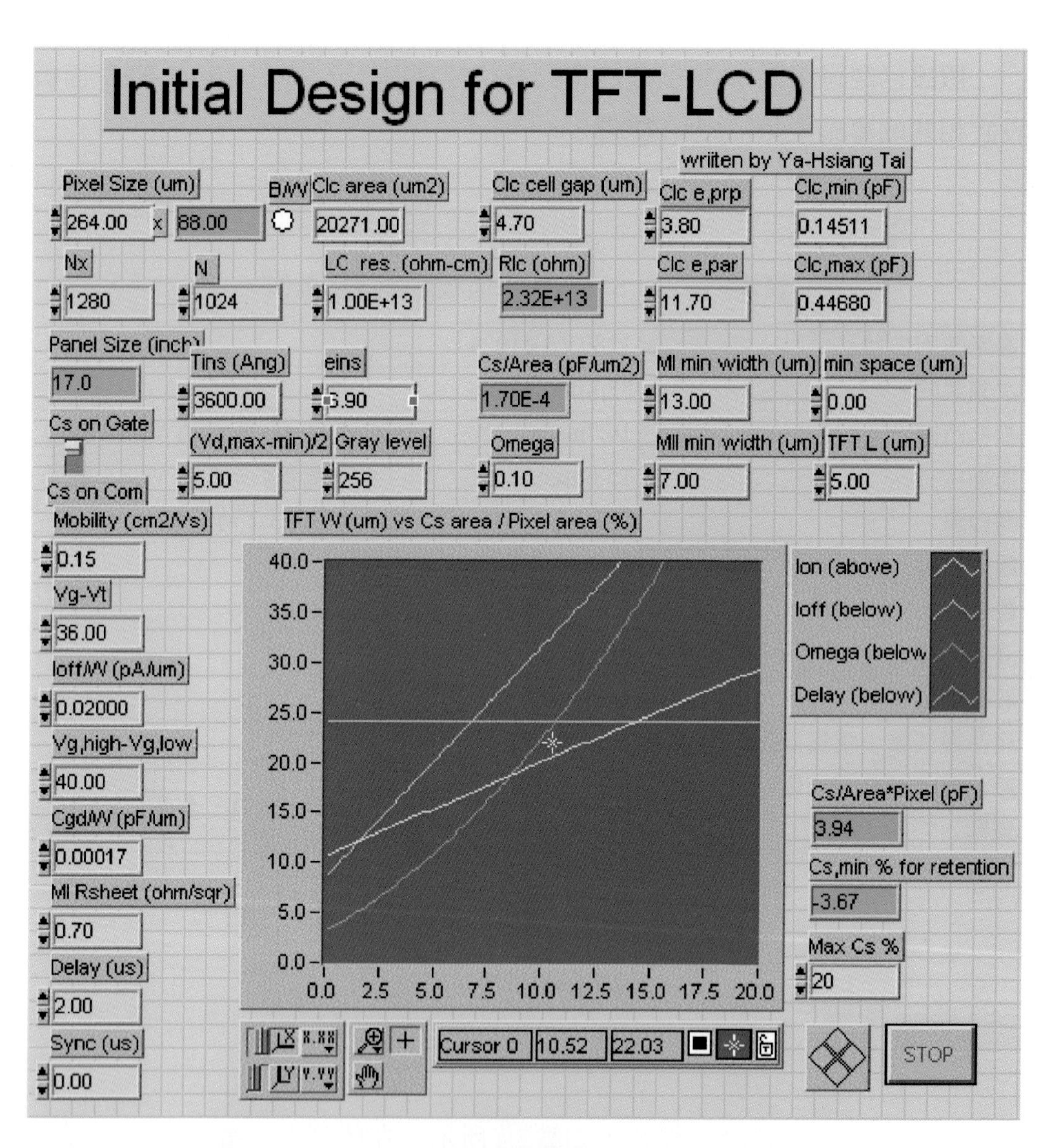

圖 3.4 17 吋 SXGA 產品 TFT 畫素陣列初始設計舉例

3.2.5.3.1

為了降低掃描線上的信號延遲效應，已將掃描線金屬布線的寬度增加至13μm，資料線寬度初始設定為 7μm，扣除這二條信號線之後的開口面積為〔（264 − 13）μm ×（88 − 7）μm〕，而畫素面積為（264μm × 88μm），對應的開口率為（264 − 13）×（88 − 7）/（264 × 88）=87.5%，已略低於 88%的設計目標，而且還要再扣掉TFT與儲存電容的區域面積，需在後續布局時設法增加使開口率。

3.2.5.3.2

TFT 的開關電壓範圍設定至 40V。

3.2.5.3.3

液晶本身的阻值為 $10^{13}\Omega$cm，由（公式 2.17），可計算出液晶電容放電的時間常數 $R_{LC}\,C_{LC} = \rho_{LC}\,\varepsilon_{LC}\,\varepsilon_0 > 10^{13}\Omega\text{cm} \times 3.8 \times \varepsilon_0 = 3.36\text{sec}$，甚大於一個圖框的電荷保持時間 16.7msec，故忽略液晶漏電的途徑。

3.2.5.3.4

在圖 3.3 中的 TFT 漏電特性，會稍大於在初始設計中設定的 TFT 漏電流 0.02pA/μm。

3.2.5.3.5

設定的延遲容許時間為 2μsec，在模擬掃描線波形時，需把此時間對應到 2.7.3.2 中所述掃描線的 Output Enable 信號將充電時間縮短。

3.2.5.4 畫素初始布局

接著，根據初始設計決定的TFT通道寬度和儲存電容大小，在合乎表 3.2 的 TFT 設計準則下，繪出初始畫素布局，如圖 3.5 所示。其實，相同的 TFT 通道寬度設計，有無限多種布局方式，同樣地，相同的儲存電容大小，也有無限多種布局方式，常常為了光學特性或製程良率等考量，會改變TFT或儲存電容形狀，由於太多的布局方式是基於經驗法則而定，很難在本書中詳加說明，在此所舉的例子只是為了後續寄生電容計算及畫素模擬所需，至於其他相關的畫素布局考量，會在 5.4 中再作進一步的討論。

在圖 3.5 中的畫素，是採用 2.5.2.2.1 中所述的內建型黑色矩陣（Integrated BM），置於上板的黑色矩陣僅會用來遮蔽 TFT 以避免照光所產生的漏電流（參見 1.4.2.2 與 2.4.1.2），而這樣的設計，畫素電極與二側資料線之間，會產生 2.5.2.3.2 中所述的寄生電容，而造成另一個電容耦合效應，這個效應在初始設計時並未考量，需要在後續模擬時仔細考慮。

由於次畫素的長寬比是 3 比 1，所以縮減資料線寬度對開口率的增加幫助很大，在圖 3.5 中的畫素布局時，考慮到 3.2.5.3.1 所述增加開口率的要求，再將資料線寬度設定為 6μm作計算，開口率可增加為 88.6%，由於採用Storage on gate的結構，在布局時可將儲存電容置於掃描線上而不另外遮蔽開口率，再扣除 TFT 所遮蔽的區域，最後開口部分如圖 3.5 所示，僅有 81%，仍小於 88%的設計要求，需要再考慮其他可以將開口率調整至 88%以上的方法，如增加掃描線金屬厚度以降低掃描線寬度，或縮短 ITO 之間最小間隔等等。由於此布局僅是根據初始設計粗略估計而設定，需待畫素模擬後才能確知各設計考量的效應，屆時再思考適當的開口率增加措施。

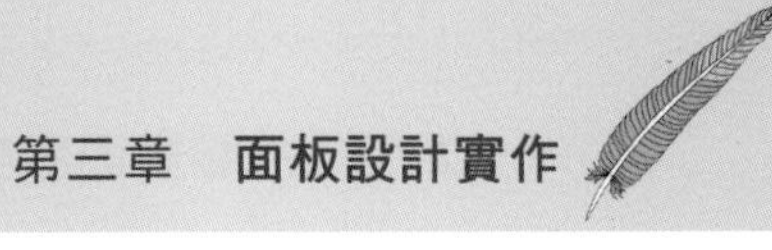

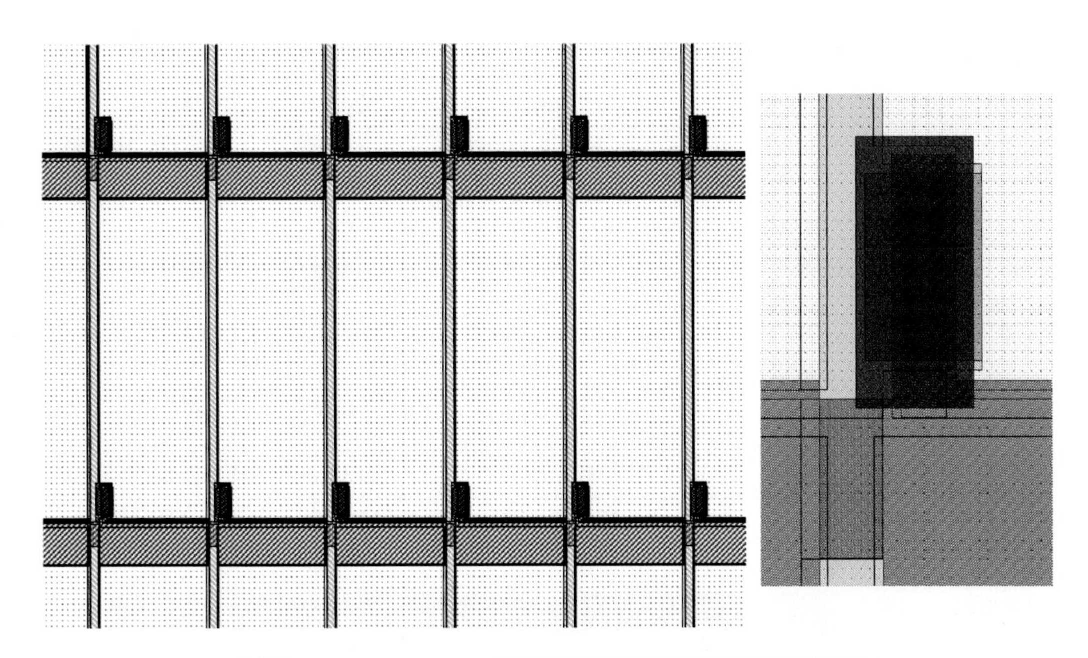

圖 3.5　17 吋 SXGA 產品 TFT 畫素陣列初始布局舉例

3.2.5.5　畫素等效電路

由布局中可以計算出各個重疊區域的面積大小，忽略邊際電場產生的寄生電容的效應，只考慮重疊區域的電容，可參照圖 2.23，計算出畫素中各個等效電容，以及掃描線與資料線的電阻，如表 3.4 中所示。將 TFT 和各寄生電容和電阻轉化成畫素等效電路，如圖 3.6 所示。

表 3.4　由 17 吋 SXGA 產品 TFT 畫素初始布局例計算之畫素等效電阻電容

畫素電容	絕緣層	單位面積電容	面積	電容
Cd0	保護絕緣層／液晶層	最大值 0.0189fF/μm^2	1392μm^2	最大值 26.31fF
Cg0	閘極絕緣層／保護絕緣層／液晶層	最大值 0.017fF/μm^2	420μm^2	最大值 7.14fF

Cgd	閘極絕緣層	0.17fF/μm^2	22μm^2	3.74fF
Cgs	閘極絕緣層	0.17fF/μm^2	22μm^2	3.74fF
Clc	液晶層	最大值 0.022fF/μm^2 最小值 0.0072fF/μm^2	21363μm^2	最大值 469.99fF 最小值 153.81fF
Cpd	保護絕緣層	0.133fF/μm^2	233μm^2	30.99fF
Cpd'	保護絕緣層	0.133fF/μm^2	259μm^2	34.45fF
Cpg	閘極絕緣層／保護絕緣層	0.075fF/μm^2	73μm^2	5.48fF
Cs	閘極絕緣層	0.17fF/μm^2	2132μm^2	362.44fF
Cxl	閘極絕緣層	0.17fF/μm^2	119μm^2	20.23fF
Cxl'	閘極絕緣層	0.17fF/μm^2	119μm^2	20.23fF
畫素電阻	**金屬層**	**片電阻**	**長寬比**	**電阻**
R_{scan}	閘極金屬	0.7Ω/□	7/28＋7/56 ＋73/32 ＝2.656□	1.8592Ω
R_{data}	源／汲極金屬	0.065/□	22/9＋242/7 ＝37.016□	2.406Ω

3.2.5.6 畫素陣列模擬

基於 3.2.1 的討論，陣列中的畫素是完全相同的，而考慮最壞情況設計，僅需考慮在陣列四個角落的畫素，如此，可以建立如圖 3.7 中所示的電路圖，其中藍色方塊表示掃描線的電阻—電容串接，綠色方塊表示掃描線的電阻—電容串接，為了簡化模擬，可參考 2.6.3 和 2.6.4 的說明，將陣列中掃描線與資料線等效成 10 級電阻—電容串接電路，在掃描線與資料線的尾端，在電路上是浮接（floating），在此以一個很大的電阻接地作為等效電路。

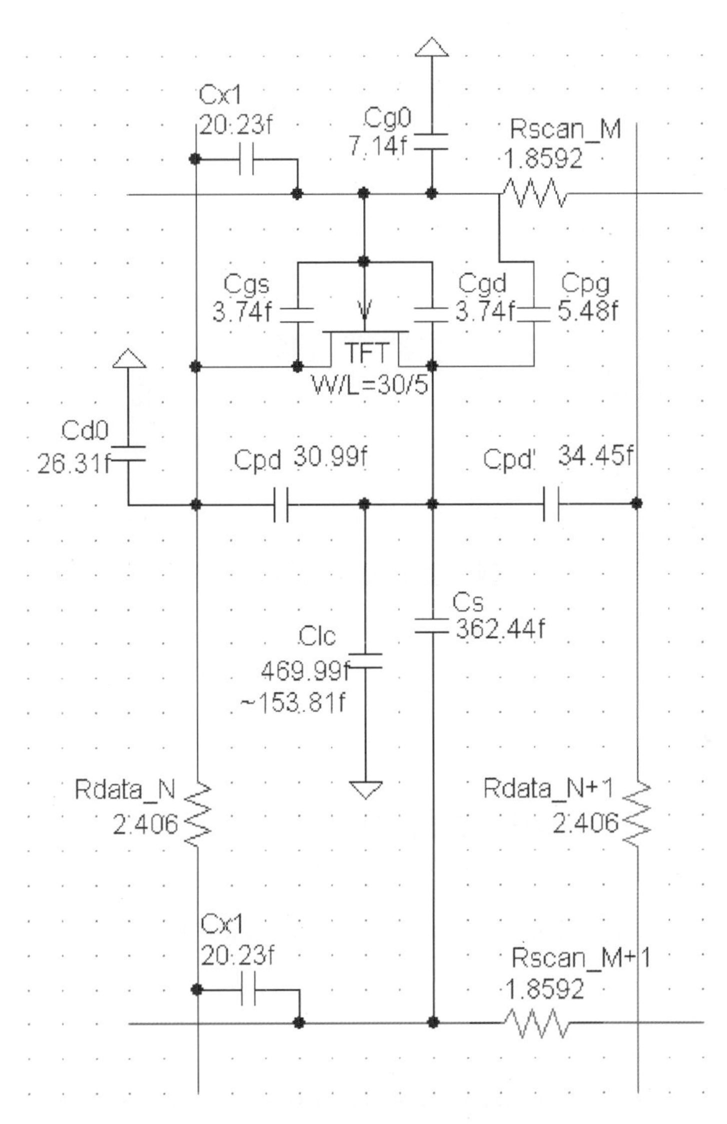

圖 3.6　由 17 吋 SXGA 產品 TFT 畫素初始布局例計算之畫素等效電路

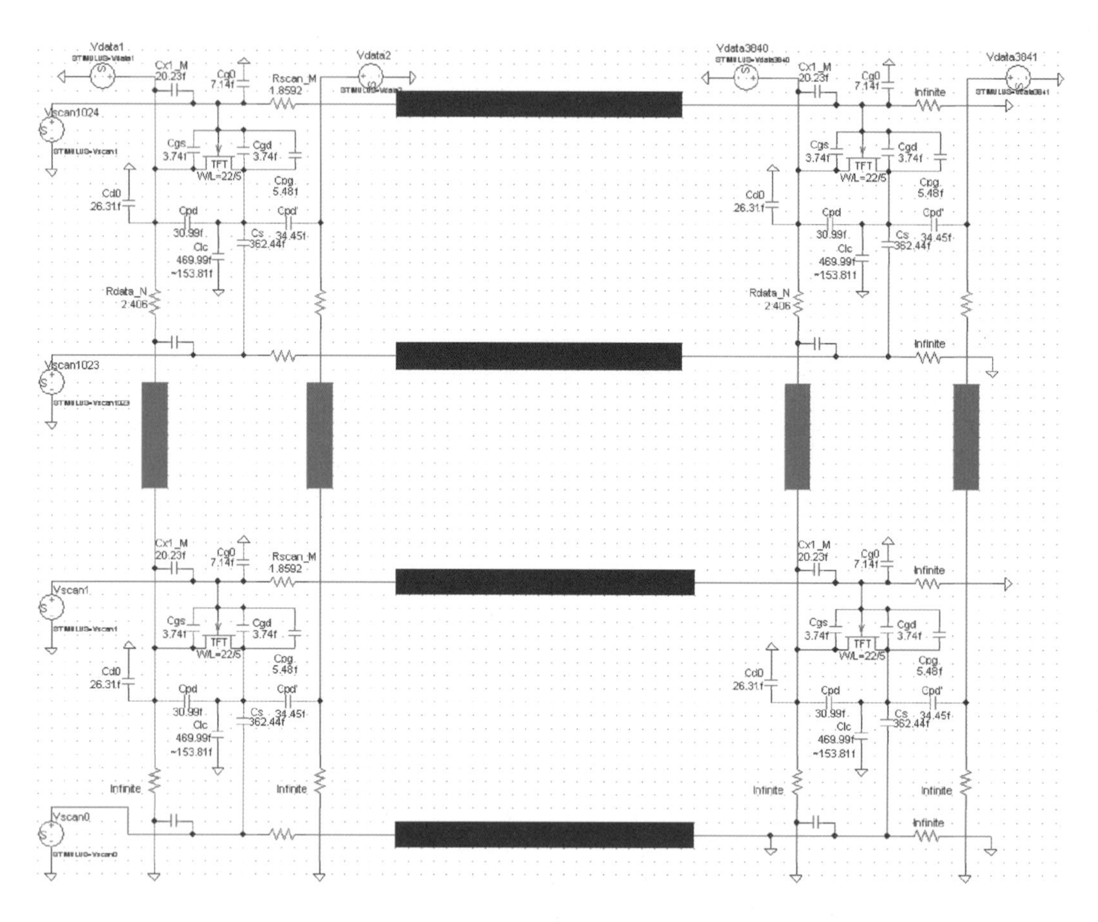

圖 3.7　由 17 吋 SXGA 產品初始畫素等效電路展開的陣列等效電路圖

這部分的內容會利用到電路模擬軟體 SPICE，由於這類軟體的使用已有許多專書介紹，並非本書重點，請讀者自行參閱相關書籍或使用手冊。但是，如何利用 SPICE 來檢查設計結果是否符合目標，有一些應用上的小技巧，在本書中並不會特別去說明，但是會直接提供SPICE軟體模擬所需的電路敘述（Netlist）供讀者參考。

3.2.5.6.1　掃描線的等效電阻—電容電路計算

以下先列出掃描線與資料線的等效電阻—電容電路計算過程。掃描線上的次畫素等效電阻 R_{scan}，可參見 2.6.3.2，利用（公式 2.77）計算，如表 3.4 中所示，為 1.8592Ω。至於等效電容計算會較為複雜，如 2.6.3.3 所述，把除了掃描線本身以外的其他信號源都視為接地，如此，圖 3.6 的畫素等效電路變成如圖 3.8 所示的電路，其中二端都接地的電容，以灰色方塊遮蔽，不需計算。依據圖 3.8，掃描線上的次畫素等效電容 C_{scan} 可表示為：

$$C_{scan} = Cx1 + Cg0 + Cgs + C_{TFT} + Cgd + Cpg$$
$$+ [Cs \text{ 串聯} (Cpd + Cpd' + Clc)] \quad \text{公式(3.21)}$$

其中 C_{TFT} 以（公式 2.79）計算，得到 $C_{TFT} = 0.17fF/\mu m^2 \times 22\mu m \times 5\mu m = 18.7fF$。

考慮最壞情況，以表 3.4 中的各電容最大值代入（公式 3.21），得到 $C_{scan} = 20.23fF + 7.14fF + 3.74fF + 18.7fF + 3.74fF + 5.48fF + [362.44fF \text{ 串聯} (30.99fF + 34.45fF + 469.99fF)] = 275.17fF$。

接著，可計算掃描線上的總電阻 $= R_{scan} \times 1280 \times 3 = 7.139k\Omega$。總電容 $= C_{scan} \times 1280 \times 3 = 1.056nF$。分成十段後的等效電容—電阻串接電路，如圖 3.9 中所示。

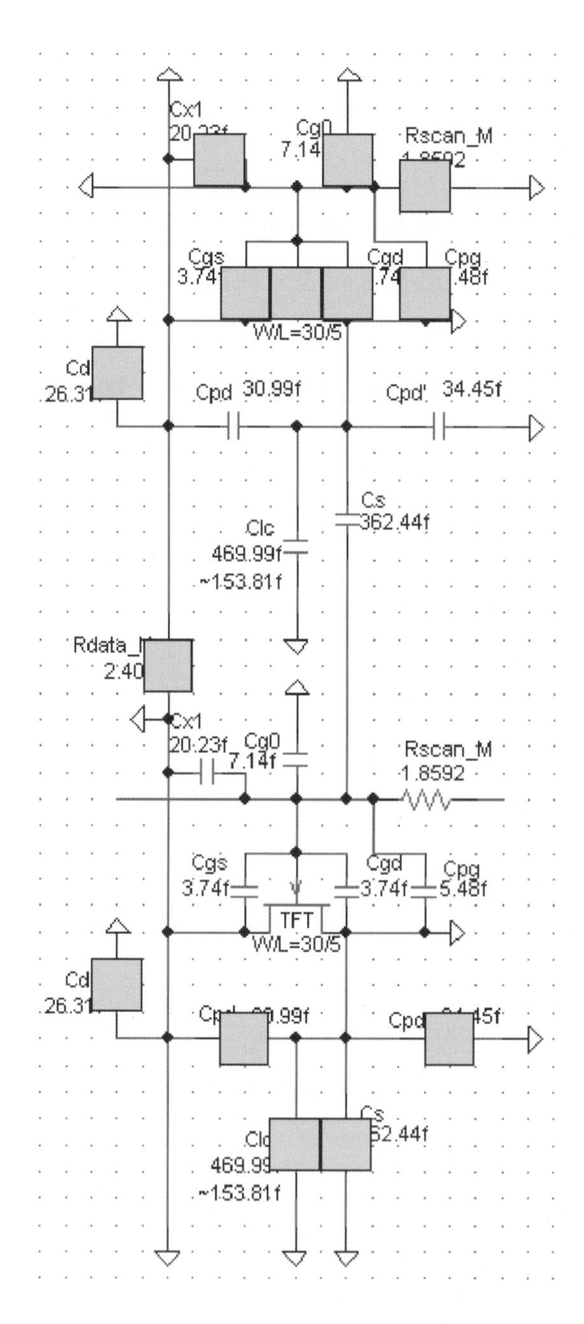

圖 3.8　由 17 吋 SXGA 產品初始畫素等效電路轉換成的掃描線上畫素等效電路圖

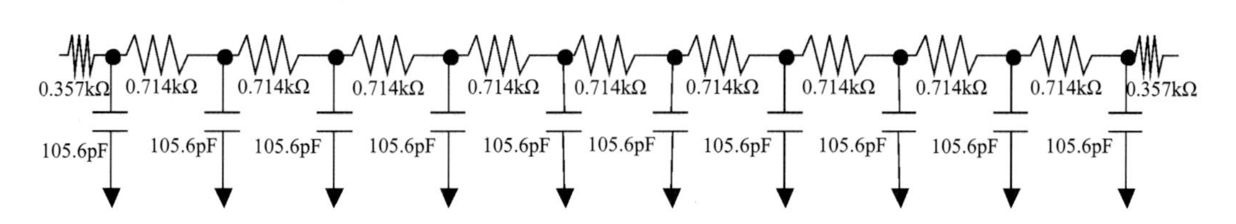

圖 3.9　17 吋 SXGA 產品初始設計之掃描線的等效電阻-電容串接電路

3.2.5.6.2　資料線的等效電阻－電容電路計算

資料線上的次畫素等效電阻 R_{data}，如表 3.4 中所示，為 2.406Ω。至於等效電容計算，把除了資料線本身以外的其他信號源都視為接地，如此，圖 3.6 的畫素等效電路變成如圖 3.10 所示的電路，其中二端都接地的電容和電阻，或是重覆的電容，以灰色方塊遮蔽，不需計算，另外，如 2.6.4 中所述，資料線上同時間只會有一個畫素的 TFT 會是打開的，可以將畫素中的 TFT 視為關閉。依據圖 3.6，資料線上的次畫素等效電容 C_{data} 可表示為：

$$C_{data} = Cx1 + Cd0 + Cgs + [Cpd \text{ 串聯} (Cgd + Cpg + Cpd' + Clc + Cs)] + [Cpd' \text{ 串聯} (Cgd + Cpg + Cpd + Clc + Cs)] \qquad \text{公式}(3.22)$$

考慮最壞情況，以表 3.4 中的各電容最大值代入（公式 3.22），得到 C_{data} = 20.23fF + 26.31fF + 3.74fF + [30.99fF　串聯(3.74fF + 5.48fF + 34.45fF + 469.99fF + 362.44fF)] + [34.45fF 串聯(3.74fF + 5.48fF + 30.99fF + 469.99fF + 362.44fF)] = 113.35fF。

接著，可計算掃描線上的總電阻 = $R_{data} \times 1024$ = 2.464kΩ。總電容 = C_{scan} + 1024 = 116.07pF。分成十段後的等效電容－電阻串接電路，如圖 3.11 中所示。

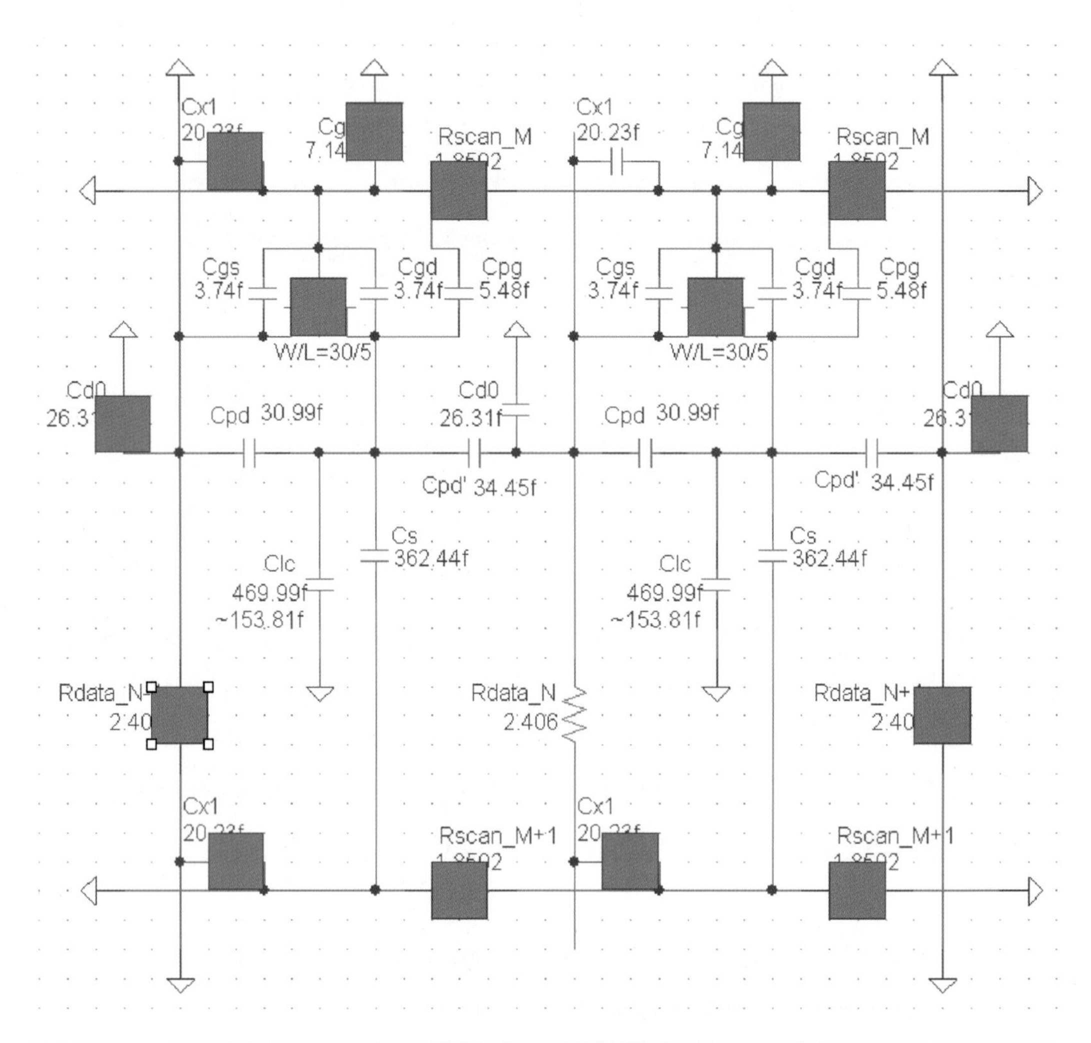

圖 3.10　由 17 吋 SXGA 產品初始畫素等效電路轉換成的資料線上畫素等效電路圖

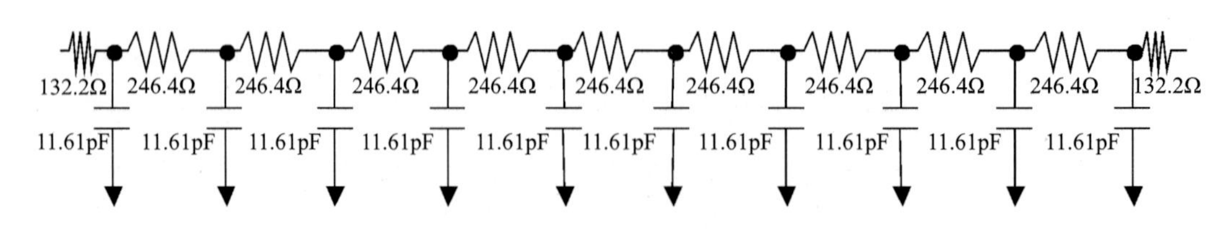

圖 3.11　17 吋 SXGA 產品初始設計之資料線的等效電阻－電容串接電路

將圖 3.9 和圖 3.11 分別代入圖 3.7 中的藍色方塊與綠色方塊，即可參照圖 3.6 建立 SPICE 軟體模擬所需的 Netlist，再利用 SPICE 軟體來模擬操作時的畫素電壓波形，計算各個角落的畫素電壓，以確定初始設計是否可以同時滿足第二章中所述的設計考量。17 吋 SXGA 產品初始設計之模擬用的 Netlist，詳列如下：

```
**17-inch SXGA TFT-LCD Pixel Array Netlist

.subckt pixelckt left1 right1 up1 down1 left2 right2 up2
+down2 common
** left/right => scan, up/down => data, 1 => this bus,
2 => next bus

Cd0  up1   common  26.31fF
Cg0  left1 common  26.31fF
Cgd  left1 pixel  3.74fF
Cgs  left1 up1  3.74fF
Cpd  pixel up1  30.99fF
Cpd2 pixel up2  3.74fF
Cpg  pixel left1  3.74fF
Cx1  left1 up1  20.23fF
Cs   pixel left2  362.44fF
Clc  pixel common  469.99fF
** max Clc for charging
*Clc  pixel common  153.81fF
** min Clc for holding

Rscan1 left1 right1  3.718
```

```
Rdata1 up1   down1  4.812
Rscan2 left2 right2  3.718
Rdata2 up2   down2  4.812
** double R in parallel will return to R

M1 up1 left1 pixel 0 NTFT W=22U L=5U
.model NTFT nmos level=15 muband=0.00015 TOX=3600e-10
+EPSI=6.9
** muband=1.5cm2/vs=0.00015m2/Vs
.ends pixelckt

.subckt scandelayckt sbegin send
Rscan1 sbegin s1  357
Rscan2  s1   s2  714
Rscan3   s2   s3  714
Rscan4  s3  s4  714
Rscan5  s4  s5  714
Rscan6  s5  s6  714
Rscan7   s6   s7  714
Rscan8  s7  s8  714
Rscan9  s8  s9  714
Rscan10  s9  s10  714
Rscan11  s10  sen  357
Cscan1  s1 0  105.6p
Cscan2  s2  0  105.6p
Cscan3  s3  0  105.6p
Cscan4  s4  0  105.6p
Cscan5  s5  0  105.6p
```

```
Cscan6  s6  0  105.6p
Cscan7  s7  0  105.6p
Cscan8  s8  0  105.6p
Cscan9  s9  0  105.6p
Cscan10  s10  0  105.6p
.ends scandelayckt

.subckt datadelayckt dbegin dend
Rdata1 dbegin  d1  123.2
Rdata2  d1  d2  246.4
Rdata3  d2  d3  246.4
Rdata4  d3  d4  246.4
Rdata5  d4  d5  246.4
Rdata6  d5  d6  246.4
Rdata7  d6  d7  246.4
Rdata8  d7  d8  246.4
Rdata9  d8  d9  246.4
Rdata10  d9  d10  246.4
Rdata11  d10  dend  123.2
Cdata1  d1  0  11.61p
Cdata2  d2  0  11.61p
Cdata3  d3  0  11.61p
Cdata4  d4  0  11.61p
Cdata5  d5  0  11.61p
Cdata6  d6  0  11.61p
Cdata7  d7  0  11.61p
Cdata8  d8  0  11.61p
Cdata9  d9  0  11.61p
```

```
Cdata10  d10  0  11.61p
.ends datadelayckt

Xleftbottom  s0h1 s0h2 d1v1 d1v2 s1h1 s1h2 d2v1 d2v2 0
+pixelckt
Xlefttop  s1023h1 s1023h2 d1v1023 d1v1024
+ s1024h1 s1024h2 d2v1023 d2v1024 0 pixelckt
Xrightbottom  s0h3839 s0h3840 d3839v1 d3839v2
+ s1h3839 s1h3840 d3840v1 d3840v2 0 pixelckt
Xrighttop  s1023h3839 s1023h3840 d3839v1023 d3839v1024
+s1024h3839 s1024h3840 d3840v1023 d3840v1024 0 pixelckt

Vscan0  s0h1  0  DC 0V
Vscan1  s1h1  0  DC 0V
Vscan1023  s1023h1 0 DC 0V
Vscan1024  s1024h1  0  DC 0V

Vdata1  d1v1  0 DC 0V
Vdata2  d2v1  0 DC 0V
Vdata3839  d3839v1  0  DC 0V
Vdata3840  d3840v1  0  DC 0V

Rsend0  s0h3840  0  1e30
Rsend1  s1h3840  0  1e30
Rsend1023  s1023h3840  0  1e30
Rsend1024  s1024h3840  0  1e30
Rdend1  d1v1024  0  1e30
Rdend2  d2v1024  0  1e30
Rdend3839  d3839v1024  0  1e30
```

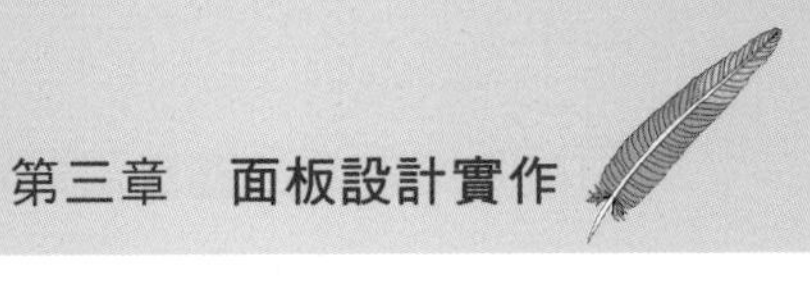


```
Rdend3840  d3840v1024  0  1e30

Xsdelay0  s0h2  s0h3839  scandelayckt
Xsdelay1  s1h2  s1h3839  scandelayckt
Xsdelay1023  s1023h2  s1023h3839  scandelayckt
Xsdelay1024  s1024h2  s1024h3839  scandelayckt

Xddelay1  d1v2  d1v1023  datadelayckt
Xddelay2  d2v2  d2v1023  datadelayckt
Xddelay3839  d3839v2  d3839v1023  datadelayckt
Xddelay3840  d3840v2  d3840v1023  datadelayckt

* PULSE (V1  V2  TD  TR  TF  PW  PER )
* Vscan0  s0h1  0  PULSE
* Vscan1  s1h1  0  PULSE
* Vscan1023  s1023h1  0  PULSE
* Vscan1024  s1024h1  0  PULSE

* Vdata1  d1v1  0  PULSE
* Vdata2  d2v1  0  PULSE
* Vdata3839  d3839v1  0  PULSE
* Vdata3840  d3840v1  0  PULSE
```

在此係利用 AIM-SPICE[3] 作為模擬工具，其中掃描線電壓波形與資料線電壓波形，需考慮最壞情況而在模擬中設定，稍後另作詳細說明，又其中TFT特性以MOSFET元件的level 15 作為模型，其元件參數列於Netlist中，電流特性模擬結果與圖 3.3 相符。

3　這是一個主要用於教學的軟體，相關資訊請參閱網站 www.aimspice.com。

3.2.5.6.3 充電與電容耦合效應模擬

根據初始設計，TFT 的開電壓為 36V，開關電壓差為 40V，所以掃描線的 Von 和 Voff 各設定為 36V 和 −4V，又考慮到充電的最壞狀況，參見 2.3.1，會是由最負極性的電壓充電到最正極性的電壓，所以，資料線的 Vhigh 和 Vlow 各設定為+10V 和 −0V；又考慮 3.2.5.3.5 中所述的充電時間縮短，所以掃描線開電壓設定時間為表 3.3 中的 15.6μsec 扣除 2μsec 的 2.5 倍時間縮短；在模擬充電狀況時，不需要考慮整個圖框週期的時間，另外，模擬時會將電荷保持的時間大幅縮短，使整個週期為 200μsec，以方便觀察電壓波形。因此，模擬電壓波形的設定如下：

```
Vscan1024 s1024h1 0 PULSE (−4V 36V 5U 0.01U 0.01U 10.6U 200U)
Vscan1023 s1023h1 0 PULSE (−4V 36V 20.6U 0.01U 0.01U 10.6U 200U)
Vscan1   s1h1   0 PULSE (−4V 36V 161U 0.01U 0.01U 10.6U 200U)
Vscan0   s0h1   0 PULSE (−4V 36V 176.6U 0.01U 0.01U 10.6U 200U)

Vdata1   d1v1   0 PULSE (0V 10V 4U 0.01U 0.01U 200U 400U)
Vdata2   d2v1   0 PULSE (10V 0V 4U 0.01U 0.01U 200U 400U)
Vdata3839 d3839v1 0 PULSE (0V 10V 4U 0.01U 0.01U 200U 400U)
Vdata3840 d3840v1 0 PULSE (10V 0V 4U 0.01U 0.01U 200U 400U)
```

模擬結果如圖 3.12 所示，其中圖 3.12(a)為右上方角落的畫素電壓波形，對應到掃描線和資料線的最遠端，圖 3.12(b)為四個角落的畫素電壓波形，圖 3.12(c)為掃描線電壓波形最近端與最遠端的比較。應用模擬軟體，可以觀察各畫素的充電狀況與電容耦合效應，以及掃描線與資料線上的信號延遲之模擬結果，檢查是否符合設計要求。由圖 3.12 中，我們可以觀察到幾個現象：

1. 在掃描線信號最遠端的畫素，電壓若是從 10V 放電至 0V，是可以在設定的充電時間內完成的，但是，若是從 0V 要充電至 10V，則在設定的充電時間內只能充電至 9V 左右，呼應 2.3.1 所說明的充電時電流降低的情況。
2. 掃描線信號傳遞至最遠端，會有很嚴重的信號延遲情況，但資料線信號傳遞至最遠端的信號延遲情況，則幾乎可以忽略，呼應 2.6.4 所說明的掃描線與資料線信號延遲的比較。
3. 由於採用 Storage on gate 的結構，畫素電壓會受到前一條掃描線的影響，呼應 2.5.3.5.1 所說明的掃描線電容耦合現象。
4. 掃描線上最近端與最遠端的畫素，由於信號延遲波形的差別，造成了對應的掃描線電容耦合效應也有所不同，呼應 2.7.5 所述的電容耦合與信號延遲綜合效應。

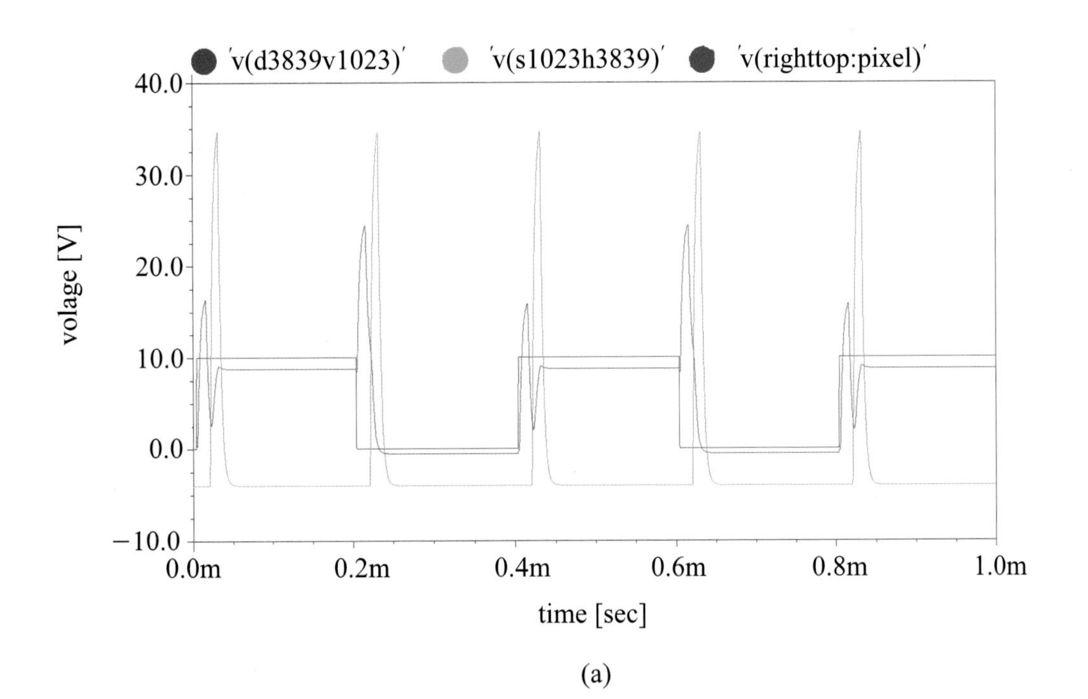

(a)

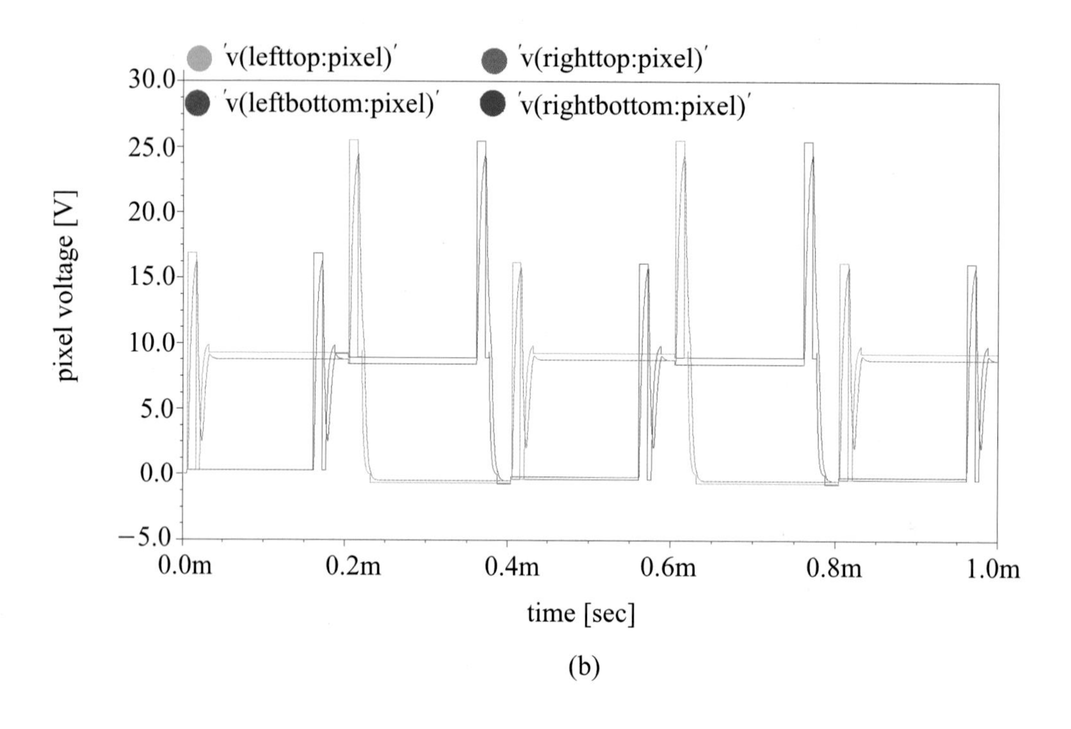

(b)

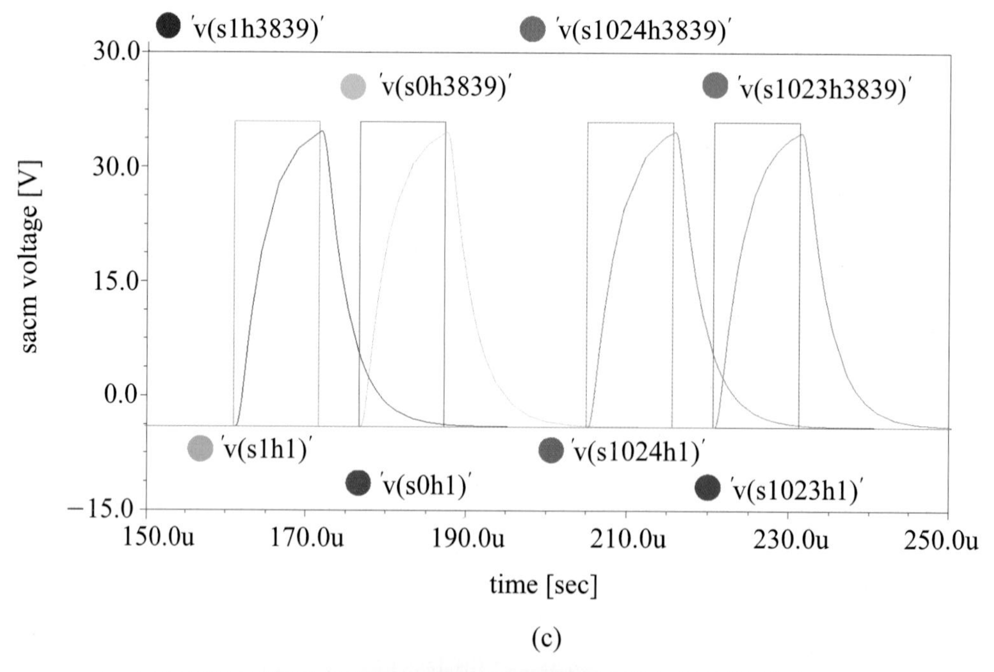

(c)

圖 3.12　初始畫素陣列模擬結果　(a) 右上方角落的畫素相關電壓波形　(b) 四個角落的畫素電壓波形　(c)掃描線最近端與最遠端的電壓波形

3.2.5.6.4　電荷保持模擬

要模擬電荷保持的狀況，需使整個圖框週期符合實際的 16.7msec，為了方便觀察電壓波形，模擬時會將電荷充電的時間大幅放大至 0.5msec。因此，模擬電壓波形的設定如下：

```
Vscan1024 s1024h1 0 PULSE (-4V 36V 5U     1U 1U 500U 16.7M)
Vscan1023 s1023h1 0 PULSE (-4V 36V 605U   1U 1U 500U 16.7M)
Vscan1  s1h1  0 PULSE (-4V 36V 16005U 1U 1U 500U 16.7M)
Vscan0  s0h1  0 PULSE (-4V 36V 16605U 1U 1U 500U 16.7M)

Vdata1  d1v1  0 PULSE (0V 10V 4U 1U 1U 16.7M 33.4M)
Vdata2  d2v1  0 PULSE (10V 0V 4U 1U 1U 16.7M 33.4M)
Vdata3839 d3839v1 0 PULSE (0V 10V 4U 1U 1U 16.7M 33.4M)
Vdata3840 d3840v1 0 PULSE (10V 0V 4U 1U 1U 16.7M 33.4M)
```

四個角落的畫素電壓波形電荷保持模擬結果如圖 3.13 所示，TFT 的漏電只造成了 0.5mV的差別，呼應到初始設計中，電荷保持的限制並不會成為此一畫素設計的瓶頸。

3.2.5.6.5　來自相鄰資料線的電容耦合效應模擬

由表 3.4 中，我們注意到畫素與相鄰資料線之間的寄生電容，高達 30fF 左右，比與掃描線之間的 TFT 寄生電容大了 10 倍，雖然在初始設計的程式中，並未考慮到來自相鄰資料線的電容耦合效應，但是如 3.2.2 中所提醒，初始設計並不代表一切，在此例中需要再考慮 2.5.4 中所述的資料線的電容耦合效應。

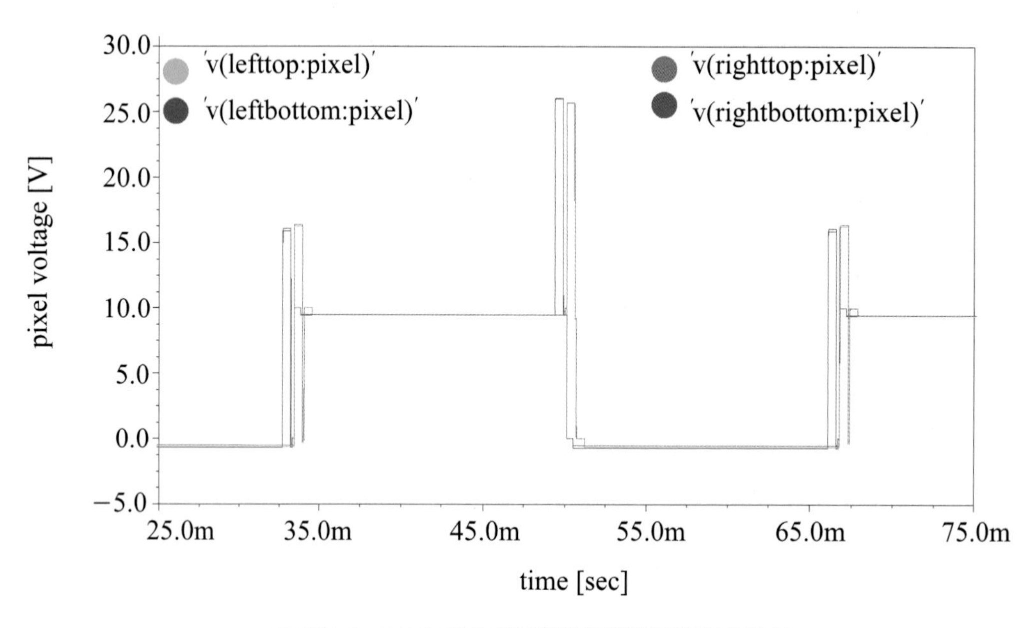

圖 3.13 初始畫素陣列電荷保持模擬結果

為了方便觀察耦合電壓波形，模擬時會在寫入畫素電壓後將TFT關閉，再觀察資料線電壓變化最大時畫素電壓所受到的影響。因此，模擬電壓波形的設定如下：

```
Vscan1024 s1024h1 0 PULSE(36V −4V 10U 0.01U 0.01U 16M 16.7M)
Vscan1023 s1023h1 0 PULSE(36V −4V 25U 0.01U 0.01U 16M 16.7M)
Vscan1  s1h1  0 PULSE (36V −4V 40U 0.01U 0.01U 16M 16.7M)
Vscan0  s0h1  0 PULSE (36V −4V 55U 0.01U 0.01U 16M 16.7M)

Vdata1  d1v1  0 PULSE (0V 10V 5U 0.01U 0.01U 15U 30U)
Vdata2  d2v1  0 PULSE (10V 0V 5U 0.01U 0.01U 15U 30U)
Vdata3839 d3839v1 0 PULSE (0V 10V 5U 0.01U 0.01U 15U 30U)
Vdata3840 d3840v1 0 PULSE (10V 0V 5U 0.01U 0.01U 15U 30U)
```

畫素電壓波形受到來自相鄰資料線電容耦合效應影響的模擬結果如圖 3.14 所示，此效應會使畫素電壓有高達 0.3V 的電壓變化，以 2.5V 的畫素電壓為例，會使得其RMS值（參見 2.2.3）變成 $\sqrt{[(2.5^2+2.8^2)/2]}=2.654$，而產生了 154mV 的差別，對應到此產品 8 位元 256 灰階的規格，會有高達 20 個灰階的差異，必須設法解決。

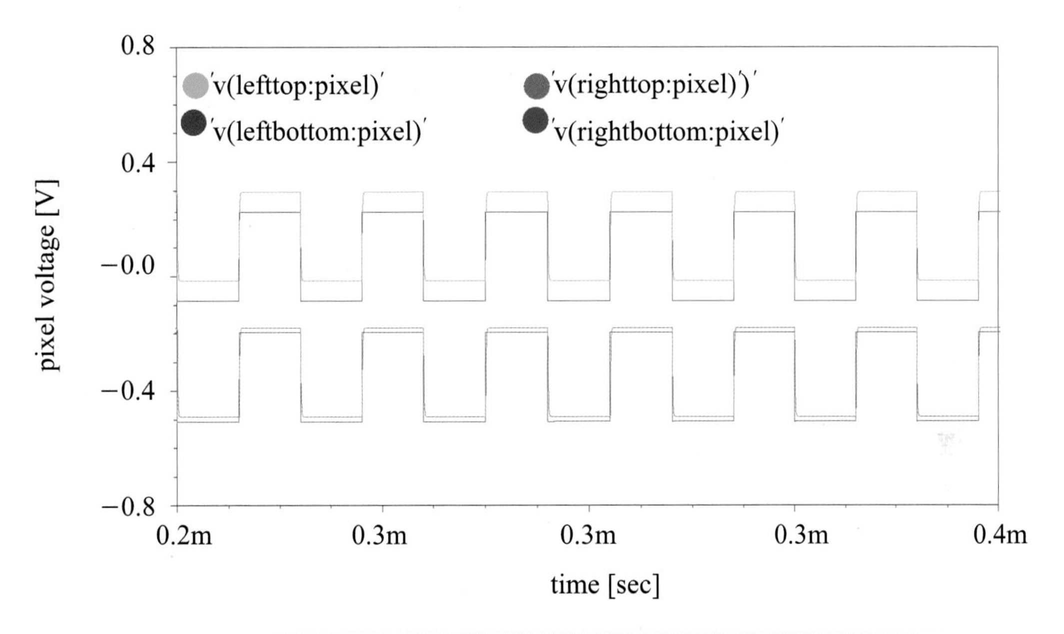

圖 3.14　初始畫素陣列來自相鄰資料線的電容耦合效應模擬結果

3.2.5.7　設計調整方式的思考

由 3.2.5.6 的模擬結果，可以檢查出畫素設計不滿足設計要求的地方，需要思考對應的措施。以本節中舉的例子而言，根據 3.2.5.5 的畫素布局結果與 3.2.5.6 的模擬結果，可對初始設計分析如下：

1. 在掃描線的最遠端，10V至0V的放電沒有問題，但0V至10V的充電能力需要再加強。
2. 電荷保持並沒有問題。
3. 來自相鄰資料線電容耦合效應，會造成的電壓變化。
4. 掃描線上最近端與最遠端的畫素，有電容耦合與信號延遲綜合效應
5. 開口率僅有81%，無法達到88%的設計要求。

針對以上幾點，需思考可能的設計調整方式，如：

1. 提高掃描線電壓以增加充電能力，但需注意掃描驅動IC的電壓範圍。
2. 增加保護絕緣層的厚度，或更換介電常數低的保護絕緣層，以降低畫素與相鄰資料線之間的寄生電容。
3. 增加掃描線金屬厚度以降低掃描線延遲，以降低電容耦合效應差異，並增加充電時間，但需注意製程上，資料線跨越掃描線處，是否會更容易短路而降低生產良率。
4. 掃描線電壓波形改成如圖2.39中所示的幾種波形，來降低電容耦合效應差異，但需注意掃描驅動IC是否能配合，以及充電能力是否會因而降低。
5. 降低閘極絕緣層厚度，以減少儲存電容面積，增加開口率，並增加TFT的充電能力，但需注意TFT的耐壓也會降低，而環境中微小顆粒會使閘極絕緣層破洞，造成短路機率的增加，因而降低生產良率。

畫素陣列再設計直到設計完成

依據3.2.5.7中決定的設計調整方式，重新做一次畫素布局、畫素等效電路計算，重新作畫素陣列模擬，直到能夠完全滿足設計要求為止。在畫素陣列再設計之後，若仍然一直無法滿足，必須再回到3.1.3中所述的產品規格的協調訂定，思考整體設計的調整方式，甚至有可能如3.2.5.7中所提出調整方式，已不單純是設計問題，而會涉及需要提昇改善表3.2中所列的製程能力，

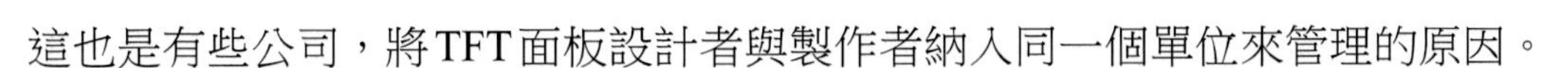

這也是有些公司，將TFT面板設計者與製作者納入同一個單位來管理的原因。

由以上的說明，讀者應可以開始體會到TFT LCD設計的複雜程度，更有甚者，我們將在第五章中討論到的現實中製程與元件變動性的影響，如果還要再考慮使製程容許度提高來提昇良率，設計考量會變得更加複雜。在本書中，無意也無法將所有的畫素設計狀況作說明，僅提供這樣的一個畫素陣列設計實施例，供讀者參考。

3.3 畫素陣列之外

一個 TFT LCD 的面板，90%以上的面積是作為顯示用的畫素陣列，只要如 3.2 中所述的畫素設計完成，依產品的解析度，以布局軟體展開成陣列，即完成了占 90%面積的設計。在畫素陣列之外，雖然週邊的面積只有不到10%，卻還有許多細節項目需要設計，簡要說明如下：

3.3.1 掃描線與資料線布線

掃描線與資料線布線在陣列中，是以次畫素大小為間距而平行地排列，但是，在面板的週邊，需要挪出一些空間供本節中所述的其他項目使用，因此，布線在畫素陣列之外會向內聚縮，如圖 3.15 所示。

一般的 TFT LCD 模組中掃描驅動 IC 與資料驅動 IC，是以自動捲帶封裝（Tape Automatic Bonding, TAB）的方式作包裝，掃描線和資料線布線要與對應的 TAB 式驅動 IC 相連接，會是在布線聚縮後的位置，連接端子（Bonding pad）之間的距離比次畫素間距更小，尤其是在資料線方面，連接端子的數目更多且間距更小，約在 60～45μm 之間。

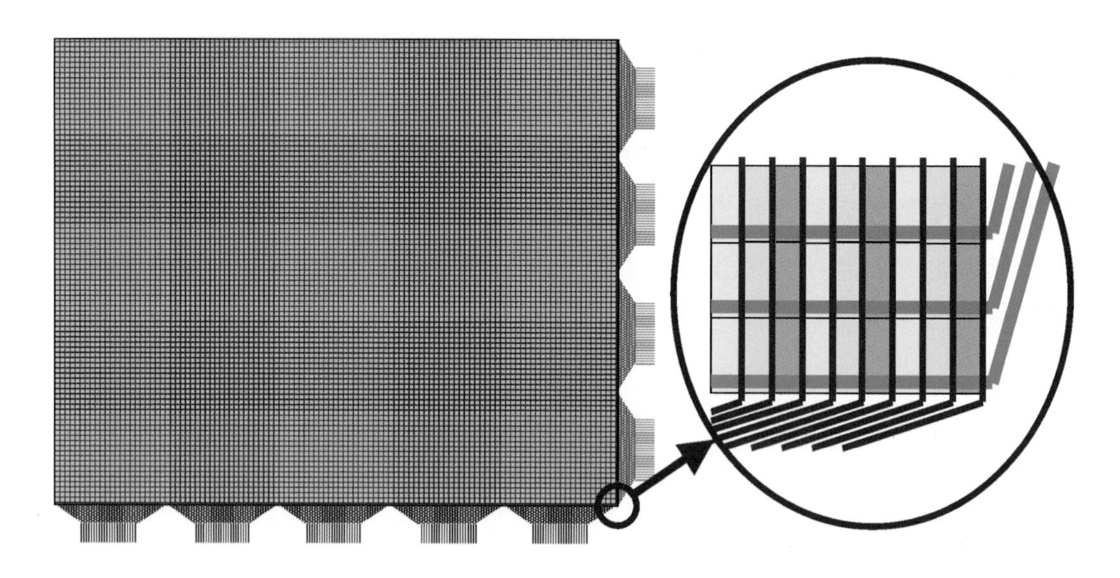

圖 3.15　掃描線與資料線在畫素陣列之外布線的示意圖

3.3.2　下板共電極布線

以一般的畫素設計而言，除了掃描線與資料線以外，還有下板的共電極布線，在與掃描電極線平行的方向上延伸，雖然在畫素陣列中，垂直方向上的畫素之共電極是分開的，但是到了畫素陣列之外，需要將所有的共電極布線連接在一起，而且為了使整個畫素陣列的共電極電壓儘可能一致，會將共電極線以很寬的布線（低電阻）環繞畫素陣列，如圖 3.16 所示。

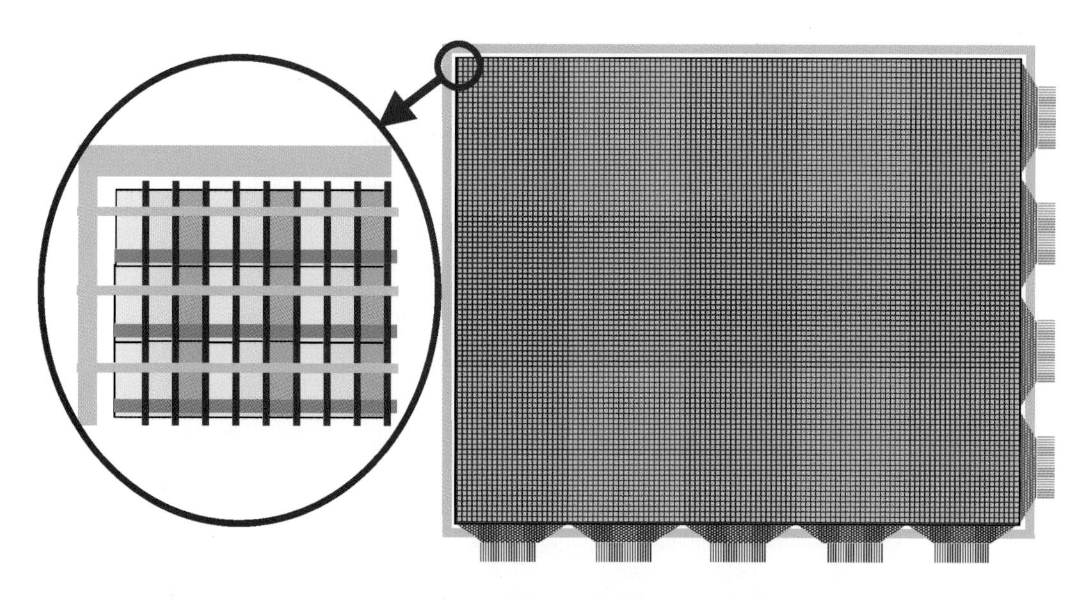

圖 3.16　下板共電極線在畫素陣列之外布線的示意圖

3.3.3　共電極金膠點與共電極電源布線

共電極除了在下板的布線之外，還需要連接至上板，並與外部提供的共電極電源連接。與上板的共電極，是以摻有金或銀的導電膠，點著於TFT基板上，如此即可在上下二片基板貼合時，將上下板共電極的電性作連接，但考慮導電膠點著大小與位置的控制精準度，這些共電極金膠點的直徑最好在2mm以上，無法置於畫素陣列之中，只能放置在週邊。為了使上下板的共電極電壓儘可能一致，會儘量增加共電極金膠點的數目，如圖 3.17 所示。共電極線以很寬的布線（低電阻）環繞畫素陣列。

而共電極電壓的來源是由外部提供，故需要與外部作連接，一般而言，會在掃描線與資料線聚縮布線的外側，加上幾條共電極電源布線與連接端子。

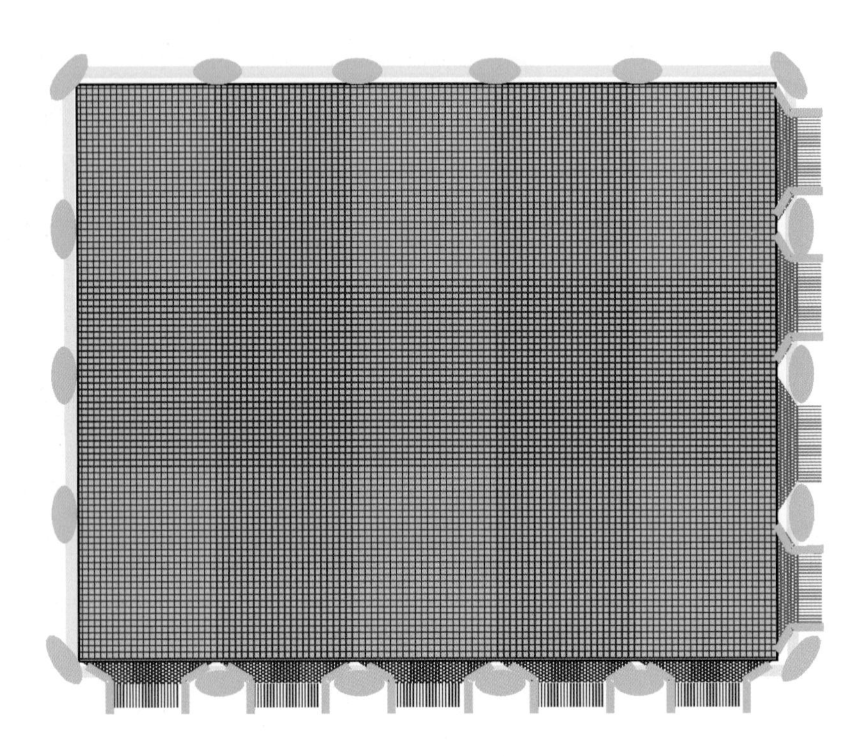

圖 3.17 共電極金膠點與共電極電源布線在畫素陣列之外布線的示意圖

3.3.4 對準標示

有時候，我們會把製作TFT的玻璃基板稱作為Mother glass，原因在於空白玻璃基板一但投入TFT的第一層形狀製作（一般為閘極金屬）之後，後續各製程的相對位置也就會被定義下來。有些製程動作，如液晶配向的滾刷、偏光片的黏貼等等，只要利用玻璃的邊緣做參考，不需要精確地定位；然而，大部分的製程動作，包括TFT的全部製程，配向膜塗布、框膠、切割等等液晶單元製程，以及彩色濾光片的組立和驅動 IC 的黏合等等，都必須精準地定位在相對應的位置上。

為了確保定位的精確度，便需要在TFT的玻璃基板上，預先製作好後續各製程所對應的對準標示，利用自動機台來定位，這些標示雖然不影響顯示器的規格表現，但是也一定要放在週邊提供製程機台使用。在此將可能用到的對準標示整理如下，一方面也當做 TFT LCD 製程的一種思考複習。

3.3.4.1　光學微影

如 3.2.3.1 中所述，TFT 是以光學微影的方式，將光罩上的形狀轉移到基板上，而 TFT 製程所使用的曝光機台，可能是步進曝光機（Stepper），掃描曝光機（Scanner），或是直接曝光機（Proximity），需要將配合所用光學微影機台設定的對準標示圖案，放置在適當的位置。

3.3.4.2　光學檢查裝置

在TFT的製造過程中，若是有任何微米大小的雜物顆粒，掉落在畫素陣列上，便可能導致金屬布線的缺口而形成斷路，或是絕緣層的破洞而形成電極間的短路，因而造成顯示畫面的不良點，及早發現這些不良點，可以在製程中重工（Rework）或丟棄，以節省在後續製程中浪費不必要的成本。由於畫素陣列面積很大，而雜物顆粒又非常小，難以利用人工的方式來尋找，目前一般的做法，是以自動光學檢查（Automatic optical inspection, AOI）裝置，來掃描基板上的影像圖形，與理想無雜物顆粒的影像圖形做比對。但是，目前自動機台仍無法達到智慧型全自動，來判斷影像圖形不同是否為真正的缺陷，最後仍需要人工用顯微鏡來做判斷，為了方便人工觀察，AOI 裝置會把影像圖形比對結果可能是缺陷的座標記憶起來，然後再由機器控制定位，將顯微鏡移動至所記憶的座標。為了精確地定位至對應的畫素位置，需要將配合所用 AOI 機台設定的對準標示圖案，放置在適當的位置。

3.3.4.3 陣列測試裝置

除了外觀上的不良之外，還有一些電性上的不良點或是 TFT 的特性不良，僅僅利用 3.3.4.2 所述的光學檢查，並無法檢測出來，因此會再利用電性檢查的方式來尋找可能的不良點。一方面，如同光學檢查，需要記憶可能是缺陷的座標；另一方面，為了使探針與電極作很好的連接，需要精確的定位，所以，要配合所用陣列測試機台設定的對準標示圖案，放置在適當的位置。

3.3.4.4 元件特性量測

TFT 的特性是否正常，是 TFT 製程是否穩定的重要指標，為了以探針組連接 TFT 測試鍵（有關測試鍵的其他說明，請參見 3.3.5）來量測元件特性，需要精確地將探針組定位在 TFT 測試鍵所放置的位置上，所以，要配合所用元件特性量測機台設定的對準標示圖案，放置在適當的位置。

3.3.4.5 雷射修補

利用 3.3.4.2 所述的光學檢查和 3.3.4.3 所述的陣列測試，所找出的不良畫素，可以利用雷射修補的技術（有關雷射修補的詳細說明，請參見 5.3），將缺陷修復，或將人眼較敏感的亮點缺陷修改成較不敏感的暗點。為了精確地定位至對應的缺陷畫素位置，需要將配合所用雷射修補機台設定的對準標示圖案，放置在適當的位置。

3.3.4.6 封框膠塗寫與導電膠塗點

要在畫素陣列的區域形成液晶灌注的空間，需要在畫素陣列之外塗寫封框膠，目前這個動作也是由自動機台操作針筒，將封框膠擠寫設定的位置。類似地，需要在3.3.3所述的共電極金膠點位置塗上導電膠。為了定位施加封框膠與導電膠的位置，需要將配合所使用的機台，設定對應的對準標示圖案，放置在適當的位置。

3.3.4.7 配向膜塗布

畫素陣列的區域，需要定義液晶配向的方向以作成液晶光閥控制亮度，但是在畫素陣列以外的區域，需要避開3.3.4.6所述的封框膠和導電膠，以及3.3.1中所述的掃描線與資料線終端的連接端子，以免影響框膠的黏著與電性的連接。為了定位配向膜塗布的位置，需要配合所用配向膜塗布機台設定的對準標示圖案，放置在適當的位置。

3.3.4.8 上下板對準標示

在TFT LCD的上下板玻璃貼合製程中，需要精準的對位，一般會有二組對準標示，第一組具有較大的尺寸，先用較低的顯示鏡倍率，來做粗略的對準，第二組則較小，再用較高的放大倍率來精確定位。並將配合所用上下板對位機台所需的對準標示圖案，放置在上下板對應的位置。

3.3.4.9 切割位置標示

在TFT LCD的上下板玻璃貼合之後，便要切割成一片片的顯示面板，需要將切割線標示出來，根據這些標示下輪刀或用雷射作切割。並將配合所用切割機台所需的標示圖案，放置在上下板對應的位置。

以上簡要地列舉了TFT LCD製程所需要的標示，有些標示相對於機台是在固定的位置，例如，3.3.4.1～3.3.4.7，這些標示可以在機台設定時，儘量統合成相同的形狀和位置；但有些標示的位置會隨著產品而改變如 3.3.4.8 與 3.3.4.9，並且依產品需要來擺放。

3.3.5 測試鍵（Test keys）

為了監控製程穩定度，會在週邊區域放置一些測試鍵，在製程過程中與產出後，量測這些測試鍵，以了解製程的狀況。製程的穩定度，對面板設計有非常重大的影響，將在第五章中特別討論。常見的測試鍵說明如下：

3.3.5.1 關鍵尺寸（Critical dimension）測試鍵

這個測試鍵的目的，是監測所設計的形狀，在各層製程的光學微影與蝕刻之後，與原來的設計值有多少誤差，特別是在所設計的形狀尺寸很小的時候，這個誤差就顯得很重要，因而被稱為關鍵尺寸（Critical dimension，CD），例如，同樣是 0.5μm 的線寬誤差，發生在 20μm 寬的金屬布線上，對其電阻的影響只有 2.5%，但若發生在 4μm 寬的金屬布線上，對其電阻的影響便高達 12.5%。這個測試鍵，是設計一些已知尺寸的形狀在光罩上，再量測製成的實際尺寸，其間的誤差被稱為 CD loss，在表 3.2 所示的 TFT 設計準則中，列出一些值供參考。在設計時，可以對這個誤差的平均值作尺寸上的補償，但是這個誤差的變動，便需要製程來控制（這是不是很像 2.5.3.2.3 中所述的共電極電壓補償的觀念呢？）。

3.3.5.2 疊合（Overlay）測試鍵

這個測試鍵的目的，是監測所設計的相對疊合區域，在二層製程的光學微影與蝕刻之後，與原來的設計值有多少誤差，例如在圖 3.5 中所示的畫素，ITO與資料線布線在水平方面上的疊合大小設計為 0.5μm，若在ITO製作時，與資料線金屬層發生了 0.1μm 的對位誤差，其寄生電容值便會變化 20%。這個誤差的平均值應該為 0，但如同 3.3.5.1，其實際值也會因製程變動而有所差異，且無法補償。在表 3.2 所示的 TFT 設計準則中，也列出一些參考值。這個測試鍵，如圖 3.18 所示，是在二層製程的形狀上設計成間距不同的游標尺（Vernier）在光罩上，再計算對齊的標記，即可得知對準誤差，在水平方向與垂直方向上，都需要放置疊合測試鍵。

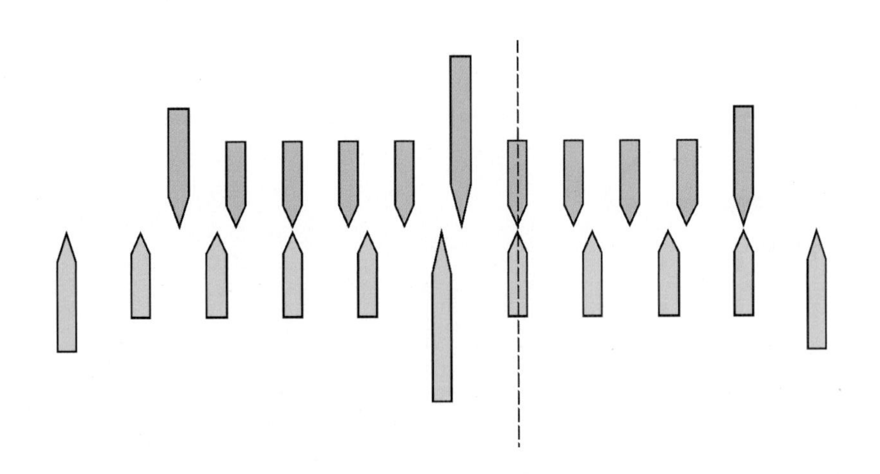

圖 3.18 疊合測試鍵示例

3.3.5.3 電性測試鍵

TFT的元件特性，會影響充電與電荷保持；金屬布線的電阻，會影響信號延遲的程度；電極間的電容，會影響電容耦合效應；這些也都是重要的監測項目，需要設計電性測試鍵以實行電性量測。

3.3.6 電荷分享預充電設計

如果要使用在2.3.4.2中所述電荷分享的預充電方式，如圖3.19所示，可以利用 TFT 作為開關，設計在 TFT 面板上，置於資料線連接端子的另一邊。

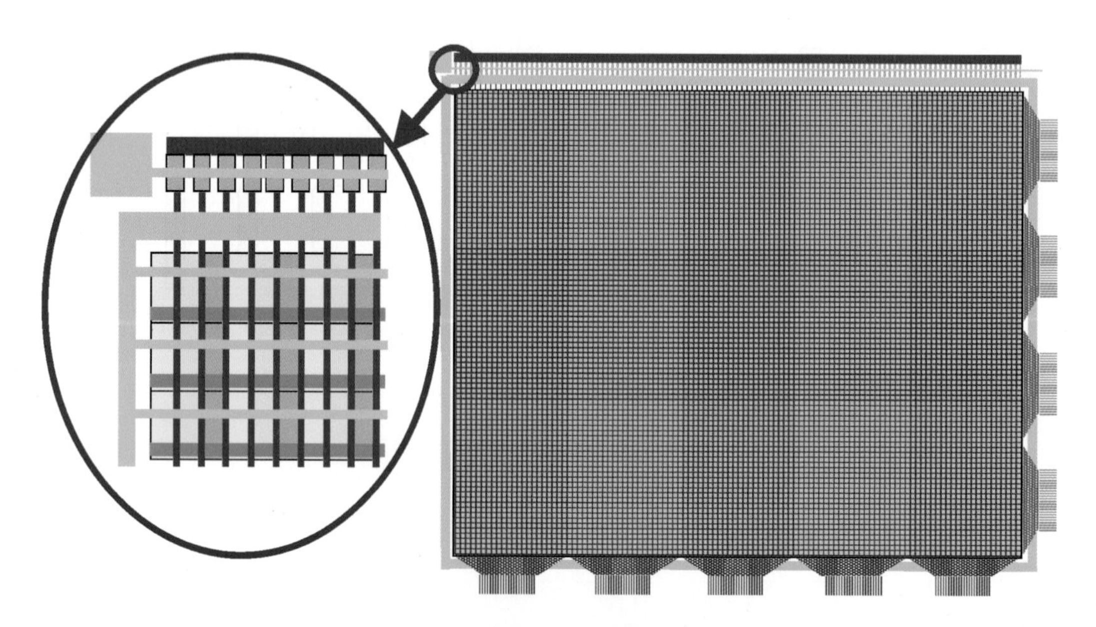

圖 3.19 電荷分享預充電設計的示意圖

3.3.7　靜電防治、陣列測試與雷射修補設計

無法導電的玻璃基板，很容易累積電荷而產生靜電放電，這樣的放電現象，很可能發生在基板上的電極，產生瞬間大電流，而對畫素造成破壞，必需設法保護基板免於靜電放電的破壞。靜電防治的相關內容，將在 5.1 中說明。在 3.3.4.3 中，簡要說明了需要陣列檢查的原因，在 5.2 中，將會詳細說明幾種陣列測試的方式和原理。一個顯示面板，只要有一條線缺陷，便無法銷售，形成完全的浪費，而透過雷射修補，可以對線缺陷加以修補。雷射修補的相關內容，將在 5.3 中說明。

以上所提到的靜電防治、陣列測試與雷射修補設計，都必須在畫素陣列之外，作特定的設計考量。

3.3.8　其他設計項目

3.3.8.1　Wire On Array（WOA）設計

由於掃描驅動 IC 的接腳數目限制，一個高解析度的 TFT LCD 面板的掃描線數目，會大於一個掃描驅動 IC 所能驅動的接腳數目，因此一個面板中會需要用到數個掃描驅動 IC，在 4.2 中，我們將討論到掃描驅動 IC 的電路功能，屆時我們會知道，這些掃描驅動 IC 之間，必須要有一些信號的連接，而信號數目其實並不多，且信號頻率並不快。傳統的方式，是將這些信號的連接線製作在掃描信號電路板上，如圖 3.20(a)所示，另一種方式，是把這些為數不多的信號，直接利用玻璃上的金屬導線層，製作在 TFT 基板上，如圖

3.20(b)所示，這樣的做法，可以使 TFT LCD 模組的外型設計更為簡潔，但必須在畫素陣列之外，作特定的導線布局設計。

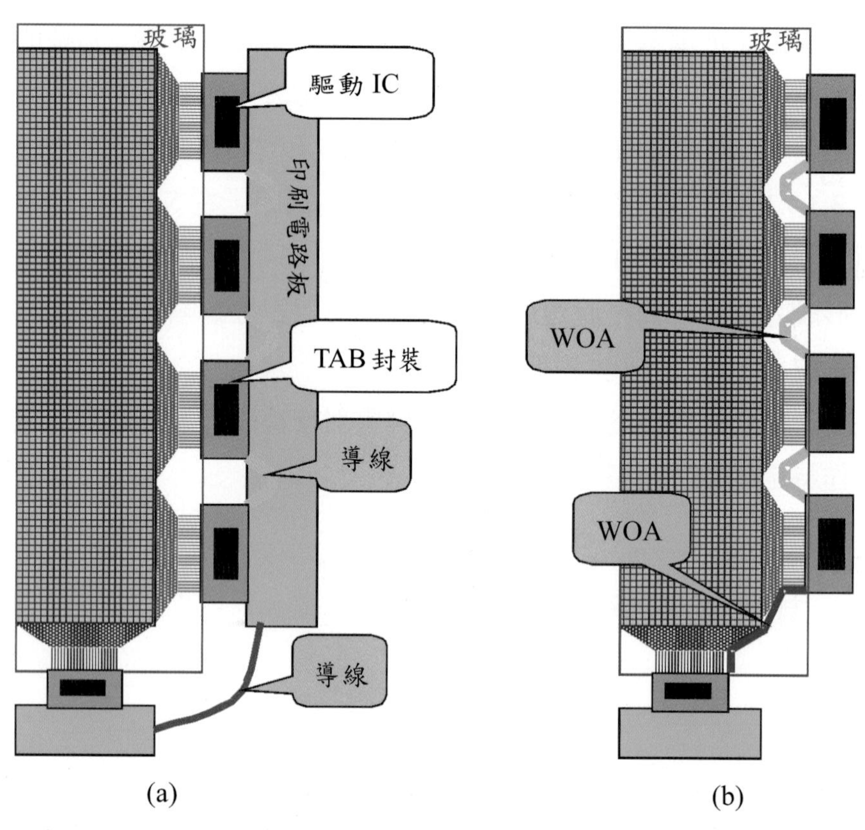

圖 3.20 掃描驅動 IC 利用 (a)電路板 (b) WOA 連接的示意圖

3.3.8.2 Chip On Glass（COG）設計

除了如 3.3.1 與 3.3.8.1 中所述，驅動IC以TAB方式的封裝，再與TFT LCD面板連接的方式以外，另一種常用的連接方式，是直接將驅動IC黏合在TFT

玻璃基板上，如圖 3.15 所示。若採用這種方式，也要作特定的導線布局設計。

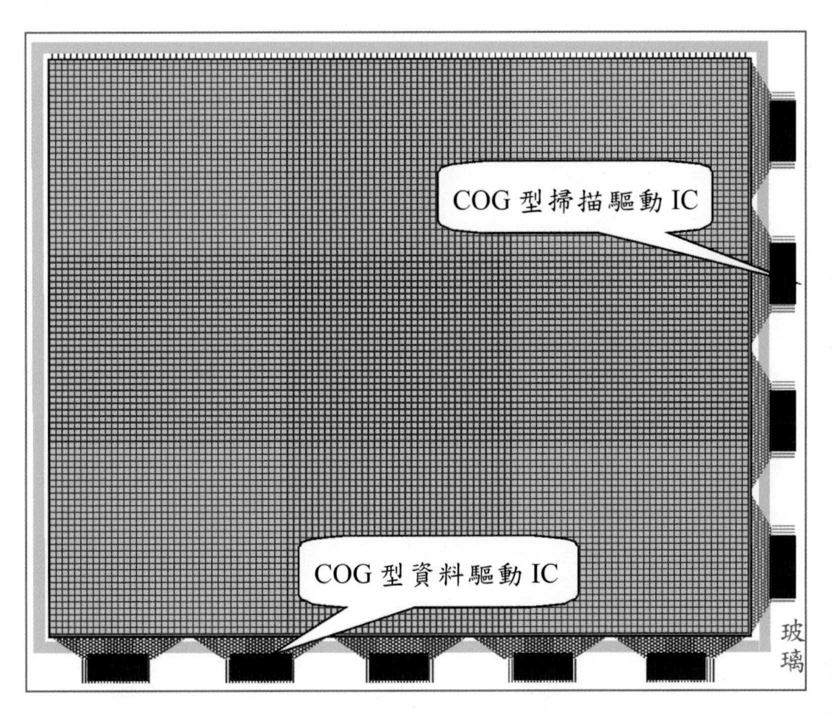

圖 3.21　COG 型驅動 IC 與 TFT 基板連接的示意圖

以上大致說明了設計一個TFT面板所需要做的事情，希望藉由本章的說明，使讀者對 TFT 面板的設計工作內容，有比較具體的了解。

TFT LCD 的驅動系統

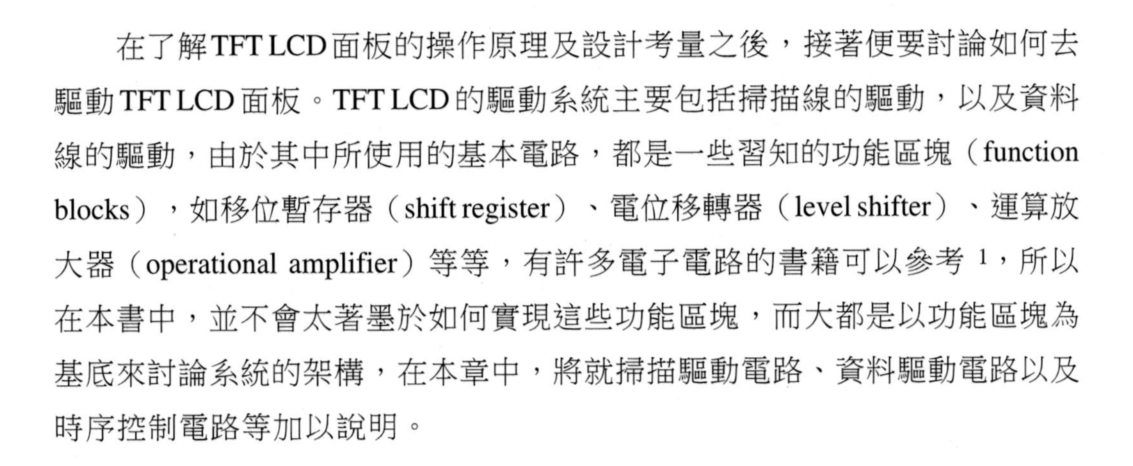

在了解TFT LCD面板的操作原理及設計考量之後，接著便要討論如何去驅動TFT LCD面板。TFT LCD的驅動系統主要包括掃描線的驅動，以及資料線的驅動，由於其中所使用的基本電路，都是一些習知的功能區塊（function blocks），如移位暫存器（shift register）、電位移轉器（level shifter）、運算放大器（operational amplifier）等等，有許多電子電路的書籍可以參考[1]，所以在本書中，並不會太著墨於如何實現這些功能區塊，而大都是以功能區塊為基底來討論系統的架構，在本章中，將就掃描驅動電路、資料驅動電路以及時序控制電路等加以說明。

4.1 驅動系統概觀

圖4.1中所示為TFT LCD驅動系統概觀示意圖，除了TFT LCD面板與背光源系統以外，整個驅動系統包括：

4.1.1 時序控制電路（timing controller）

控制整個顯示器動作時序的中心，配合每個圖框顯示的時機，設定水平掃描啟動，並將由介面所輸入的視訊信號轉換成資驅動電路所用的資料信號型式，傳送到資料驅動電路的記憶體中，並配合水平掃描，控制資料線驅動的適當時間。

1 數位電路方面的書籍如"CMOS Digital Integrated Circuits: Analysis and Design, by Sung-Mo Kang and Yusuf Leblebici, ISBN 0-07-038046-5"，類比電路方面的書籍如"Design of Analog CMOS Integrated Circuits, by Behzad Razavi, ISBN 0-07-118839-8"。

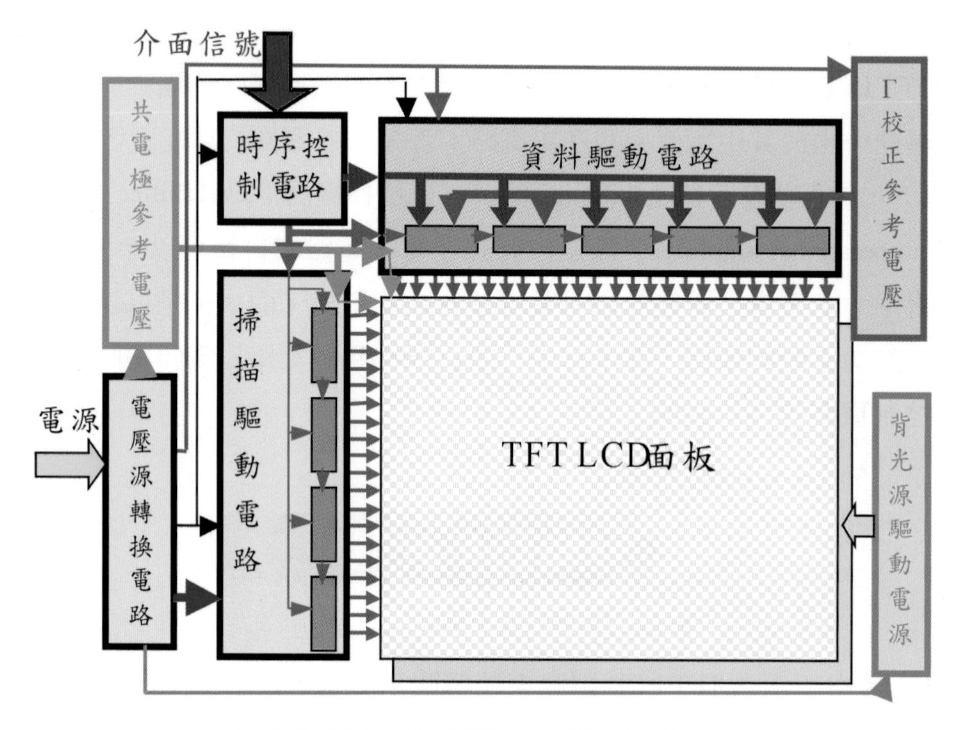

圖 4.1 TFT LCD 驅動系統概觀示意圖

4.1.2 掃描驅動電路（scan driver）

接受時序控制電路的控制，循序地對特定的掃描線輸出適當的開電壓或關電壓，以驅動 TFT LCD 面板的掃描線。

4.1.3 資料驅動電路（data driver）

接受時序控制電路的控制，將高頻輸入的數位視訊信號儲存在記憶體中，配合特定的掃描線的開啟，將數位視訊信號轉換成要輸出至畫素電極的電壓，以驅動 TFT LCD 面板的資料線。

4.1.4　共電極參考電壓源

設定TFT LCD面板的共電極電壓，一般而言是一個直流電壓，有時亦可能作電壓調變（參見 2.3.3.1.2），由於電壓值的設定會與面板特性有關，因此在系統中獨立設計成一個可調整參考電壓源的（參見 2.5.3.2.3）。

4.1.5　電壓源轉換電路

操作TFT LCD面板的各功能區塊電壓範圍不同（參見 2.3.3），需要提供不同電壓值的電壓源，因此要將系統上供給單一電壓的電源，利用直流／直流電壓轉換，來產生所需的電壓源。

4.1.6　Γ（Gamma）校正參考電壓

Γ校正的觀念將在 4.3 中詳細說明，在此暫時不作說明。

4.2 掃描驅動電路

4.2.1 掃描驅動電路的基本功能區塊

掃描電路的角色是決定掃描線開／關的狀態，基本上屬於數位型的電路，其架構例如圖 4.2 中所示：

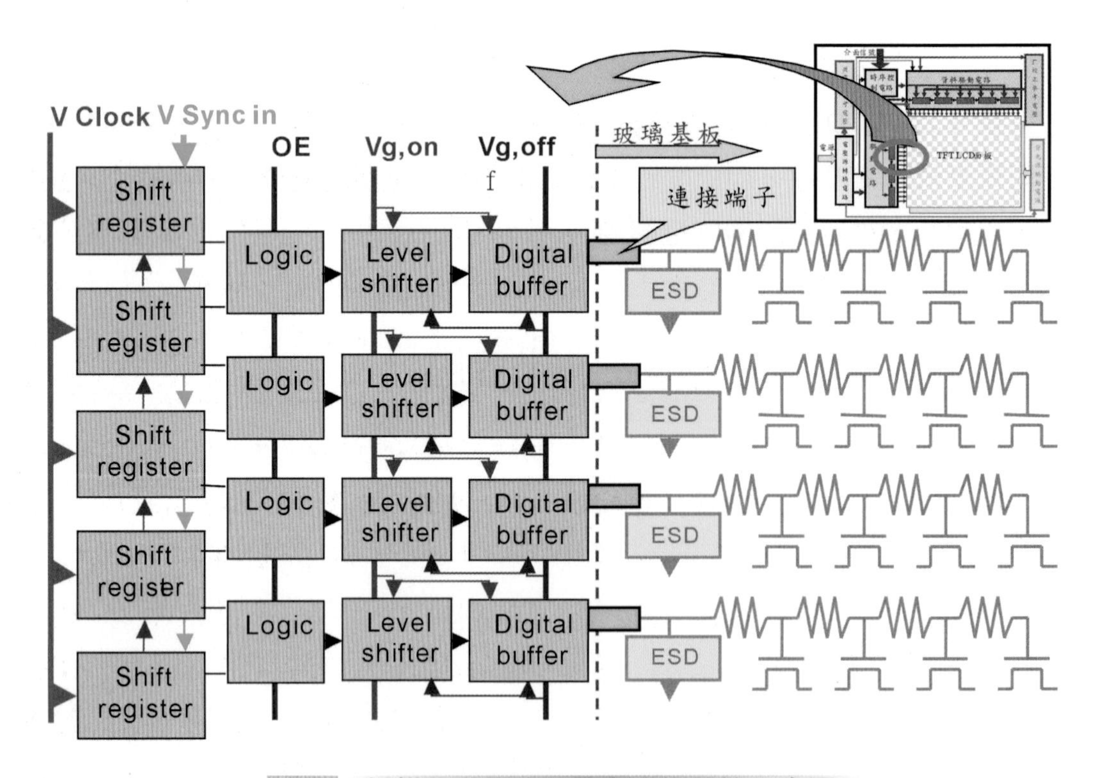

圖 4.2 掃描驅動電路的基本功能區塊示意圖

其中包括幾個功能區塊：

4.2.1.1　移位暫存器（shift register）

最常見的移位暫存器，是D型正反器（D-type flip-flop），其動作是在每經過一個時脈（clock）週期，便將其輸入級的邏輯狀態，傳送到其輸出級，如2.1中所述的TFT LCD的操作方式，是週而復始地逐條開啟／關閉掃描線，所以，只要在圖框時間開始時，根據如2.3.2中所述的充電時間，如圖4.3所示，將垂直方向掃描的同步信號（V sync）送入第一級移位暫存器，再利用垂直方向時脈信號（V clock），控制每個移位暫存器輸出狀態的時間，即可循序地逐條輸出是否要開啟對應掃描線的邏輯狀態。

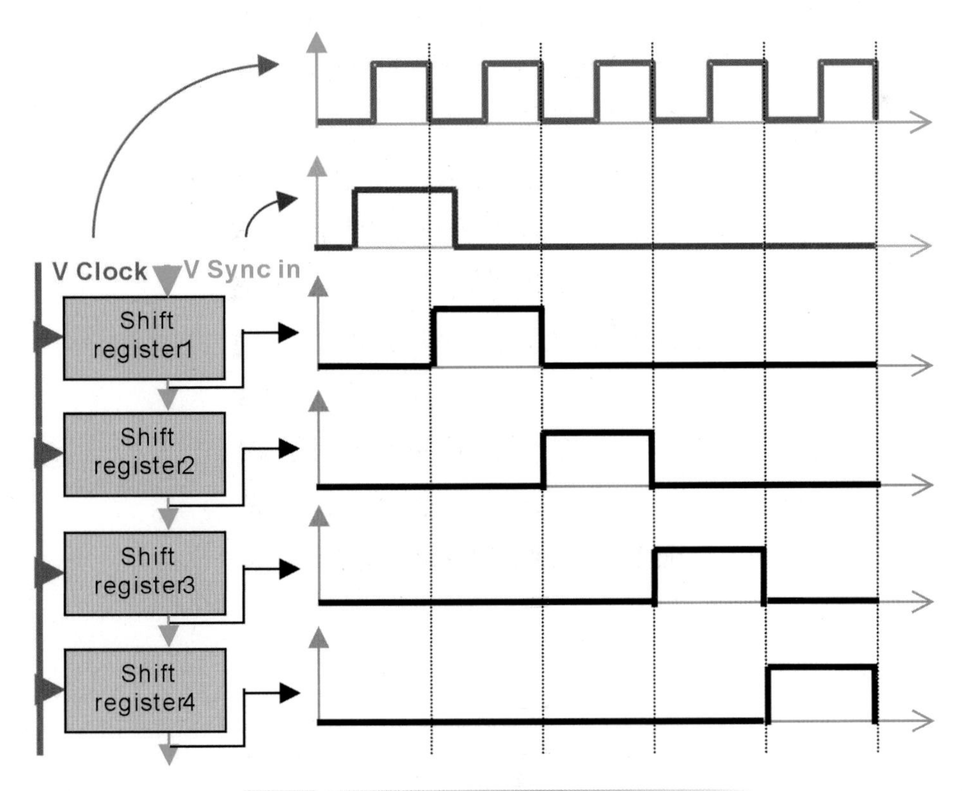

圖4.3　移位暫存器輸出入波形示意圖

掃描驅動電路在顯示面板中位置的擺放方式，第一條掃描線也許在最上方，也可能是在最下方，所以，考慮到驅動 IC 的通用性，一般會將移位暫存器設計成上下二個方向都可以掃描，如圖 4.4 所示。

在此功能區塊中，由於只是要決定開或關的邏輯狀態，不需要提高電壓，以一般 3V 或 5V 的電壓運算即可。

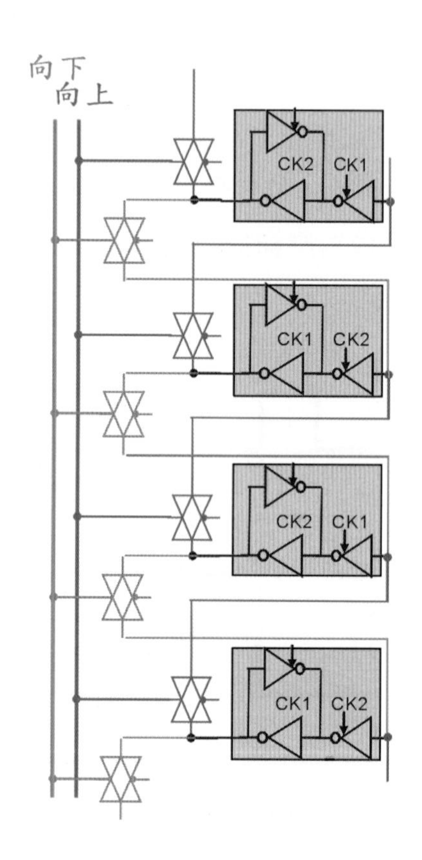

圖 4.4　雙向移位暫存器之一例

4.2.1.2　邏輯（logic）

在這個區塊中，可以實現所需要的邏輯運算，由於只是運算邏輯狀態，也是用一般3V或5V的電壓即可。例如，在2.3.4.1中，說明了雙脈衝掃描的預充電方式，另外在2.7.3.2中，說明了利用Output Enable信號來縮短掃描線充電時間，以避免信號延遲的影響，這些基本的邏輯運算，可如圖4.5所示加以實現。

4.2.1.3　電位移轉器（level shifter）

電位移轉器的一例如圖4.6所示，可即時地將3V/0V 或5V/0V 的低電壓邏輯準位，轉移到開關畫素TFT所需20V以上的高開電壓與−5V以下的低關電壓（參見2.3.3.3）。電位移轉器的輸出入波形關係，如圖4.7所示。

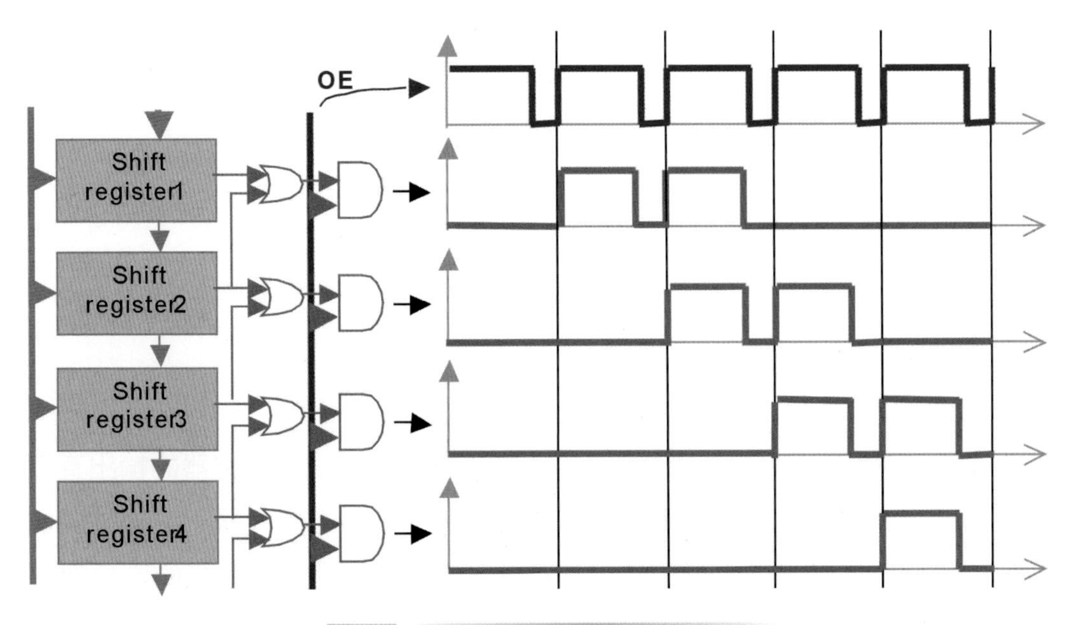

圖4.5　邏輯運算電路波形示意圖

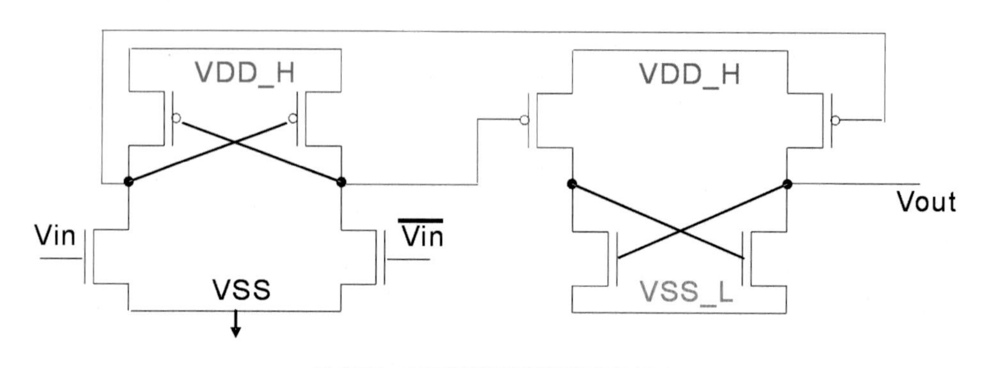

圖 4.6 電位移轉器之一例

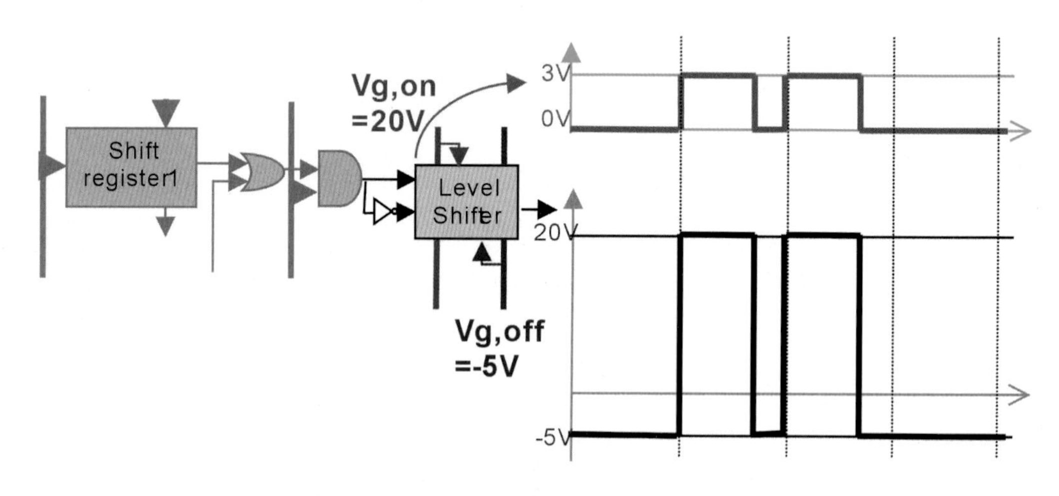

圖 4.7 電位移轉器輸出入波形示意圖

4.2.1.4 數位緩衝放大器（Digital buffer）

在 2.5.2.4 和 3.4.3 中討論到了掃描線的負載，若以電位移轉器的輸出直接驅動掃描線，驅動能力可能不夠，因此需要再加上緩衝放大器，增加驅動能力，由於要放大的只是數位信號，例如圖 4.8 所示，利用偶數級的數位反相器（inverter）即可。

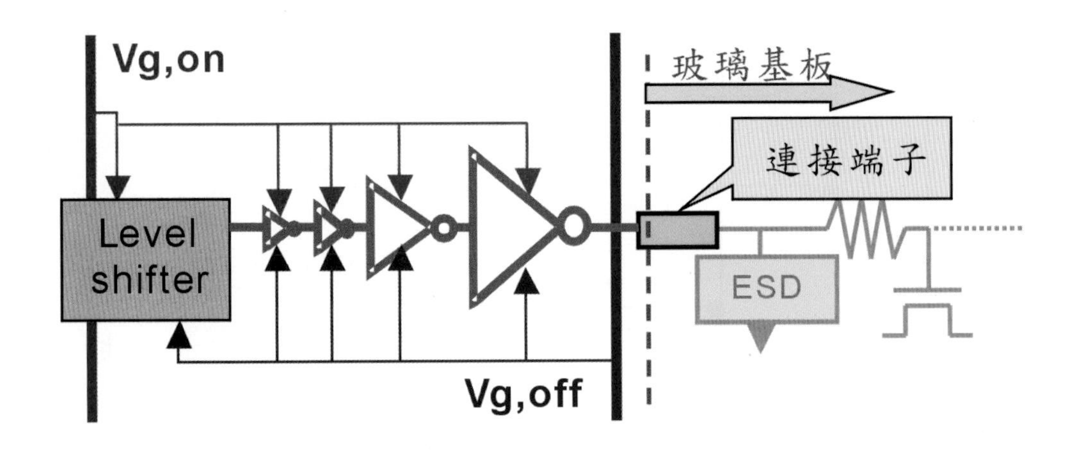

圖 4.8　數位緩衝放大器之一例

4.2.2　掃描驅動電路子系統概觀

如圖 4.9 所示，整個掃描驅動電路子系統是由掃描驅動 IC 與其電源和控制信號所組成。IC的通用性是降低成本很重要的考慮項目，為了增加掃描驅動 IC 的通用性，希望儘量可以適用於各種尺寸與解析度的顯示器，因此除了 4.2.1.1 所述的向上或向下掃描之外，還會考慮到幾個項目：

4.2.2.1　可驅動掃描線數

由於 IC 封裝腳位數目的限制，一般一個 TFT LCD 面板需要用到數顆掃描驅動 IC。請參見表 1.2 所列的常見顯示解析度，若是每顆掃描驅動 IC 可驅動 256 條掃描線，XGA 和 SXGA 各使用 3 顆和 4 顆 IC 即可，但對於 SXGA+ 和 UXGA 則不太合適，會有多餘的接腳浪費。

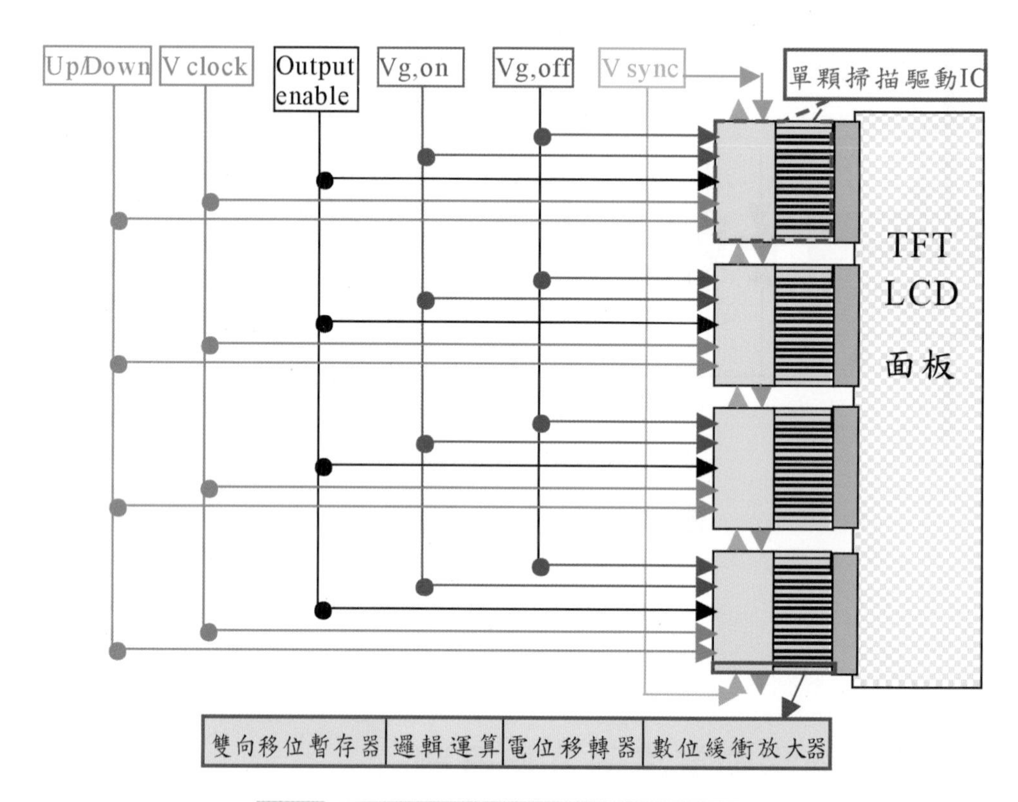

圖 4.9 掃描驅動電路子系統概觀示意圖

4.2.2.2 時序控制在子系統外部設定

由於各個解析度的時序控制不同，甚至相同解析度的面板，以不同的圖框頻率操作，時序控制也會不同，因此會由外部的時序控制電路，以垂直方向時脈信號（V clock）與垂直方向掃描同步信號（V sync）來控制其動作的時間。

4.2.2.3 驅動 IC 之間的串接性

將驅動 IC 模組化，使其輸出入信號可方便串接，如圖 4.9 中所示，第一顆 IC 的掃描啟動由時序控制電路控制，而第二顆 IC 的掃描啟動則根據第一顆 IC 最後一級移位暫存器的輸出脈衝，如此相串接便可組合出整個面板所需要的掃描電壓驅動。

4.2.2.4 TFT 開電壓和關電壓在子系統外部設定

由於各種 TFT LCD 面板設計所需要的 TFT 開電壓和關電壓並不相同，因此會由外部的電壓源轉換電路來提供電壓源。

4.2.2.5 Output enable 時間長短在子系統外部設定

由於各種 TFT LCD 面板設計上的掃描線延遲效應並不相同，因此會由外部設定 Output enable 時間長短（參見 2.7.3.2）。

4.3 資料驅動電路

4.3.1 資料驅動電路的基本功能區塊

資料驅動電路的角色比掃描驅動電路複雜很多，其架構例如圖 4.10 中所示：

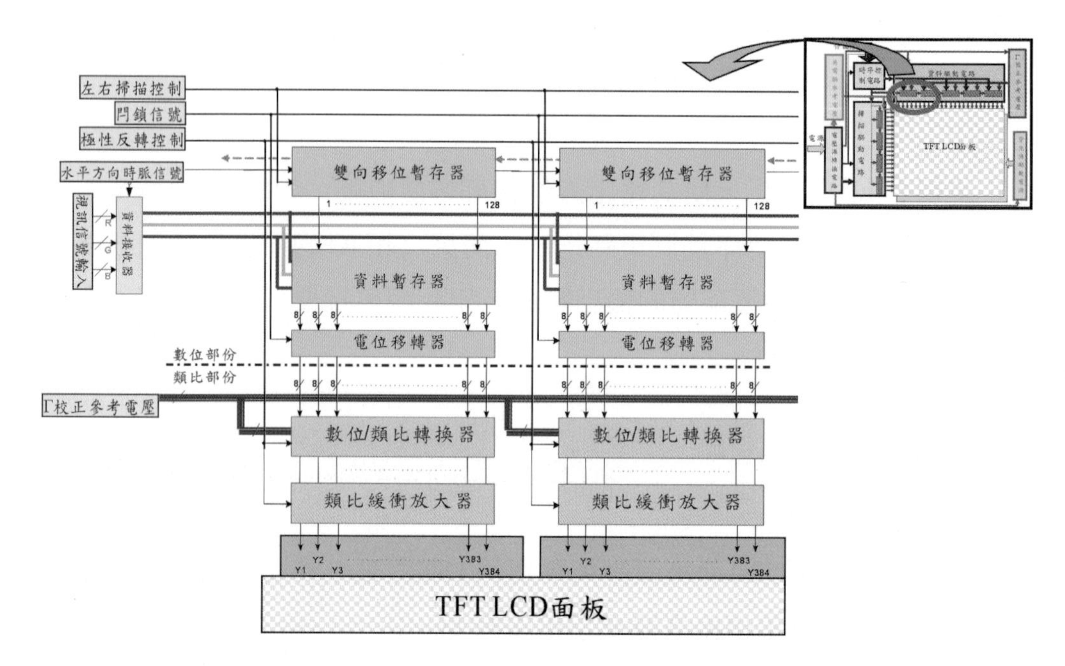

圖 4.10　資料驅動電路的基本功能區塊示意圖

將功能區塊細部展開，如圖 4.11 中所示，來說明資料驅動電路的動作方式：經由移位暫存器（S/R）的控制，以水平方向時脈信號（H clock）與水平方向掃描同步信號（H sync）來控制其動作的時間，逐一開啟以閂鎖方式實現的第一組資料暫存器（Latch 1），將第 n-1 條掃描線上的畫素所要顯示的數位化視訊資料（Video data，參見 1.1.3 的灰階表示）依序儲存在其中，在將一整條掃描線上的畫素所要顯示的資料，逐一地全部儲存在第一組資料暫存器之後，配合下一個水平方向掃描同步信號（H sync），將這些資料同時一起轉存到第二組資料暫存器（Latch 2），在此同時，將這些數位訊號，利用類比／數位轉換器（Digital/Analog Converter, DAC）轉換成對應的畫素電壓（參見 1.1.3.3 與 1.2.3.2），再利用類比緩衝放大器（Analog Buffer），放大驅動能力，去推動面板畫素陣列的資料線負載，將電壓寫到畫素電極上。

這個畫素電壓寫入動作的時間，即是 2.3.2 中所討論的充電時間，在寫入

電壓同時，移位暫存器已經在下一個 H sync 的啟動下，進行第 n 條掃描線畫素視訊資料的儲存了，由於第 n 條的資料更新是儲存在 Latch 1，而第 n-1 條的電壓寫入是對應到Latch 2，因此可以同時進行，這便是需要二組資料暫存器的原因。週而復始地進行這樣的動作，即可完成2.1 中所述的TFT LCD操作。

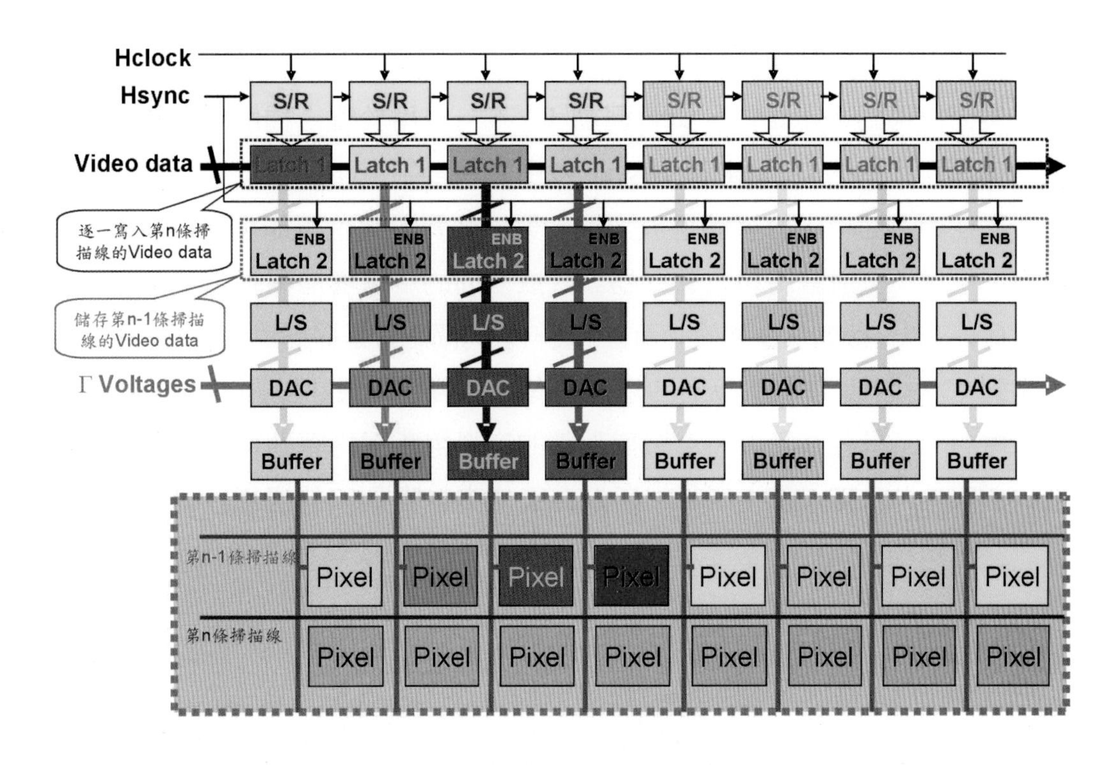

圖 4.11　資料驅動電路的動作示意圖

再仔細說明一下資料驅動電路的幾個功能區塊：

4.3.1.1　移位暫存器（shift register）

其實這裡的移位暫存器，與 4.2.1.1 掃描驅動電路中所用的相同，但是操作的頻率會快上數百倍。實際的操作頻率，會與資料信號介面的通道數目和所要傳送的資料有關，以6-bit的LVDS（參見4.4）傳送1024 × 768的XGA為例估算，計有5組（10條）信號線，在60Hz的圖框頻率下，每條掃描線的開啟時間約為1/60/768秒 = 21.7微秒，相當於46.1KHz，而在掃描線開啟時間內要以5組線傳送1024 × RGB × 6 bit = 18432 bit，每組線要在21.7微秒內傳送18432 bit/5 = 3686.4bit，可估計資料驅動移位暫存器的操作頻率約為3686.4 bit / 21.7微秒 = 170 MHz。

與掃描驅動電路相似，資料驅動IC不一定用於哪一種解析度的產品，控制其操作頻率的H clock與H sync會由時序控制電路提供；另外，資料驅動電路在顯示面板中位置的擺放方式，第一條資料線也可能是在最右方或最左方，所以，一般會將移位暫存器設計成雙向的，以增加驅動IC的通用性。

此外，以一般的次畫素設計而言，資料線的間距會是掃描線的三分之一倍，考慮到IC封裝與TFT基板上的連接墊有接合製程的最小間距限制（約為45微米左右），有些產品會將奇數與偶數的資料線所需的驅動IC分開放置於面板的上下方，如圖4.12中所示，所以為了使資料驅動IC的通用性增加，會再以一些邏輯控制電路來設定連續儲存或儲存奇數線或儲存偶數線等模式。

4.3.1.2 資料暫存器

這裡所儲存的資料是數位資料，只要使用二個反相器（Inverter）輸出與輸入互接形成的閂鎖（Latch）來記憶即可。以6-bit的1024 × 768 XGA面板為例，共需要6-bit × 1024 × RGB × 2組 = 36864個Latch。

4.3.1.3 電位移轉器

在圖4.11中的L/S區塊，表示電位移轉器（Level Shifter）。在4.3.1.1和4.3.1.2的功能區塊中，只要決定邏輯狀態即可，但在4.3.1.4中所要的討論的類比／數位轉換器（DAC）中，會需要把這個數位信號的電壓放大，以作為參考電壓的開關，而參考電壓範圍可能包括驅動液晶的正負極性，可能會到10V左右，因此也要使用如4.2.1.3中所述的電位移轉器，將4.3.1.1的移位暫存器與4.3.1.2的資料暫存器中所用的5V低電壓提昇。

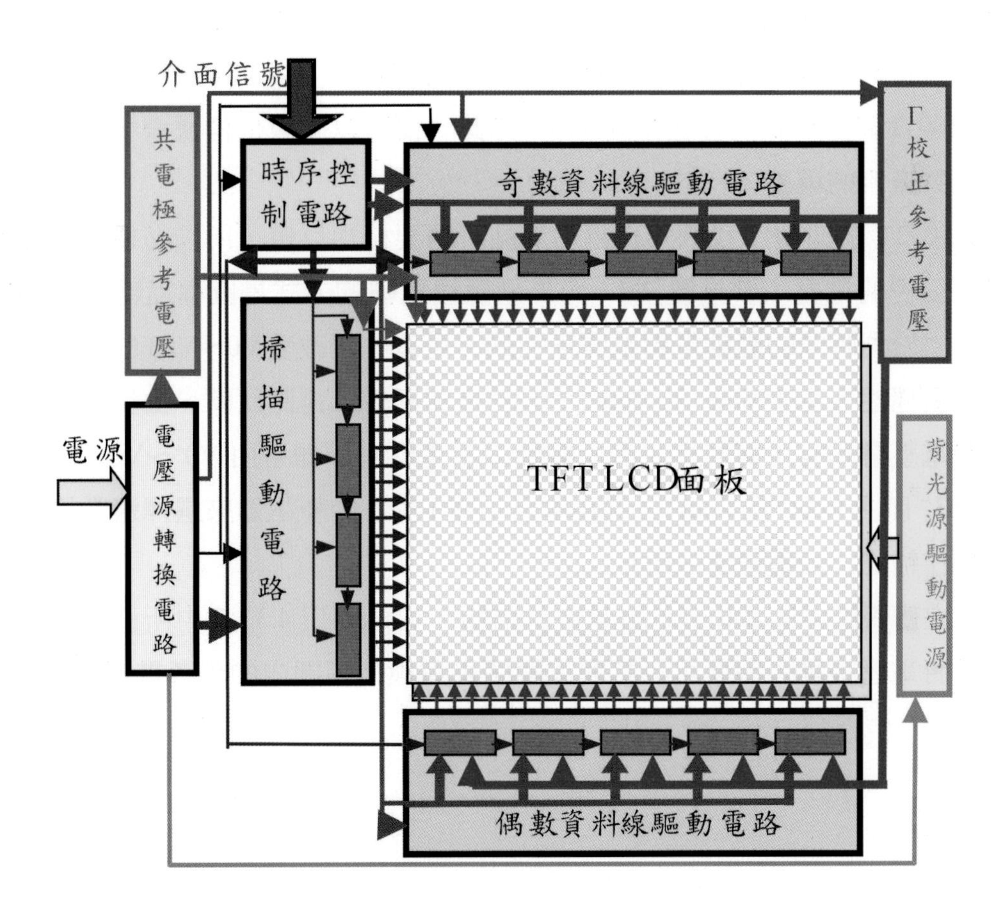

圖4.12　將資料驅動IC置於TFT LCD上下方的系統示意圖

類比/數位轉換器（DAC）

雖然在此依照一般的習慣稱呼這個功能區塊為 DAC[2]，但也許以「電壓選擇器」（Voltage selector）或多工器（Multiplexer）稱之更為合適，其架構例如圖 4.13 中所示，是一個以 N 型電晶體與 P 型電晶體的 6-bit 電壓選擇器，例如，當數位信號資料為 100110 時，Vout 便會連接到 V38；當數位信號資料為 010011 時，Vout 便會連接到 V19。如此，便可以將數位信號資料轉換成用以驅動畫素的電壓。

由 2.2 的討論，我們知道驅動液晶時需要極性反轉，所以必須提供正負二個極性的電壓，參見圖 2.6，如果是極性反轉的方式是圖框反轉或是列反轉，由於同時間的驅動電壓是同極性的，可以利用改變 V0～V63 的電壓來改變電壓極性，產生 $Vout^+$ 和 $Vout^-$。但若是欄反轉或是點反轉，由於同時間的驅動電壓會具有不同極性，因此需要二組電壓選擇器各由 $V0^+$～$V63^+$ 和 $V0^-$～$V63^-$ 產生 $Vout^+$ 和 $Vout^-$，再利用另一個 1 對 2 的多工器來選擇適當極性的電壓作輸出，如圖 4.14 中所示。

在圖 4.13 中的 D0～D6 雖是數位信號，但已利用 4.3.1.3 中所述的電位移轉器將電壓提昇，因此可以打開或關閉正負極性範圍內的參考電壓。

2 如果讀者熟悉的是一般 IC 中的 DAC，在此可能需要調適一下，在一般 IC 中的 DAC，很重要的功能是將數位信號，「線性地」轉換成電壓信號，如將 100110 轉換成 3.3V ×(100110/111111)二進位碼＝3.3V×(38/63)十進位碼＝1.9905V，將 010011 轉換成 3.3V×(010011/111111)二進位碼＝3.3V×(19/63)十進位碼＝0.9952V，其線性程度是很重要的規格，但在這裡所要使用的 DAC，需考慮到不同液晶模式有不同Γ校正的問題，架構上反而較為單純。

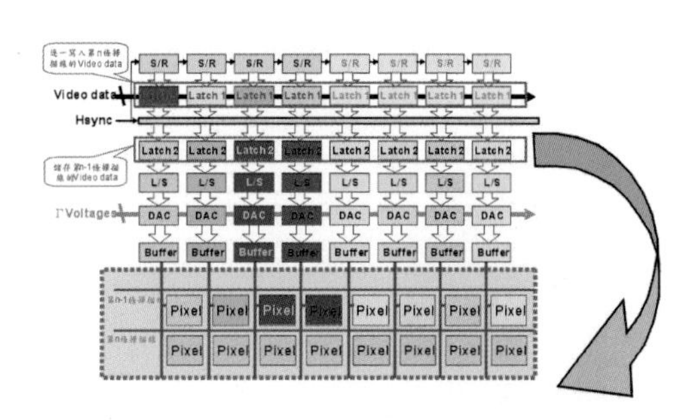

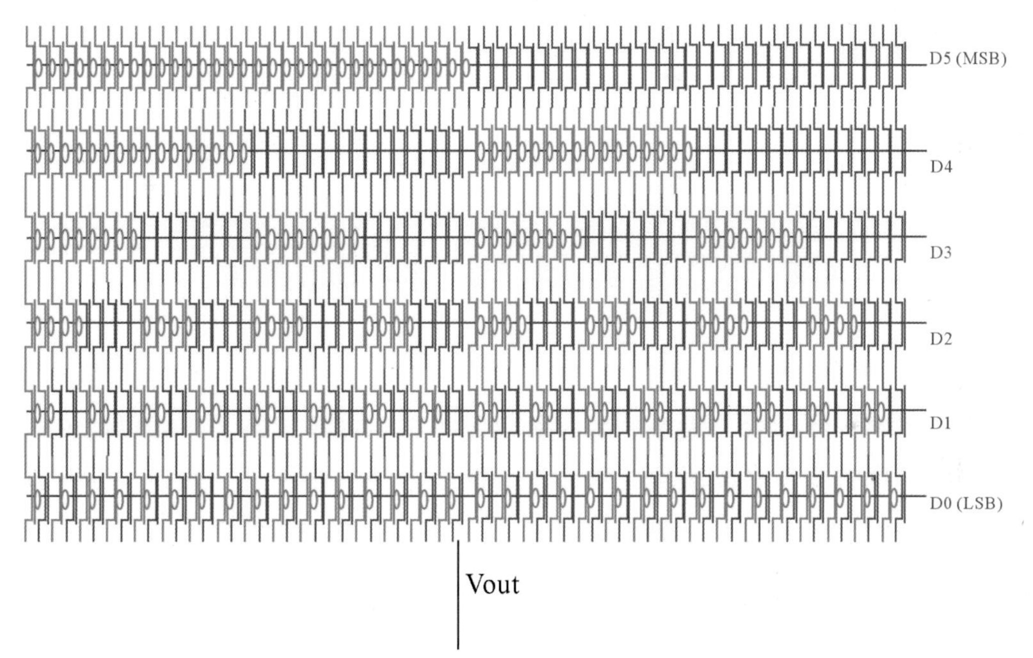

圖 4.13　電壓選擇器型 DAC 架構例

之所以要用圖 4.14 的方式將數位的視訊資料轉換成驅動畫素的類比電壓，也是考慮到驅動 IC 的通用性，如 1.2.3.2 中所述，LCD 的電壓－穿透度關係，會隨著液晶模式的不同而改變，為了讓驅動 IC 可以適用於各種液晶模式的顯示器，將參考電壓驅動 IC 外部來依產品設定。然而，以這樣的做法，參考電壓的數目，會隨著顯示灰階增加而增加，以 6-bit點反轉型的顯示器而為例，所需的電壓包括正負極性會有 128 組，8-bit 更高達 512 組，每個

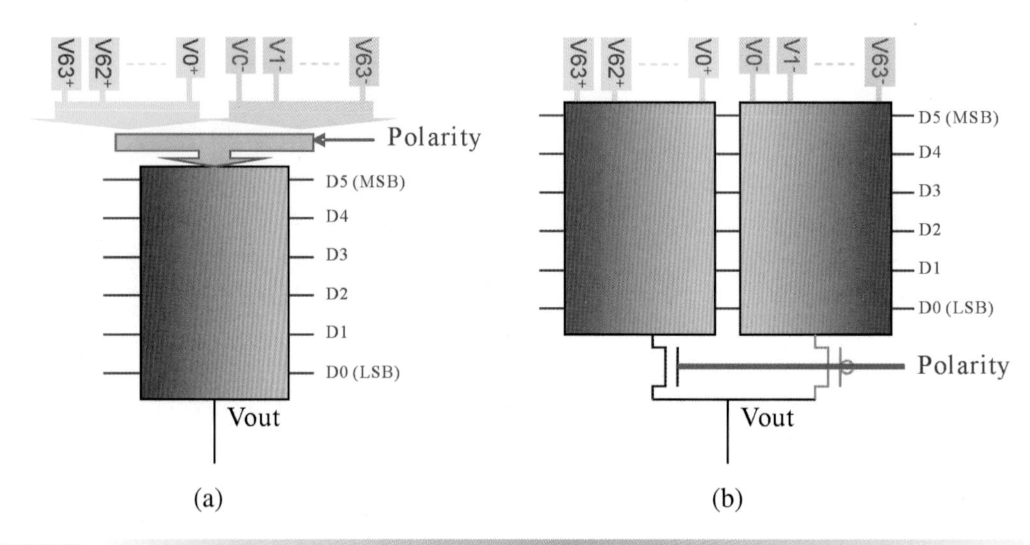

圖 4.14 考慮極性反轉的DAC架構例 (a)改變參考電壓源 (b)二組參考電壓源與電壓選擇器

參考電壓需要一條導線，太多的導線數目顯得不切實際。為了兼顧驅動IC的通用性與合理的參考電壓數目，會將大範圍的參考電壓由外部設定，而將細部電壓放在驅動IC內產生，圖 4.15 是利用電阻分壓產生 128 組參考電壓的例子。更多關於參考電壓的內容，會在 4.3.2 中討論。

除了利用電阻分壓的方式實現類比／數位轉換功能以外，也可以利用其他的方式，但一般的線性類比／數位轉換，多半會與電阻分壓式的 DAC 配合，由電阻分壓依高位元（Most significant bit，MSB）數位資料決定所選擇的參考電壓，再由線性的 DAC 依低位元（Least significant bit，LSB）數位資料微調輸出電壓，利用小區域線性（Piece-wise linear）的觀念，來顯示 8 位元以上的視訊資料。這種方式可以節省參考電壓的數目。例如，兼用電阻分壓與電容式的類比／數位轉換器，被稱為 RC-DAC（參見練習 4-1）。

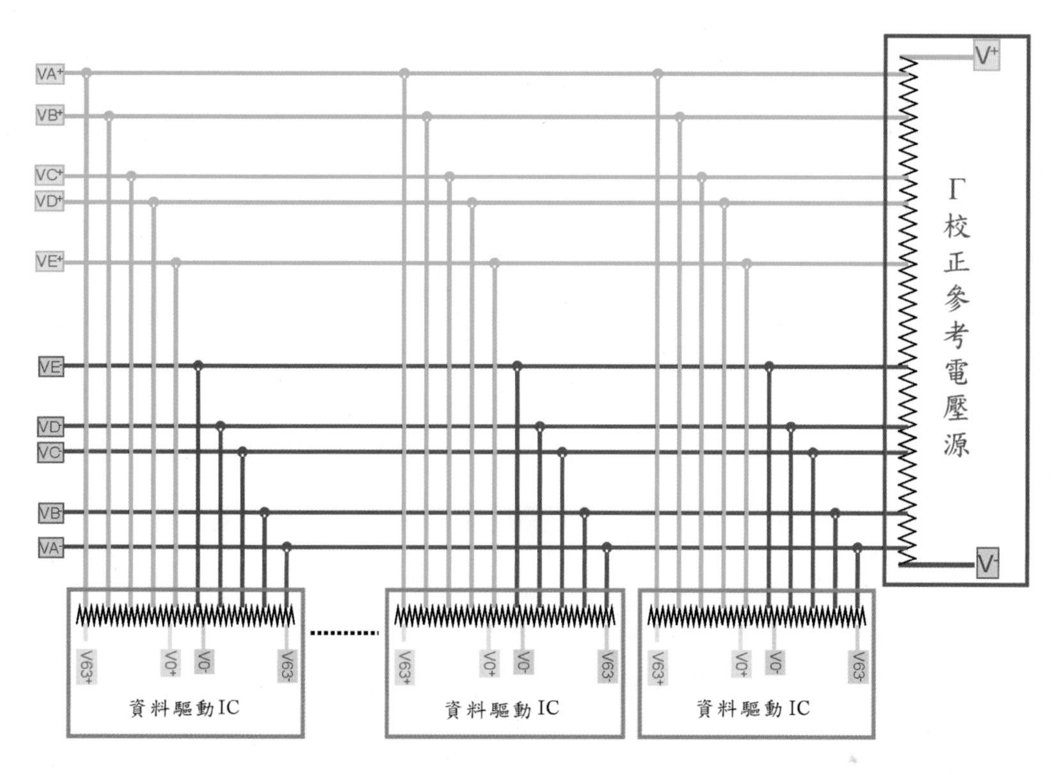

圖 4.15　利用電阻分壓產生 128 組參考電壓例的架構圖

類比緩衝放大器（Analog buffer）

在此也需要類似在 4.2.1.4 中討論的數位緩衝放大器，利用低負載輸入端承接信號源，而以放大的輸出能力驅動畫素陣列的大負載；但與數位緩衝放大器最大的不同，是這裡所需要放大驅動能力的不是數位信號而是類比信號，不能像數位信號一樣把 25V 或 25.2V 都當做是可以接受的開電壓，因而在此需要，類比緩衝放大器，一般會使用運算放大器來實現，如圖 4.16 中所示例，即可得到與輸入電壓相同的輸出電壓，但具有更大的驅動能力。

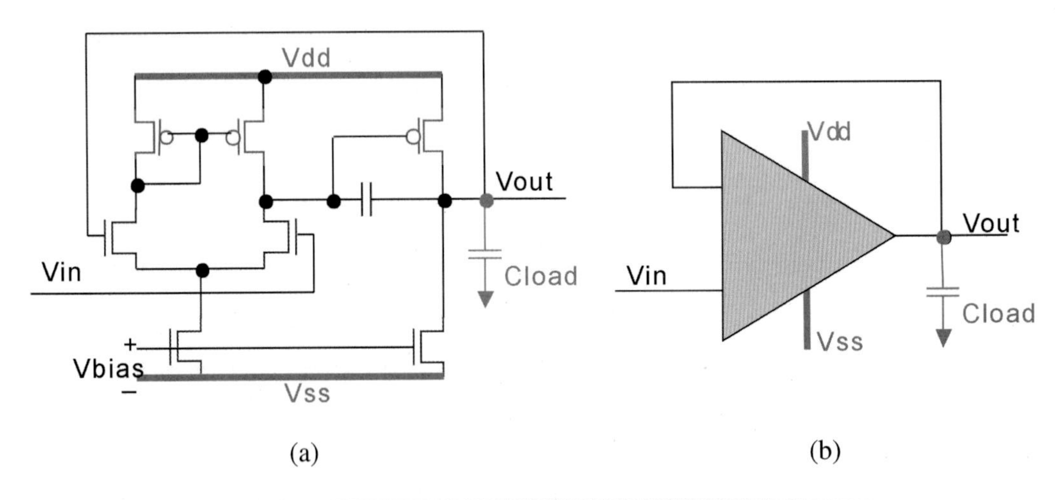

圖 4.16 類比緩衝放大器例 (a)電路圖 (b)符號圖

在 4.3.1.4 中討論到利用電阻分壓來產生所需要的畫素驅動電壓，由電阻分壓的觀念來看，電阻的絕對值不重要，而是由電阻的比例決定電壓，因此，在溫度改變或 IC 製程變動時，並不會影響電壓分壓；然而，電阻的絕對值卻會影響功率消耗與驅動能力。所使用的電阻絕對值愈大，電阻分壓所消耗的功率愈小，但愈容易受到負載的影響而使參考電壓改變，為了降低功率消耗，必須使用較高的電阻絕對值，並設法減小參考電壓的負載，所以會應用到類比緩衝放大器，如圖 4.17 中所示。

由圖 4.17 中所示的架構，還可以觀察到，由於每顆資料驅動IC中都有分壓電阻，當參考電壓源同時驅動數顆資料驅動 IC 時，這幾顆 IC 內的分壓電阻是相互並聯起來，而連接到參考電壓源所使用的類比緩衝放大器輸出端，造成放大器之間有較大的直流電流負載。

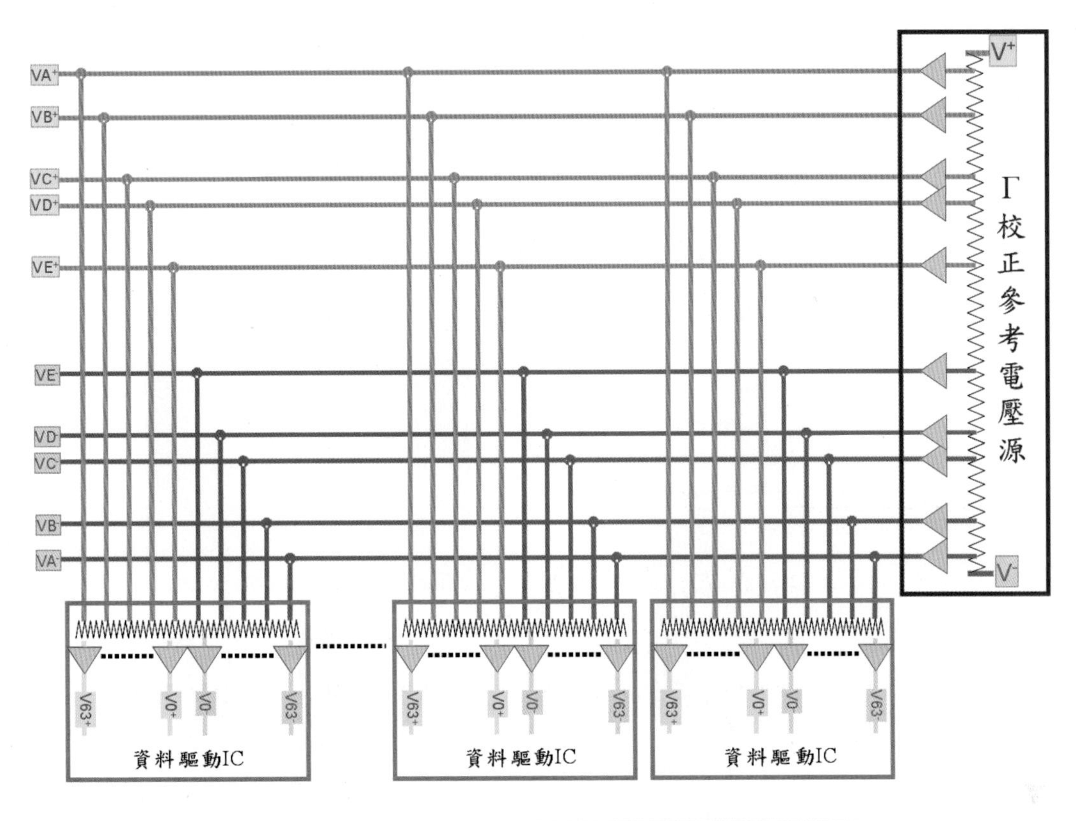

圖 4.17　類比緩衝放大器應用在參考電壓電路中

另外，在驅動畫素陣列中的資料線時，也要用到類比緩衝放大器，而且要考慮到極性反轉問題。在圖 4.18 中，舉出二種DAC與緩衝放大器的連接方式：圖 4.18(a)的方式，是切換參考電壓的正負極性，當參考電壓同時連接至相同極性時，即可以用於圖框反轉或列反轉，當參考電壓同時連接至不同極性時，即可以用於欄反轉或點反轉，而其資料訊號依照原來的順序排列的，但是其缺點是所使用的緩衝放大器電壓操作範圍，需要包括整個正負極性的參考電壓，所消耗的功率會較大；圖 4.18(b)的方式，是切換緩衝放大器所驅動的資料線，由於相鄰奇偶數資料線所連接到的參考電壓，極性一定不相同，因此只能用於欄反轉或點反轉，所使用的緩衝放大器固定地用於正極性或負極性，操作電壓只需要包括正極性或負極性的範圍，設計較為容易，所消耗的功率也會較低，還有，其缺資料訊號需要配合極性驅動，在資料儲存器中作奇偶數排列的切換，才不會因資料訊號錯誤而造成顯示畫面不正確。

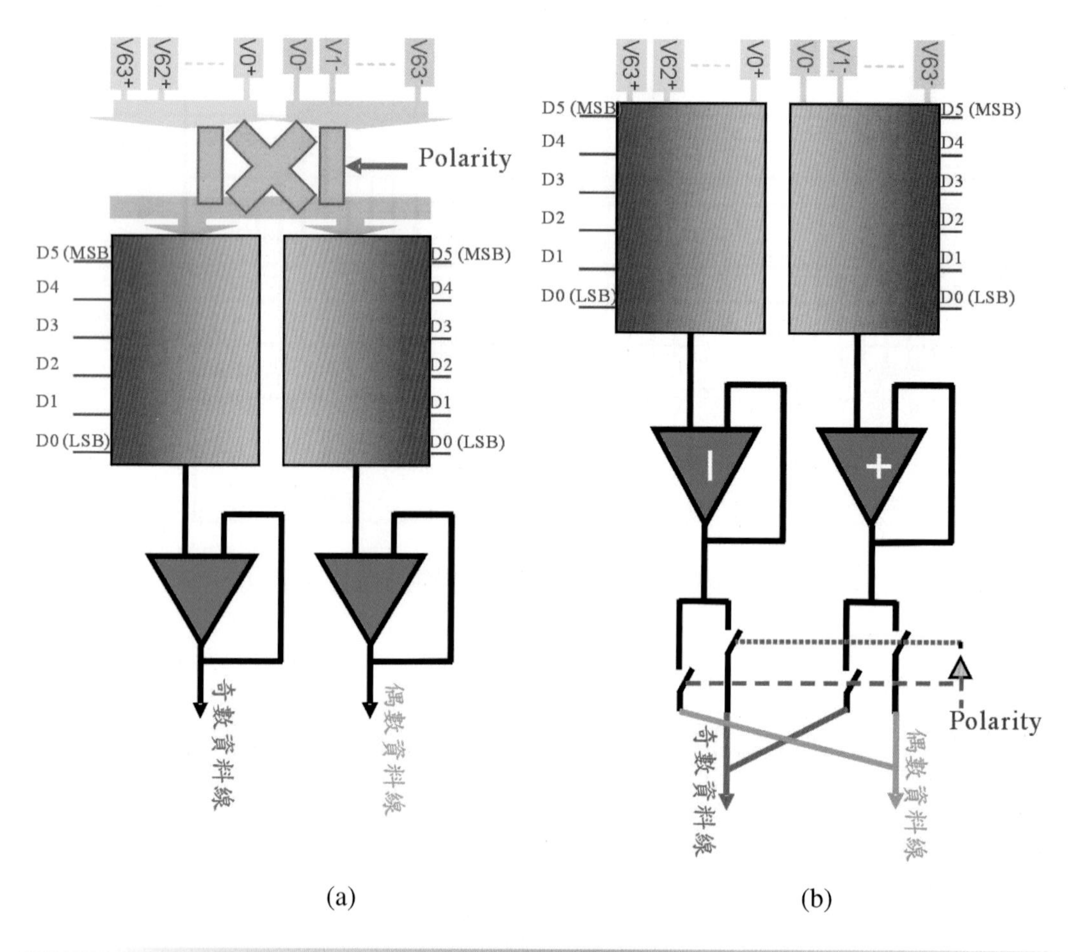

圖 4.18 考慮極性反轉的DAC與緩衝放大器連接方式 (a)切換參考電壓 (b)切換驅動的資料線

4.3.1.6 電荷分享（Charge sharing）節省電源

在 2.3.4.2 中討論了電荷分享的驅動方式，若要實行這樣的省能方式，也可在資料線之類比緩衝放大器上加以實現。

4.3.2 Γ校正參考電壓

利用電阻分壓的方式配合緩衝放大器，以Γ校正後的參考電壓來實現資料線的驅動，以電學上的技術而言其實並不困難；但令人困惑的是，什麼是Γ校正？又為什麼要做Γ校正？如何來實行Γ校正？這便是這一節要說明的重點。

4.3.2.1 什麼是Γ曲線（Γ curve）？

先回想到 1.1.3 中所述的灰階，一般而言，我們會直覺地以等級距的亮度來區分，如圖 4.19(a)中所示，但是，由於人眼在比較黑暗的環境下，對亮度變化的敏感程度，會比在光亮的環境要高出許多，這個生物的本能，可以讓我們遠古的祖先在夜晚來臨時，仍有足夠的能力去辨別出暗中接近的危險。

經過現代的有關視覺的一些實驗，我們已經知道了人眼的感覺與亮度之間的關係公式，如圖 4.19(b)中所示，大腦感覺可近似於與亮度的(1/Γ)次方成正比，以數學式表示大腦的感覺(X)與亮度(Y)之間的關係：

$$Y = AX^{\Gamma} \qquad \text{公式(4.1)}$$

所以習慣上把這個關係稱做為「Γ曲線」，其中 A 只是一個用以代表成正比的常數。但（公式 4.1）只是近似公式，大腦的Γ值其實並非定值，約為

2.2至2.5左右。

（公式4.1），以簡單的數學轉換，可以寫成：

$$X = (Y/A)^{1/\Gamma} \qquad 公式(4.2)$$

其中$(1/\Gamma)$則約為0.4至0.45左右。（公式4.2）代表的意義是，要讓大腦的感覺(X)線性地增加，須使亮度(Y)以其$(1/\Gamma)$次方乘冪作變化。以$\Gamma = 2.2$ 為例，欲使大腦感覺的強度加倍，須使亮度變成原來的$2^{2.2} = 4.595$倍；若使亮度加倍，大腦只會感覺到強度變成原來的$2^{(1/2.2)} = 2^{0.4545} = 1.37$倍。

視訊資料所要傳達的，其實是大腦的感覺，而不是亮度，所以，需要依據亮度與大腦感覺的Γ曲線作校正，使得視訊資料與大腦的感覺成正比，如圖4.19(c)中所示。在此情況下，視訊資料與亮度的關係也會是一條Γ曲線，如圖4.19(d)中所示。

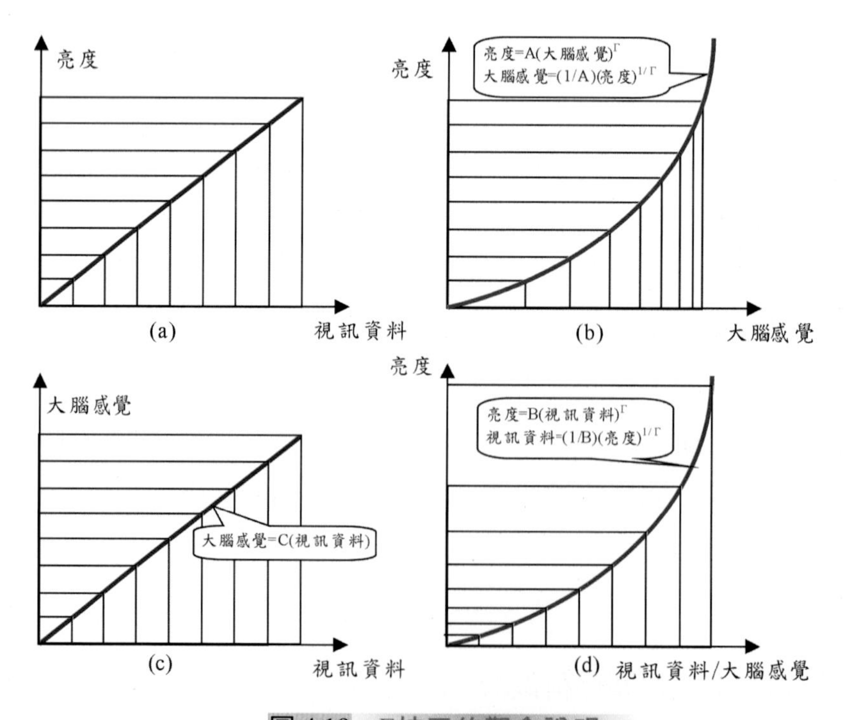

圖4.19 Γ校正的觀念說明

由Γ曲線的角度，我們再回頭想一想在 1.1.2 中關於對比的討論，如果顯示器的暗狀態有少量的漏光，使得對比不夠大，在亮度低時與大腦感覺的偏差，會比亮度高時更大，影響會更嚴重，如圖 4.20 中所示。

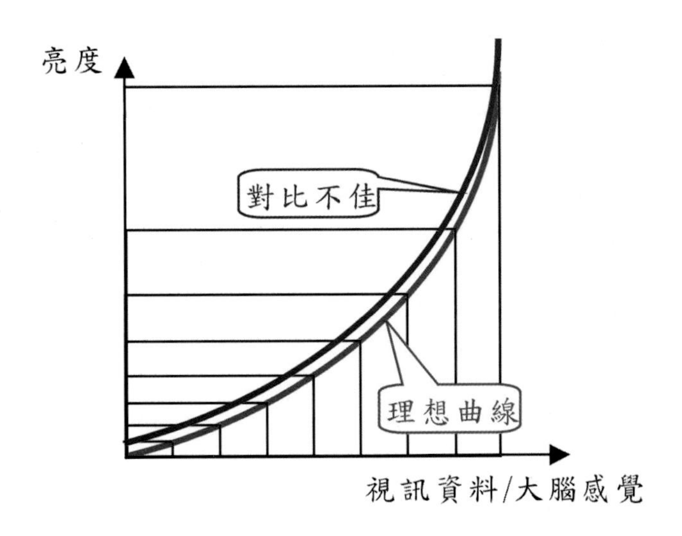

圖 4.20　對比不佳在Γ曲線中的效應

4.3.2.2　在 TFT LCD 中的Γ曲線校正

4.3.2.1 中的說明，只與顯示器所呈現的亮度表現有關，而與顯示器所採用的顯示技術並沒有關係，而在 TFT LCD 中，需要把 1.2.3.2 中所述 TFT LCD 的電壓—穿透度關係曲線，一起納入Γ曲線校正的考量之中。重新檢視在 TFT LCD 中的由視訊資料到大腦感覺的顯示信號轉換過程如圖 4.21 中所示。

一般而言，TFT LCD 中所使用的背光源亮度是一定的，而大腦的感覺反應符合Γ曲線，由以上的討論，我們可以說，在 TFT LCD 中，Γ曲線校正的衍生意義，便是配合液晶的特性調整 DAC 參考電壓的設定，使視訊資料能符合大腦感覺的需求。

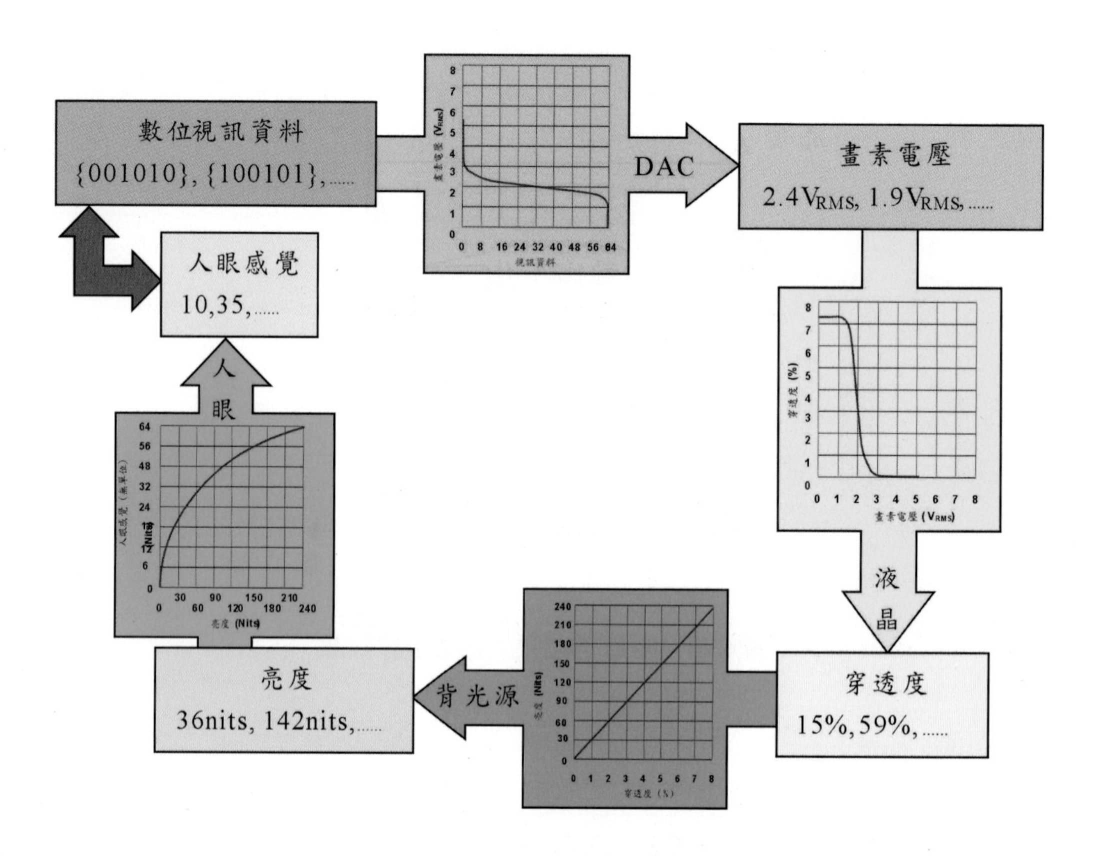

圖 4.21 視訊資料到大腦感覺的顯示信號轉換過程

4.3.2.3 如何在 TFT LCD 中實行Γ校正？

4.3.2.3.1 Γ曲線的設定

視訊資料與大腦感覺的關係設定，也是顯示系統設計的重要項目之一。在觀察顯示器時，顯示器本身的亮度與環境亮度所造成的整體效果，會影響到Γ值，當周圍環境很暗時，好像在電影院裡看電影，人眼的瞳孔會放大，此時Γ值約為 2.2；而當周圍環境很亮時，Γ值約會提昇到 2.5 左右，但是在此時，人眼會受到周圍環境光的影響而縮小瞳孔，好像白天在客廳裡看電視，顯示器的對比會變差，因而對顯示器的內容辨別能力會降低，許多的顯示器會設定校正成Γ＝2.2，亦即（亮度）＝A（大腦感覺）$^{2.2}$，來符合周圍環境很暗的情況。

有時候，為了讓使用者自行設定所需要的Γ曲線，會由顯示系統的資料端，依照設定，對輸入 TFT LCD 面板的視訊資料先作數位信號處理，來執行Γ校正的動作，在這種情況下，TFT LCD面板中便不可再多做一次，如此，就TFT LCD面板內部來看，視訊資料與大腦感覺的關係設定變成是線性的，而可視為面板中Γ校正曲線的Γ值設定為 1，亦即（亮度）＝A（大腦感覺）^{1}＝A（大腦感覺）。

4.3.2.3.2 轉換的組合

如圖 4.21 中所示的幾個轉換過程，可簡化地表示成：視訊資料⇒DAC⇒畫素電壓⇒液晶⇒穿透度⇒背光源⇒亮度⇒人眼⇒大腦感覺，其中□內表示轉換信號的媒介。我們注意到，在整個轉換的過程中，信號的表現型式可能是數碼，可能是電壓，會經由媒介轉換而改變。設定了所TFT LCD面板需要執行的Γ曲線之後，亮度與大腦感覺的對應關係便固定下來了；而在背光源亮度是一定的情況下，穿透度會與亮度成正比；而畫素電壓與穿透度的關係，會隨著液晶的不同而改變，因此畫素電壓的與視訊資料的對應關係，便需要隨著所使用的液晶而調變。

而數位視訊資料與畫素電壓的關係，如4.3.1.4中所述，是由DAC的參考電壓設定的，說明至此，大家可以了解到，為了保留驅動系統的彈性，配合使用各種液晶的TFT LCD面板，才會採用如4.3.1.4中所述的電阻分壓型DAC設計，如此，在使用不同液晶模式時，不需要改變資料驅動IC，只要設定外部參考電壓源的分壓電阻即可，而且，會把Γ曲線與的效應，一併利用參考電壓中作校正，這就是這個區塊被稱為Γ校正參考電壓的原因。

圖4.22中所示為一種normally white液晶型式的Γ校正轉換過程，圖中以不同顏色標示出八個視訊信號輸入的轉換情形，首先以左下角的DAC參考電壓設定，將X軸的視訊資料，對應到Y軸的畫素電壓；接著以右下角的液晶特性，將Y軸的畫素電壓，對應到X軸的穿透度；然後以右上角的一定背光源亮度，將X軸的穿透度，對應到Y軸的亮度；最後以左上角的Γ曲線，將Y軸的亮度，對應到X軸的大腦感覺。所輸入的視訊資料，最後會一一對應到適當的大腦感覺，在大腦中重現所要顯示的影像。

另外在圖4.22(a)中，以黑色虛線，標示出利用線性DAC的轉換情形，最後在人腦中感覺到的結果，與視訊資料所要顯示的中間灰階，有一段很大的差距。而在圖4.22(b)中，以黑色虛線，標示出採用另一種normally black的液晶，但DAC的設定仍維持原來轉換的情形，視訊資料希望顯示的中間灰階，但最後在人腦中也感覺到很大的差距。

在採用另一種液晶模式後，為了維持原來的Γ曲線校正結果，必需將DAC的轉換設定對應地作改變，如圖4.23中所示。

在此順帶提到TFT LCD的視角衍生問題。在1.2.2.7中，簡單地討論了LCD的視角，又在3.1.1的TFT LCD面板規格(i)中，簡單提到是以對比作為視角大小的定義標準。考量在這一節驅動系統的討論中，我們了解到大腦的感覺是與Γ校正相關的，對一個 TFT LCD 面板而言，無論是從那一個角度去觀察它，其驅動系統的 DAC 參考電壓設定是不變的，但是液晶的電壓—穿透度關係卻會有所變化，可以想見地，如同在圖 4.22(b)中的情況，最後的Γ校正結果也會不正確。有時候，我們在大角度觀看TFT LCD面板時，除了亮度對比降低之外，我們也會覺得畫面還有一點「怪怪的」，這樣的感覺，可能就是因為Γ校正的結果與人腦感覺的經驗不符所造成的。

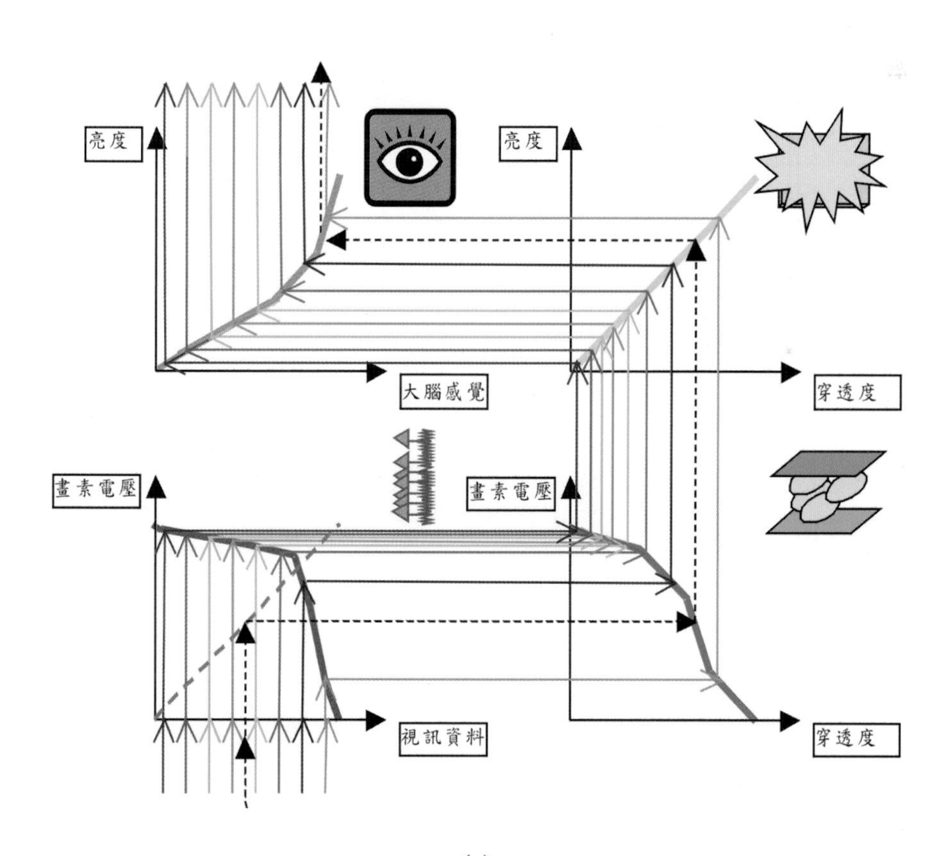

(a)

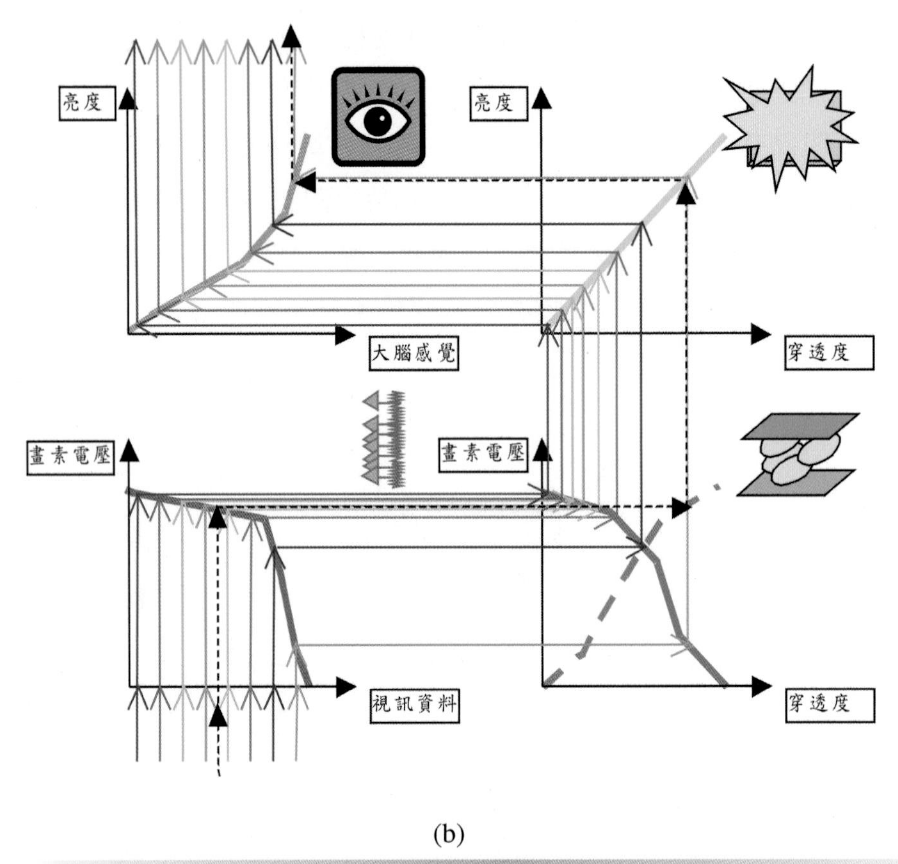

(b)

圖 4.22 一種Γ校正轉換過程，其中黑色虛線表示 (a)對應到線性 DAC (b)對應到不同液晶模式

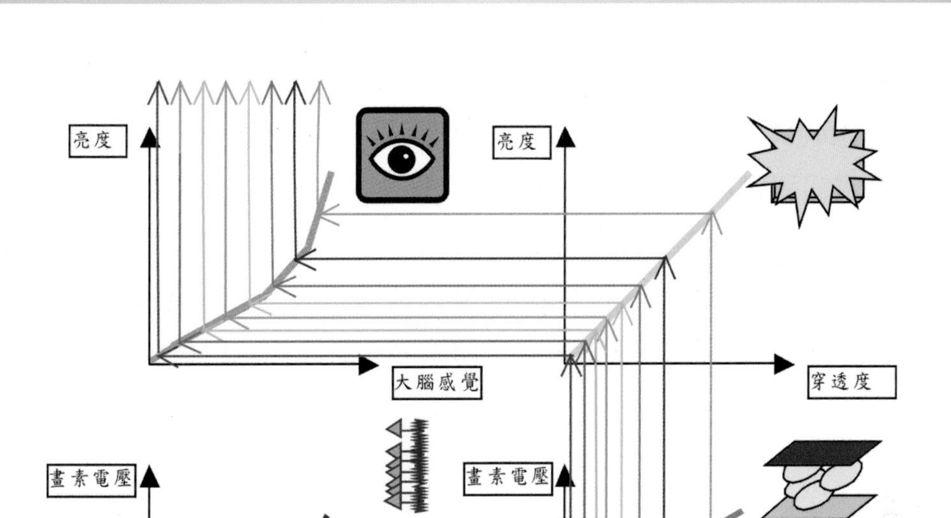

圖 4.23　另一種Γ校正轉換過程，使用與圖 4.22 不同的液晶模式

4.3.2.3.2　數位資料傳送的效益

在 4.3.2.3.1 中，談到以系統資料端設定Γ曲線的情形，如圖 4.24 中所示，DAC的參考電壓設定，完全依照液晶的電壓—穿透度關係設定，只校正到使亮度與輸入的視訊資料是線性的。結果，如圖 4.24(a)中所示，以等間距的數位資料輸入，在大腦中的感覺並不是等間距的，亮度愈大則大腦感覺差距愈小。但是，如圖 4.24(b)中所示，在輸入視訊資料端作處理，使得視訊資料的輸入值小時間距縮小，以非等間距的資料形式，即可在大腦中得到等間距的感覺。

要以系統資料端設定Γ曲線，如圖 4.25 中所示，需要視訊資料的轉換，以非等間距的資料形式，即可在大腦中得到等間距的感覺。如圖 4.25(b)中所示，其實視訊資料A與視訊資料B之間的轉換關係，就是Γ曲線。既然如此，為什麼顯示系統要設計成在 DAC 中設定參考電壓來做Γ校正呢？第一個原因，是DAC已經要為了液晶的電壓—穿透度關係設定參考電壓了，再考慮Γ校正，並不會增加額外的負擔。第二個原因，是視訊資料是數位的。

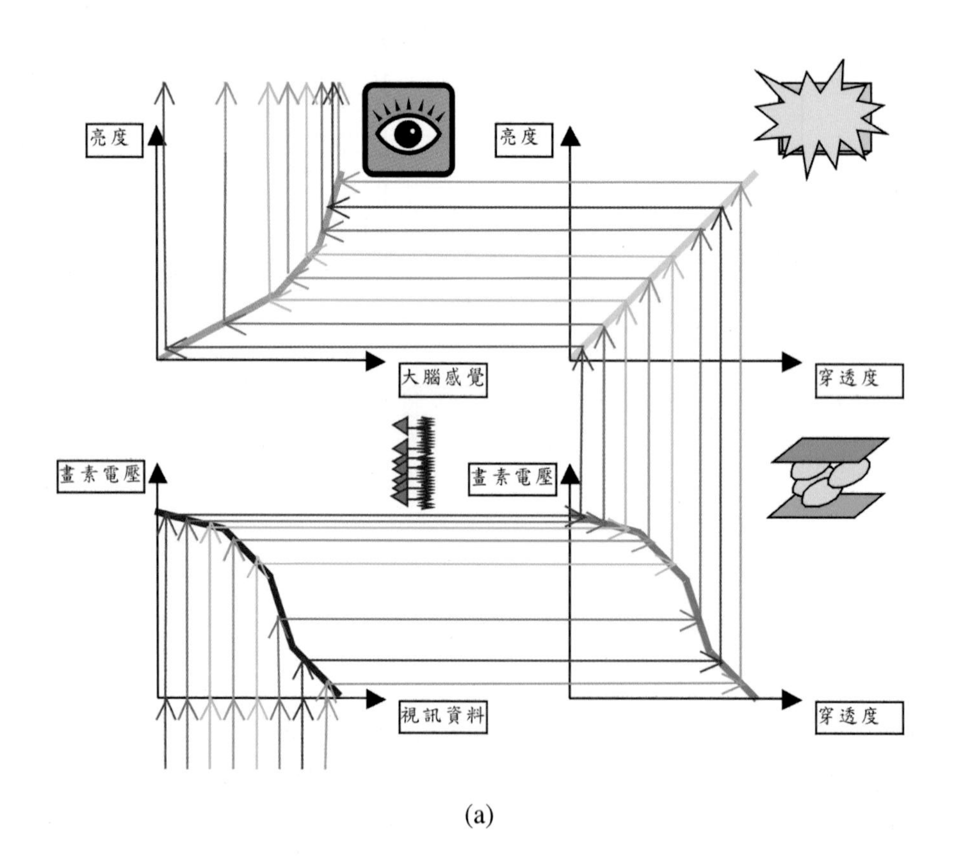

(a)

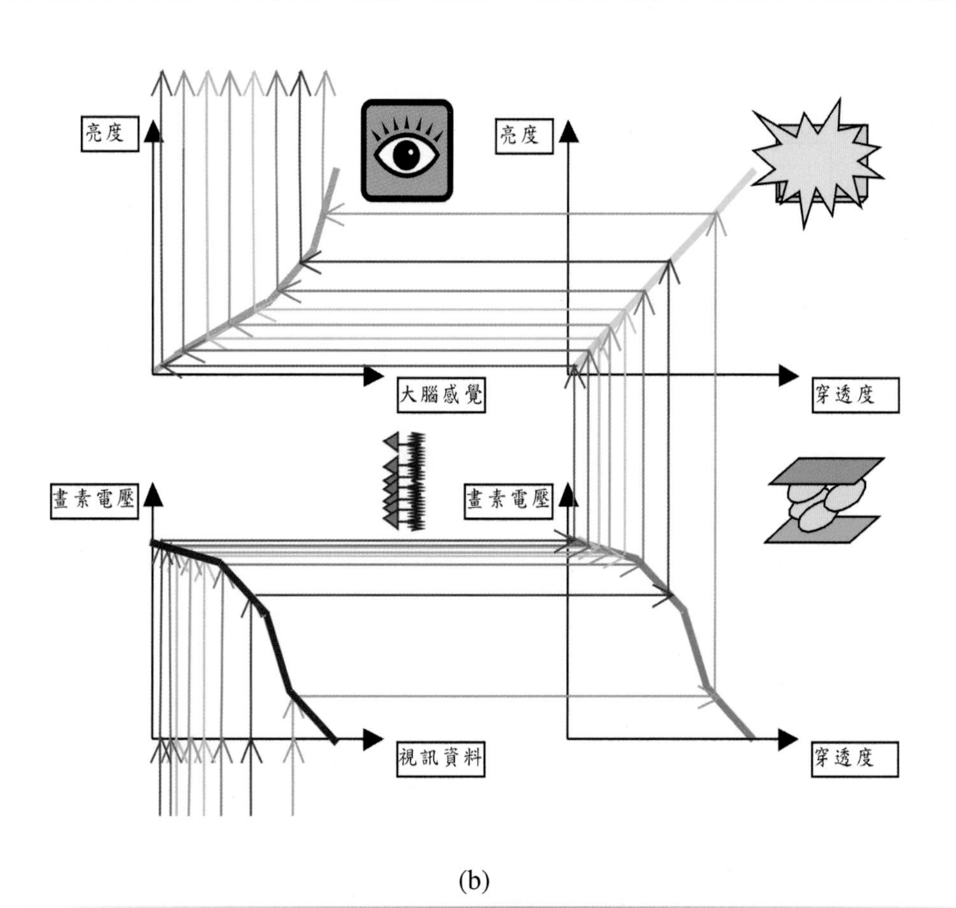

(b)

圖 4.24　系統資料端設定Γ校正的轉換過程，(a)等間距視訊資料輸入　(b)校正後非等間距視訊資料輸入

視訊資料是數位型式，又有什麼影響呢？當以數位信號表示資料數值時，每個數值之間是等距的，如圖 4.26(a)中所示，$B = 0.7 \times A + 1.0$ 的線性轉換，以 1.0 至 5.9 間距 0.7 的 8 個數字，只要三個 Bit{000}到{111}，配合 0.7 的倍率與 1.0 的位移，即可表示。但是，如果數值之間不是等距的，如圖 4.26(b)中所示，$B = 0.082 \times A^{2.2}$ 的非線性轉換，要表示轉換後 B 的 8 個數字，便很難只以 3 個位元配合倍率與位移值來表示，勢必要增加數位資料的位元數。

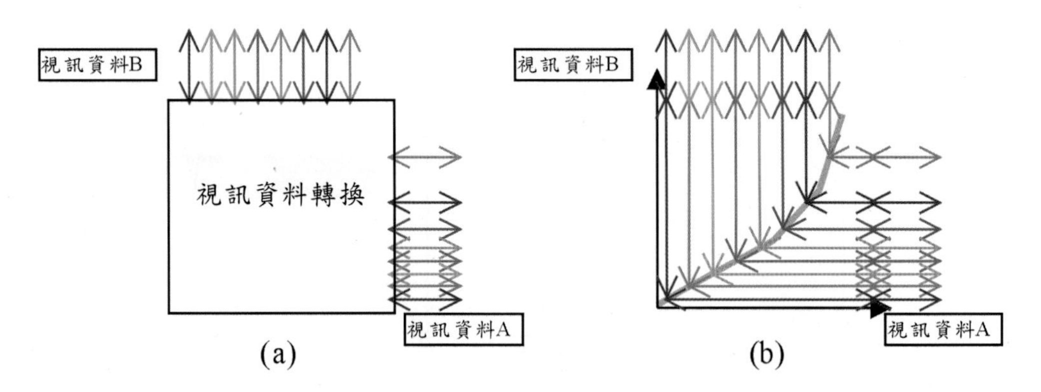

圖 4.25 系統資料端設定Γ校正 (a)視訊資料轉換示意圖 (b)以Γ曲線校正示意圖

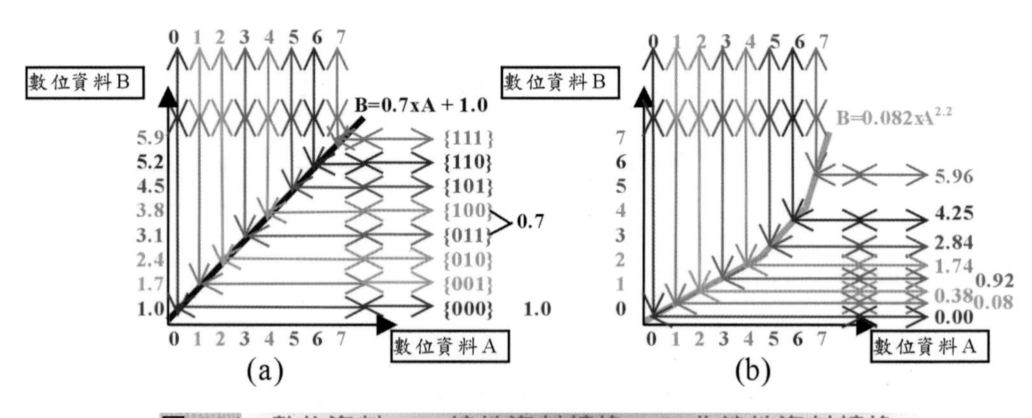

圖 4.26 數位資料 (a)線性資料轉換 (b)非線性資料轉換

以數位資料位元數的觀點，重新檢視圖 4.24 中所示的二種視訊資料傳輸方式，系統端的資料若是線性等距的，如圖 4.24(a)的情形，所需要的位元數，與顯示器的灰階顯示位元數相同。但系統端的資料若不是線性等距的，如圖 4.24(b)的情形，所需要的位元數，必定要比顯示器的灰階顯示位元數要多，才不會產生太大的資料誤差，也就是說，為了顯示 6 位元的灰階，可能要 8 位元以上的資料表示方式，會需額外的 2 個位元來傳送訊號，而只用到其中的 2^6 個數值，就資料的傳送而言，是非常沒有效益的。因此，考慮到數位資料傳送的效益，並不傾向在系統端做Γ校正。

4.3.2.4　不同顏色的Γ校正

由1.2.2的討論，我們知道利用LCD做為光閥，需要利用的光線在液晶中行進的相位差，而由（公式1.6）得知，相位差是與波長有關的，而紅、綠、藍三色的波長不相同，因此，三個顏色的電壓—穿透度關係也會有所不同，如圖4.27中所示是一個例子。

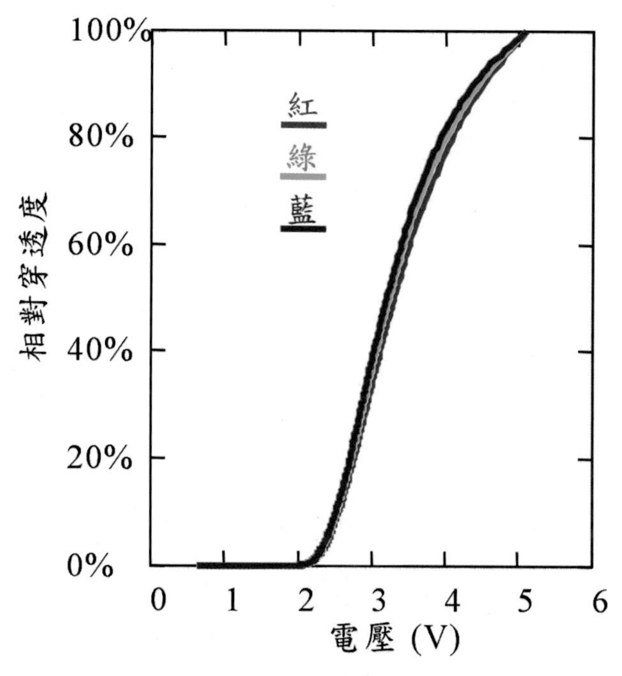

圖4.27　紅綠藍三色不同的電壓—穿透度關係

又由1.1.4的討論，顏色的色座標與紅、綠、藍三色的亮度比例有關，由圖4.27來看，當電壓為5V時，紅、綠、藍三色的相對比例是1:1:1，而當電壓為3.2V時，固然穿透會降成一半，而且，紅色的相對比例會降低，而藍色的相對比例會增加。在我們的生活經驗中，將燈光調暗時，物體的顏色並不會改變，因此，在TFT LCD中所發生的顏色改變現象，會令我們感到顯示的效果不真實。

為了校正這個現象，可以視做紅、綠、藍三色的Γ校正曲線不同，分別對三個顏色以其對應的電壓—穿透度關係來做校正。

4.3.3 資料傳輸介面

在4.3.3中的說明了數位型式視訊資料的意涵，而在此要說明的是如何傳送這些視訊資料。在4.3.1.1資料驅動移位暫存器的討論中，計算了6位元灰階XGA顯示器的操作頻率約為170 MHz。這個資料驅動的接收頻率，即是系統視訊資料傳送的頻率，做為傳送與接收之間的介面，當然也是要以這個頻率傳輸資料。

4.3.3.1 電磁干擾（Electromagnetic Interference, EMI）

在這麼高頻率下傳輸數位資料，若是以0V與3.3V來表示邏輯的0與1，會產生很高的電磁輻射能量而干擾其他電子元件的正常運作，換言之，其電磁干擾（Electromagnetic Interference, EMI）會很嚴重，為了減少EMI，需要把電壓降低（Low voltage）。但是，減小了電壓之後，便很容易受到外部雜訊來干擾，因此，要利用一對信號線上的差動信號（Differential signaling）來傳輸，而以比較器來接收信號，如圖4.28中所示。當信號線上的電流流動方向如圖4.28(a)中的藍色箭頭所示時，比較器的輸出會是高電壓，代表邏輯的1；而當信號線上的電流流動方向如圖4.28(b)中的紅色箭頭所示時，比較器的輸出會是低電壓，代表邏輯的0。

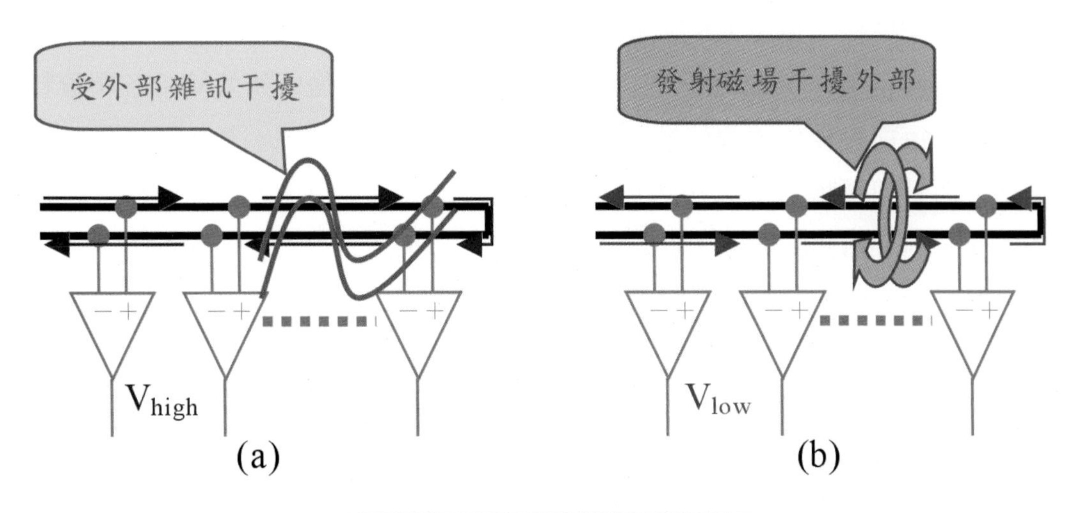

圖 4.28 差動信號傳輸示意圖

利用差動信號來傳輸數位資料，一方面較不容易受外部雜訊干擾，如圖 4.28(a)中所示，外部對這一對信號線的干擾是相同的，因此其信號相減時會把這個相同的干擾相減消去。另一方面，也比較不會產生雜訊干擾外部，如圖 4.28(b)中所示，因為這一對信號線上所流動的電流大小相同，方向卻是相反的，因而二個電流產生的磁場恰好可以相互抵消。

TFT LCD的資料傳輸介面，會利用低電壓差動信號（Low Voltage Differential Signaling）的優點，來做長距離、高頻率的傳輸。因此，第一個工業界為TFT LCD 視訊資料傳輸所定義介面，取名為 LVDS™。隨著 TFT LCD 技術的發展，更高解析度的TFT LCD資料傳輸介面，會使用更低電壓的差動信號，便發展成取名為 Reduce Swing Differential Signaling（RSDS™）、mini-LVDS™ 等等的其他介面定義。在此只是說明這些介面定義的名稱來源而已，事實上，一個資料傳輸的介面還有其他項目要定義清楚，包括電壓振幅、頻率、傳輸線數，以及資料傳輸的順序等等。

以 6 位元 RSDS™ 為例，其差動電壓振幅定義在+/−200mV，傳輸頻率依顯示器解析度而定，如 XGA 為 57MHz，資料傳輸格式如圖 4.29 中所示，每個時脈週期傳輸二個位元的資料，使用 9 對差動信號線來傳輸視訊資料，加上 1 對時脈信號，共使用 10 對（20 條）傳輸線將差動信號傳輸給各顆資料驅動IC，每對差動信號線終端電阻為 100Ω（參見 4.3.3.2）。起始脈衝的頻率很低，而且只要輸入至第一顆資料驅動 IC（參見 4.3.1.1），不需要作長距離的傳輸，對 EMI 的影響較小。

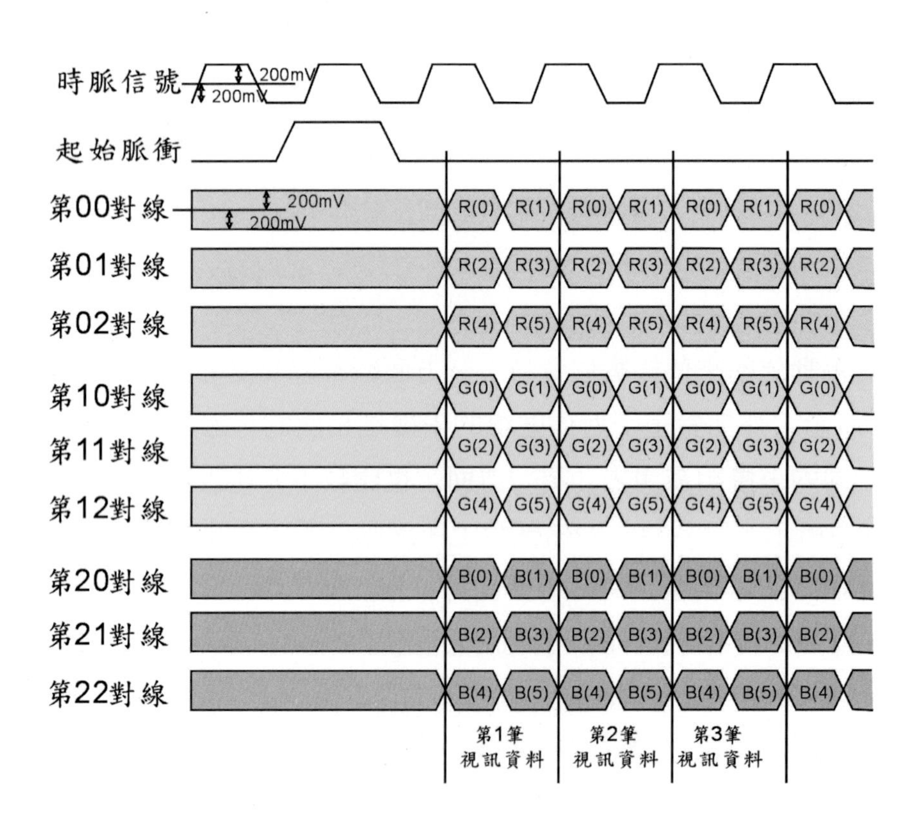

圖 4.29 6 位元 RSDSTM 的資料傳輸格式

4.3.3.2 傳輸線效應[3]

以差動信號傳輸的視訊資料，需要實體連接到每一顆資料驅動IC上，以17吋的SXGA為例，驅動IC分布的長度約為面板的寬度（30公分左右），在這長的傳輸線上傳遞幾十MHz的資料信號，需考慮傳輸線效應。如圖4.30(b)中所示，以對稱式的架構，可以縮短傳輸的距離，但無論是單端式或是對稱式的連接方式，都需要在差動信號線的終端加上與傳輸線匹配的終端電阻，以避免在能量在傳輸線上反射，而造成信號錯誤。

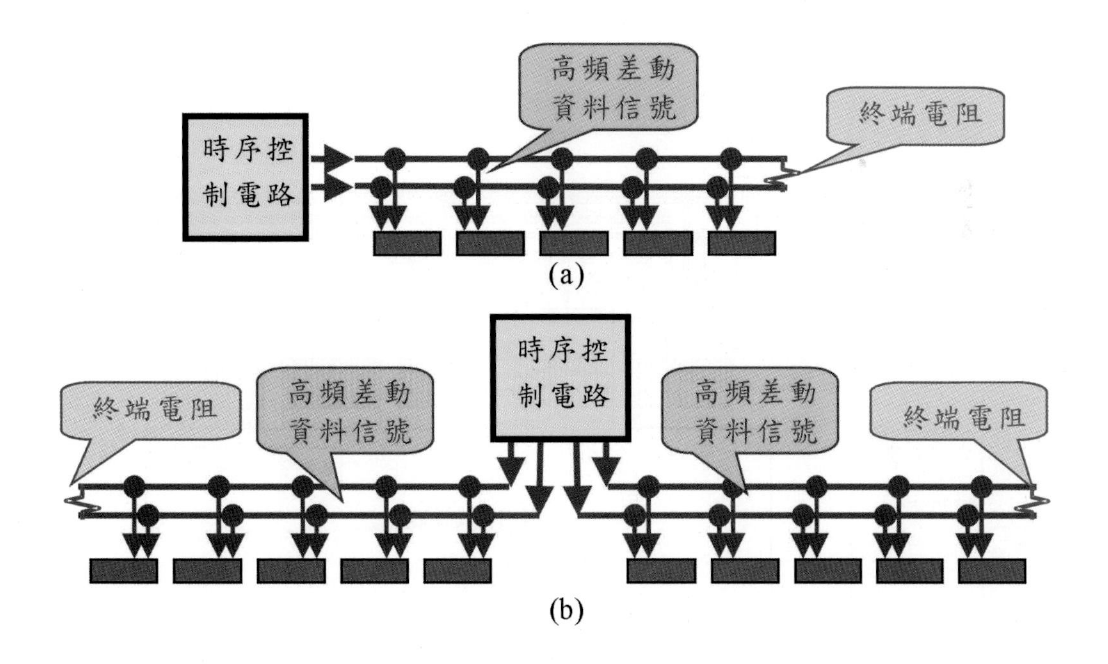

圖 4.30 高頻差動資料信號傳輸線架構 (a)單端式 (b)對稱式

3 參考「Field and Wave Electromagnetics」, by David K. Chang, Section 9-4, ISBN 0-201-01239-1。

4.3.4 資料驅動電路子系統概觀

如圖 4.31 所示，整個資料驅動電路子系統是由資料驅動IC與其電源和控制信號所組成。類似於 4.2.2 中所討論的，可驅動資料線數、時序控制在子系統外部設定、驅動 IC 之間的串接性等等增加 IC 通用性的考量，也會設計在資料驅動 IC 中。此外，各種 TFT LCD 面板設計所用的液晶模式並不相同，所需要的Γ曲線校正也不盡相同，因此會由外部的Γ校正參考電壓源來設定。

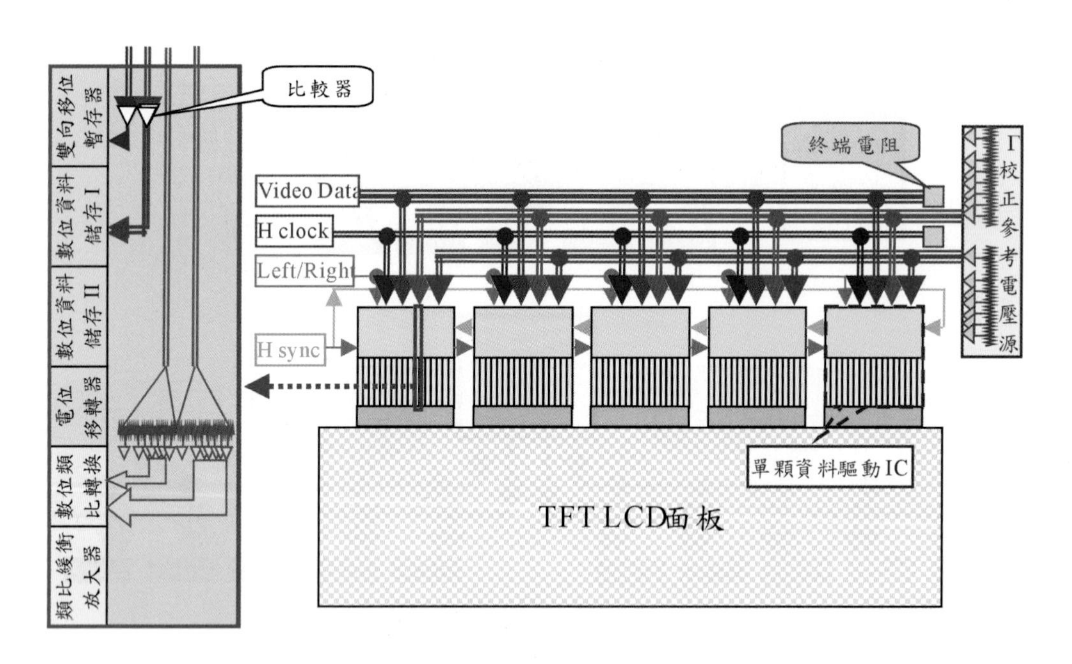

圖 4.31 資料驅動電路子系統概觀示意圖

4.4 時序控制電路

時序控制電路的基本功能，便是提供 4.2 中所討論的掃描驅動電路子系統，與 4.3 中所討論的資料驅動電路子系統中，所需要的時序控制信號，以及所要顯示的視訊資料信號。除此之外，利用數位信號處理的技巧，時序控制電路還可以包括一些附加的功能。但是，因為增加功能的同時成本也很可能提高，這些功能並不是一定要的，而且也不一定是以同一顆IC來實現的，需視實際產品在市場上應用的情況來考慮是否加入，由於這部分的內容已遠超出本書所要討論的驅動原理，僅舉一些例子簡單說明。

4.4.1 視訊資料處理

4.4.1.1 傳輸介面格式轉換

在 4.3.3 中討論了資料驅動子系統的輸入介面格式，這個介面格式，同樣地就是時序控制子系統的輸出格式。在 4.3.3 所舉的例子是 RSDS™。而整個顯示器所要顯示的畫面，卻又是來自外部，可能是電腦主機，也可能是DVD播放器，所使用的資料傳輸格式，並不一定是 RSDS™，也許是 mini-LVDS ™，也許是 RGB（紅綠藍）加上 Y（亮度）的複合式（Composite）信號。在時序控制電路中，有時會加入多種傳輸介面格式轉換功能，將外部介面格式轉換成資料驅動子系統的輸入介面格式，使顯示器可以接收各種訊信號來源。

4.4.1.2 放大或縮小（Scaling）

即使同樣地使用 RSDS™ 的介面格式，所要顯示的解析度也有可能不相同，若外部輸入的解析度為 XGA，而顯示器的實際解析度為 SXGA，便需要將 1024 × 768 個畫素的灰階資料，放大至 1280 × 1024，除了數目變多以外，水平垂直的畫素數目比例也改變了。要如何處理這種情況，也有各種不同的做法，例如，可以先將畫素數目放大(5/3)倍，成為 1706 × 1024，再截去左右兩邊各 213 行畫素，而成為 1280 × 1024。要如何將畫素數目「放大」成(5/3)倍，也是令人困擾的問題，基本的原理是利用二維的傅立葉轉換將畫素轉變成以空間頻率分布表示，再以內插的方式創造出所欠缺的畫素資料，再轉換回實際空間。但其詳細演算法到底怎麼做視覺效果比較好，運算時間比較短，便是各家設計的優劣所在。

反過來說，若外部輸入的解析度為 SXGA，而顯示器的實際解析度為 XGA，便需要將 1280 × 1024 個畫素的灰階資料，縮小至 1024 × 768，需要在二維的空間頻率分布中消去多餘的畫素資料，再轉換回實際空間。

4.4.1.3 非交錯式（De-interlace）

在陰極射線管（CRT）型顯示器中，是在水平方向上以磁場掃描電子束撞擊螢光粉來控制一條水平線的發光，有時會利用交錯式的方法來顯示，也就是說，在一個圖框只掃描奇數的水平線，下一個圖框只掃描偶數的水平線。而在 TFT LCD 中，並不會這樣子驅動顯示器，因此如果輸入視訊資料是交錯式的，需要將所欠缺的掃描線資料補上，以轉換成非交錯式的資料。但是，若是直接以相鄰的視訊資料重覆一條掃描線來顯示，如果沒有處理好，會在圖案邊緣產生水平的條紋，如圖 4.32 所示。這也是在數位資料處理時要注意的。

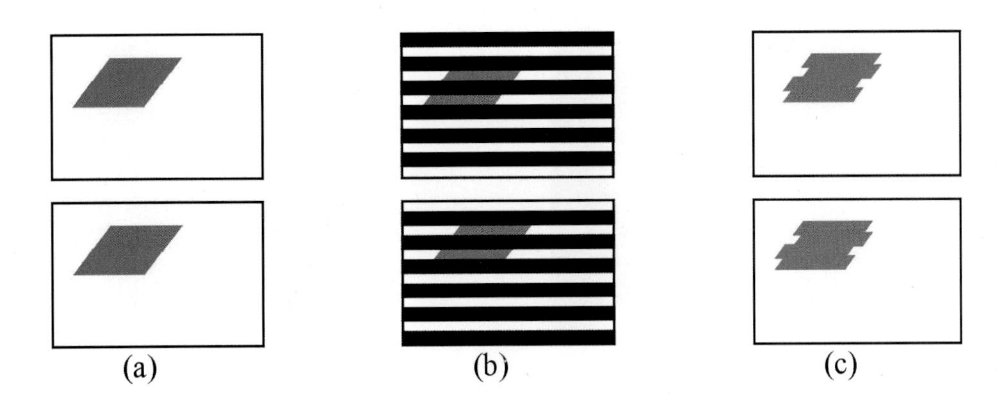

圖 4.32　交錯式圖案顯示示意圖　(a)非交錯式　(b)交錯式　(c)不良的非交錯式

顫動（Dithering）

在 1.1.3 中說明了三種區分灰階的方法，雖然在 TFT LCD 中是以 1.1.3.3 所述的方法，控制畫素穿透度來分級灰階，但是當顯示器的畫素尺寸很小時，在相鄰畫素區域中，人眼很難區分光線來自那一個特定的畫素，便有人利用這樣的效應，將相鄰的畫素視作為一個群組，以類似於 1.1.3.1 和 1.1.3.2 中所述的時間和空間再細分灰階，如此可以使顯示器的灰階表現，比輸入資料驅動子系統的視訊資料所傳遞的更多，這種技巧便稱為顫動（Dithering）。空間上的顫動的一個例子如圖 4.33 中所示，而時間的上的顫動較難以圖案表示，請讀者依相似的原理想像一下，一個圖框顯示較亮，下一個圖框顯示較暗，即可在驅動視訊資料原有的灰階區分數下，再區分出更多的灰階。甚至，空間上與時間上的顫動可同時使用，讓使用者的感覺更不明顯。顫動的實現方式，則如圖 4.34 中所示，空間上的顫動需要記憶體儲存所有畫素陣列要顯示的資料，以供演算電路來判定如何混合顯示灰階，而時間上的顫動甚至需要記憶幾個畫面的視訊資料。

圖 4.33 空間顫動顯示例 (a)4 位元直接驅動 (b)3 位元驅動加上空間顫動

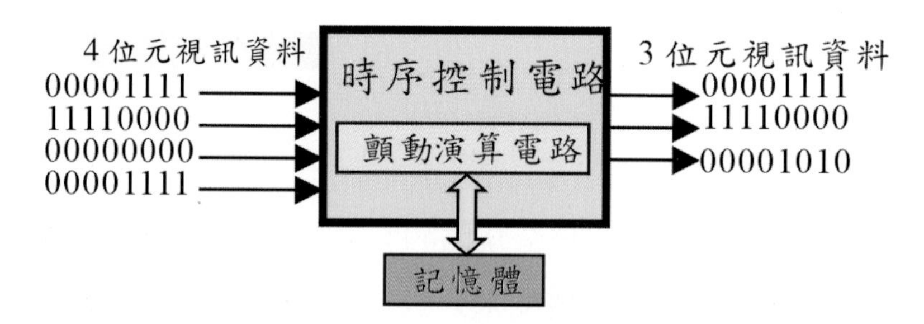

圖 4.34 顫動顯示之時序控制電路功能區塊示意圖

4.4.2 電荷分享（Charge sharing）節省電源

在 2.3.4.2 中討論了電荷分享的驅動方式，若要實行這樣的省能方式，也可能需要時序控制電路配合輸出適當的控制信號。

4.4.3 反應時間補償（Response Time Compensation，RTC）

在1.5中簡單介紹TFT LCD的反應時間，為了更流暢地顯示動畫，會希望在切換灰階的時候時間愈短愈好。除了液晶本身的黏滯度與彈性等材料特性影響反應時間之外，還有二個因素與驅動有關，說明如下：

4.4.3.1 液晶動態電容（Dynamic capacitance）效應

由1.2.4的討論，我們知道液晶電容是隨著不同的電壓而改變的。參考圖1.24的液晶電容特性，來說明對某一個畫素的液晶電容充電的情況：一開始，如圖4.35(a)中所示，液晶電容上的電壓為0V，液晶電容為2.4pF，相對穿透度為100%；最後狀態，希望如圖4.35(d)中所示，液晶電容上的電壓為5V，液晶電容為6.9pF，相對穿透度為0%。於是，依照2.1中所說明的操作方式，在一條掃描線開啟的時間（約16微秒）內，將2.4pF的液晶電容充電至5V，此時，由於液晶分子的轉動需要幾毫秒的時間，可假設在16微秒內完全來不及反應，因此液晶電容仍維持在2.4pF，故如圖4.35(b)中所示，可以計算出此時液晶電容上所儲存的電荷量Q_1為：

$$Q_1 = 2.4pF \times 5V = 12pC \qquad \text{公式(4.3)}$$

接著，畫素進入電荷保持狀態，液晶分子也漸漸轉動，液晶電容也開始增加，然而，電壓卻也會跟著降低，來滿足電荷守恆的情況，在下次開啟掃描線寫入新電壓之前，以乘積（即儲存量電荷）為12pC的曲線向變化，如圖4.35(c)中所示，平衡在液晶電容與電壓各為5.5pF和2.2V的穩定狀態。此時，相對穿透度為 55%，距離 0%的目標值仍有一段差距。

然後，掃描線再次開啟，在畫素電容再次充電期間，液晶電容仍不及反應而停留在 5.5pF，而畫素電壓被設定成 −5V（莫忘記要極性反轉），此時液晶電容上所儲存的電荷量 Q_2 為：

$$Q_2 = 5.5pF \times (-5V) = -27.5pC \quad \text{公式(4.4)}$$

再次進入電荷守恆狀態，而向液晶電容與電壓各為 6.3pF和 −4.35V的穩定狀態平衡。在第三次圖框時間重覆第三次充電動作，可將液晶電容儲存的電荷 Q_3 進一步推至：

$$Q_3 = 6.3pF \times 5V = 31.5pC \quad \text{公式(4.5)}$$

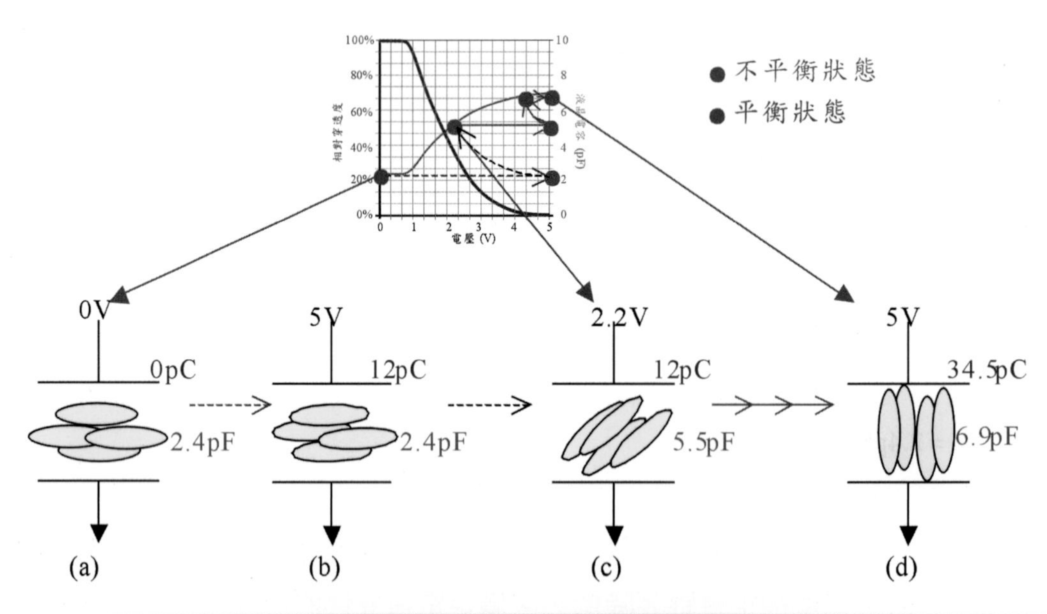

圖 4.35 液晶動態電容效應示意圖 (a)起始狀態 (b)16 微秒內充電完成 (c)電荷保持 (d)最後希望狀態

而向最終需要的電荷 34.5pC 趨近。

這個趨近的動作，花費了三個圖框時間以上，以一個圖框時間約為 16.7msec 計算，花費了 60msec 以上，才將 100%的亮度降低成 0%，拖延了液晶顯示器的反應時間。

既然我們已經知道會有動態電容效應，是否可以事先做補償呢？如圖 4.35(b)中所示，可以根據最終所需的 34.5pC 電荷，先計算出電容為 2.4pF時，對應的電壓為 14.38V，理論上，便可消除這個效應，但是實際上，資料驅動系統所能提供的電壓有限，一般而言，並不會為了加速反應時間而考慮這麼大的補償電壓，而額外提供電壓源或改變畫素充電能力的設計；另外，在畫素中除了液晶電容以外，還會有儲存電容相並聯，這個常數電容的增加，有助於抑制液晶的動態電容效應（參見練習 4-3）。

類似的情況，也會發生在由液晶電容由高電壓切換成低電壓的時候，由 5V 與 6.9pF 所對應的 34.5pC 電荷，如果不加以補償，也要經過幾個圖框的放電，才能趨近 0V 與 6.9pF 所對應的 0pC 電荷。

然而，以上的推導只是一個近似，事實上，在充電的 16 微秒內，液晶分子仍會有所轉動而增加液晶電容，會使得實際所需要的補償電壓較小。

電場加速效應

在 1.2.3.1 中討論到液晶分子在電場中所產生的力矩，會與電場的平方成正比，因此，增加電場可以大幅增加對液晶分子施加的力矩，而加速液晶分子的轉動，所以，為了加速液晶的反應時間，可以利用這個效應。再次參考圖 1.24 舉例而言，欲使液晶的相對穿透度由 80%轉換成 20%，若是不考慮液晶的反應時間，只會將前一個圖框 +/−1.2V 的電壓，切換成下一個圖框的 +/−2.7V，即 +/−1.2V⇒ +/−2.7V。+ 但為了加速反應時間，在施加電壓的過程，可以在二個圖框之間插入另一個圖框，施加較大的電壓，亦即改成 +/−1.2V⇒ +/−4.5V⇒+/−2.7V，如此，可利用大電場產生的較大力矩，來強迫液晶在較短的時間內改變排列，轉換成所設定的穿透率。這樣的觀念，被稱為Overdrive。

與相對Overdrive的，欲使液晶的相對穿透度由20%轉換成80%，可將施加電壓的過程改變成+/－2.7V⇒ +/－0.5V⇒ +/－1.2V，這樣的做法被稱為Undershoot。Undershoot與Overdrive最大的不同之處，在於Overdrive可以主動地施加更大的電場來加速液晶分子排列改變，但Undershoot只能被動地去除電場，而靠液晶分子本身的彈性來改變排列，因此效果會比Overdrive差。

在介紹完施加電壓如何影響反應時間之後，再回頭看看在時序控制電路中如何實行反應時間補償。4.4.3.1與4.4.3.2中的討論，仍欠缺了許多理論，例如，在16微秒內液晶分子排列的改變情況，以及電場產生的力矩如何與液晶分子的彈性交互作用，所以到目前還沒有辦法推導出公式來準確預測液晶的反應時間。

但是，無論是液晶動態電容效應或是電場加速效應，在實作上，都是以在起始電壓與目標電壓之間插入補償電壓的方式，來加速反應時間。既然理論無法預測，卻可以用實驗的方式，把不同灰階切換時要插入的補償電壓找出來，甚至，直接以灰階代替驅動電壓來做實驗，找出最適當的補償灰階，如表4.1中所示，為3位元灰階切換最佳反應時間的實驗結果，首先注意到藍底的部分，表示前一圖框所顯示的灰階與目前圖框所要顯示的灰階相同，因此不需要做任何補償；而紅底的部分，表示前一圖框所顯示的灰階小於目前圖框所要顯示的灰階，因此需要插入灰階值比目前圖框灰階大，以normally black的顯示器而言，對應到Overdrive；而淺藍底的部分，表示前一圖框所顯示的灰階大於目前圖框所要顯示的灰階，因此需要插入灰階值比目前圖框灰階小，以normally black的顯示器而言，對應到Undershoot。這樣的實驗結果，已經包含了液晶動態電容與電場加速兩個效應在內。

表 4.1　3 位元灰階切換最佳反應時間實驗結果

		前一圖框							
		0	1	2	3	4	5	6	7
目前圖框	0	0	0	0	0	0	0	0	0
	1	2	1	1	1	0	0	0	0
	2	3	3	2	2	1	1	0	0
	3	5	4	4	3	3	2	1	1
	4	6	6	5	5	4	4	3	2
	5	7	7	7	7	6	5	4	4
	6	7	7	7	7	7	7	6	5
	7	7	7	7	7	7	7	7	7

有了如表 4.1 所示的實驗結果，可以利用圖 4.36 中所示的流程，實行反應時間補償。其中，需要一組記憶體，用以儲存前一圖框的視訊資料，以 6 位元灰階的 SXGA 而言，需要 6 × 1280 × 3(RGB) × 1024（約 24 百萬）位元的記憶量，而且需要一直以目前所要顯示的灰階更新，所以一般是用靜態隨機存取記憶體（Static random access memory, SRAM）儲存，以先進先出（First-in first-out, FIFO）的方式運作。另外還需要一組記憶體來儲存如表 4.1 之最佳反應時間對照表，以 6 位元灰階的顯示器為例，需要 $64^2 = 4096$ 的記憶量，而 8 位元灰階的顯示器，便需要 $256^2 = 65536$ 的記憶量，這個對照表，會隨著所使用的液晶而改變，但對一個顯示器而言，並不會變動，所以一般是用電子式可消除程式化唯讀記憶體（Electrically Erasable Programmable Read-Only Memory, EEPROM）儲存，為了降低記憶量，可以在 256 個灰階中，只挑出 16 組灰階，簡化對照表，再用線性內插的方式，計算出其他灰階變化所需的補償灰階。

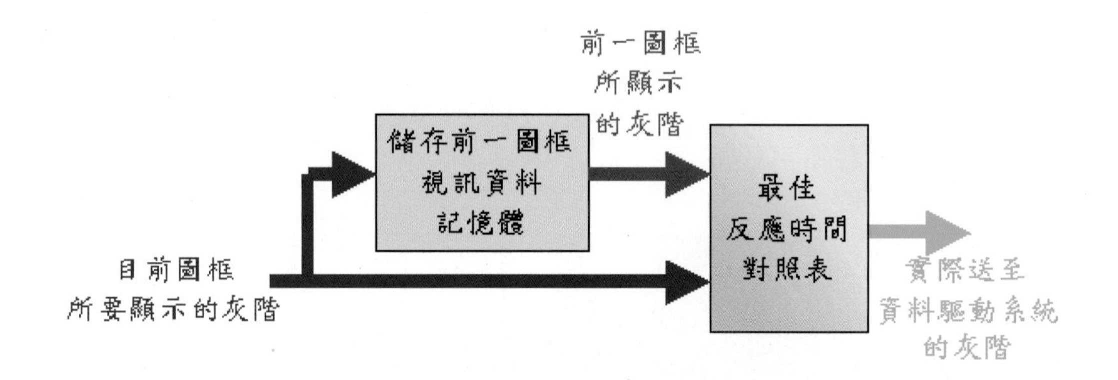

圖 4.36 反應時間補償的流程圖

4-1 如圖 4-A 所示的電路：

a. 試證明：

$$V_{OUT}=\sum_{N-1}^{k=0} D_K\, 2^{k-N}\times(V_{REF1}-V_{REF2})+V_{REF2}$$

b. V_{REF1} 和 V_{REF2} 可以從電阻型DAC產生，請設計 8 位元的RC-DAC，其中 6 個較高位元以電阻分壓實現，2 個較低位元則以圖 4-A 所示的電路實現

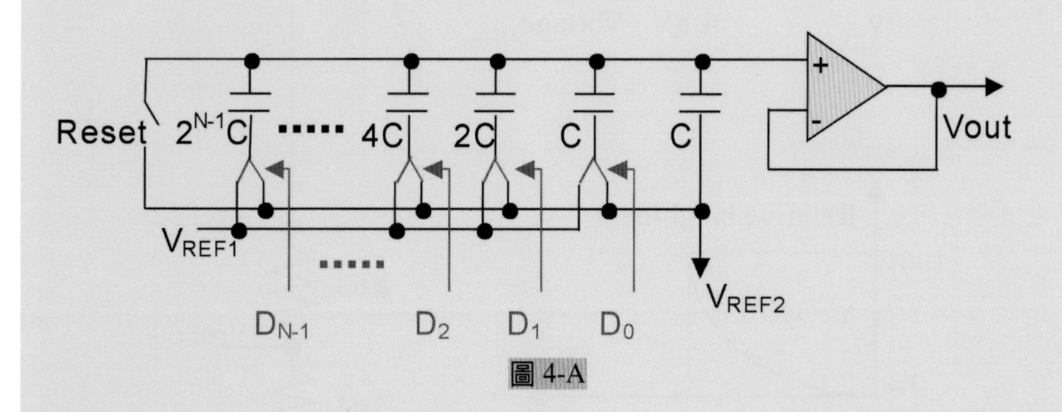

圖 4-A

4-2 假設有一種很特殊的液晶，其穿透度與電壓的關係是直線型的，如圖 4-B(i)所示，參考圖 4-B(ii)中所示的Γ校正，以及圖 4-B(iii)所示的Γ校正參考電壓產生電路：

a. 若要產生將Γ校正成 2.3 所需要的電壓，請問 R3、R24、和 R50 各應該設定成多少？

b. 如 a，此時Γ校正參考電壓產生電路的直流功率消耗為何？

c. 如 a，但Γ校正成 2.5

d. 如 b，但Γ校正成 2.5

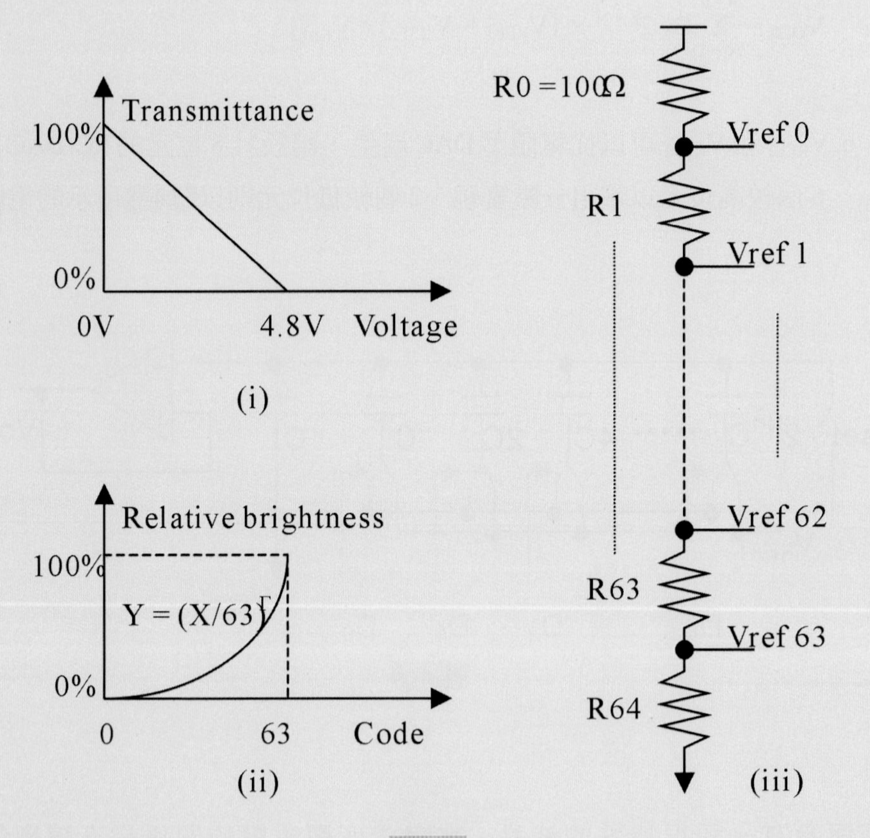

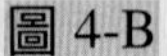
圖 4-B

4-3 參考圖 1.24 的液晶電容特性，希望能補償液晶的動態電容效應，但驅動電壓源最大範圍為 +/−5V，忽略在充電時間內液晶分子的轉動，試計算：

a. 若此液晶電容並聯 3pF 的儲存電容，欲從 +/−2V 變化至 +/−4V，需要幾個圖框的時間，才能使電壓誤差小於 100mV？

b. 如 a，但從 +/−4V 變化至 +/−2V

c. 如 a，但並聯儲存電容為 8pF

d. 如 b，但並聯儲存電容為 8pF

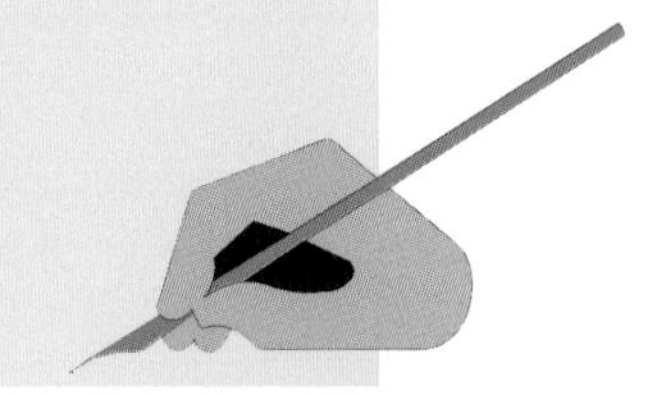

設計的現實考量

從某個角度來看，TFT LCD面板與汽車，有一些類似的地方。比如說，二者的產品規格項目都很多，很難在短時間內完整詳述；其次，這些規格項目之間有許多相關性，需要同時考量，例如，要增加汽車鋼板的厚度來讓它更安全，便得付出更耗油的代價，要增加TFT LCD的色彩飽和度，便得使用更大的背光源功率；還有，有些產品特性雖然有某個程度的理論基礎，但事實上是很難具體量化的，例如，汽車的外型最好能符合流體力學，但消費者的主觀喜好卻更加重要，對 TFT LCD 的顯示表現也是一樣，消費者未必喜歡$\Gamma=2.2$的校正；此外，產品組成零件數目很多，製程也很長，任何一個零件的損壞，或是製作時的不良，都可能使整個產品出問題；最後，二者都隨著技術改善而不斷降低成本，因而不斷地擴大市場規模，但也在品質與售價上發生區隔，有不同層次的產品來滿足不同需求的消費者。

這些特點，使得TFT LCD面板的設計，不只是理想上的原理應用而已，考慮到現實的狀況，還有許多抉擇與妥協，還有產品規格的模糊地帶，還要引進Design for testing（DFT）、Design for manufacture（DFM）等觀念。這些現實考量，使得 TFT LCD 面板的設計更有變化，也更難以定下規範。

在本章中，首先，會討論 DFM 和 DFT 的相關內容，包括靜電防治、陣列測試、雷射修補等設計的考量；另外，會把一些布局上的細節作一整理。藉由這些內容，讀者應該可以感覺到TFT LCD面板設計，並不是只有原理上的考量而已。

然後，將討論製程穩定度與環境變化對設計值的影響。藉由所討論的幾個例子，希望讀者可以體會到，雖然設計原理有些複雜，至少是恆常而比較容易掌握的；但是，實際執行設計時，卻要考慮製程與環境的變動，如何在設計時設定適當的容許度，反而是令設計者苦惱的問題。

最後，會對TFT LCD面板所會發生的一些不良現象及其可能原因加以說明。產品規格是依據市場需求而訂定的，而一些不良現象，會處在模糊地帶，未必在設計之初明確列在產品規格中，但只要客戶提出要求，往往需要在很短的時間內設法解決。在這種情況下，分析不良現象的成因，並在既有設計架構下提出解決方案，便成為TFT LCD面板設計者很重要的能力。在作者個人的經驗中，常常被人問到，有沒有什麼參考資料，可以一查就知道，什麼不良現象是什麼原因的，很可惜的是，就像沒有一本醫療方面的書籍，可以一查就知道生什麼病就該吃什麼藥一樣，我們還是需要醫生來下診斷、開處方。但是，了解以前發生的病例，絕對有助於分析與解決問題。

在前面幾章中的討論，都是基於理想上的「常」，複雜但至少有脈絡可循。而在本章中，則是以一些案例，展現出現實中的「變」，供讀者作參考。

5.1 靜電防治設計

回想關於靜電的基本實驗，就是以絨毛布與玻璃磨擦來產生靜電，可以想見地，在像TFT LCD這樣一個以玻璃作為基板的產品製程中，靜電的產生是不可避免的。在TFT LCD的製程中，要多次在TFT基板上塗布光阻，並將TFT基板旋轉以使光阻厚度均勻；另外，有一個步驟是以絨毛布去滾刷玻璃上的配向膜，以定義出液晶分子的排列方式，像這些製程步驟很容易產生靜電，甚至，以機械手臂取放玻璃基板時，也很可能因為玻璃與空氣磨擦而產生靜電。

當靜電在玻璃上累積到一個程度，就會產生很大的電壓差，使得累積的電荷具有足夠的能量離開原來的位置而與極性相反的電荷中和，這個電荷移動現象在很短的時間內完成，過程中產生了很大電流，讓所累積的電荷流失，使得電壓差很快地降低下來。這樣的放電過程，就好像雷雨中的閃電一樣，破壞力十足，但發生的位置卻難以完全掌控，如果發生在空曠的地方，並不會有什麼影響，但是如果發生在畫素陣列中，便會造成畫面的缺陷，在TFT LCD的製程中，靜電所造成的破壞是一個難以捉摸，卻又必須設法防治的項目。

TFT LCD 的靜電防治方式，主要依賴製程環境的控制，例如，在製作

TFT LCD的環境中，儘量保持較高的濕度，並在機台內與各傳送系統處，儘可能以帶電離子風吹拂，以降低電荷累積的機率。另外，選用較不易產生靜電的光阻，設定機械手臂取放玻璃基板的速度不要太快，要求組裝或檢查TFT LCD模組的操作員一定要帶靜電環等等，都是可以降低靜電發生機率的方法。

除了在製程環境的控制方面努力防治靜電之外，在TFT面板的設計上，也會考慮加上一些防治靜電的設計。然而，這些設計可能會影響到驅動負載，這便是在本節中所要討論的重點。

5.1.1 靜電破壞

在TFT LCD中，有許多種靜電破壞的情況，例如，瞬間大電流流過ITO電極，使其中的氧原子逸失，留下銦錫而變成不透明；瞬間大電壓擊穿絕緣層留下缺陷，因而使電極間產生漏電，因而無法準確地設定電壓等等，這些破壞在較大的靜電電壓下才會發生。

相較之下，另外一種破壞情況，是對TFT元件的破壞，會在較小的靜電電壓發生，因而，也是防治的重點，說明如下：如果瞬間大電壓擊打在掃描線上，而這個電壓是正的，會使得TFT元件的閘極與源／汲極產生一個很大的正電壓，而使得閘極絕緣層中的缺陷，攫取帶負電的電荷，因而使TFT的截止電壓向正電壓方向漂移，如圖5.1(a)中所示。相反地，如果擊打的靜電放電負的，便會攫取帶正電的電荷，而使TFT的截止電壓向負電壓方向漂移，如圖5.1(b)中所示。另一方面，如果瞬間大電壓擊打在資料線上，而這個電壓是正的，會使得 TFT 元件的閘極與源/汲極產生一個很大的負電壓，而使得閘極絕緣層中的缺陷，攫取帶正電的電荷，因而，使TFT的截止電壓向負電壓方向漂移，如圖5.1(c)中所示。相反地，如果擊打的靜電放電負的，便會攫取帶負電的電荷，而使 TFT 的截止電壓向正電壓方向漂移，如圖5.1(d)中所示。如果，TFT 的截止電壓向正電壓方向漂移，便無法提供足夠的充電電流；如果向負電壓方向漂移，便無法關閉而有漏電流，無論何者，TFT 都已喪失了作為開關的功能。

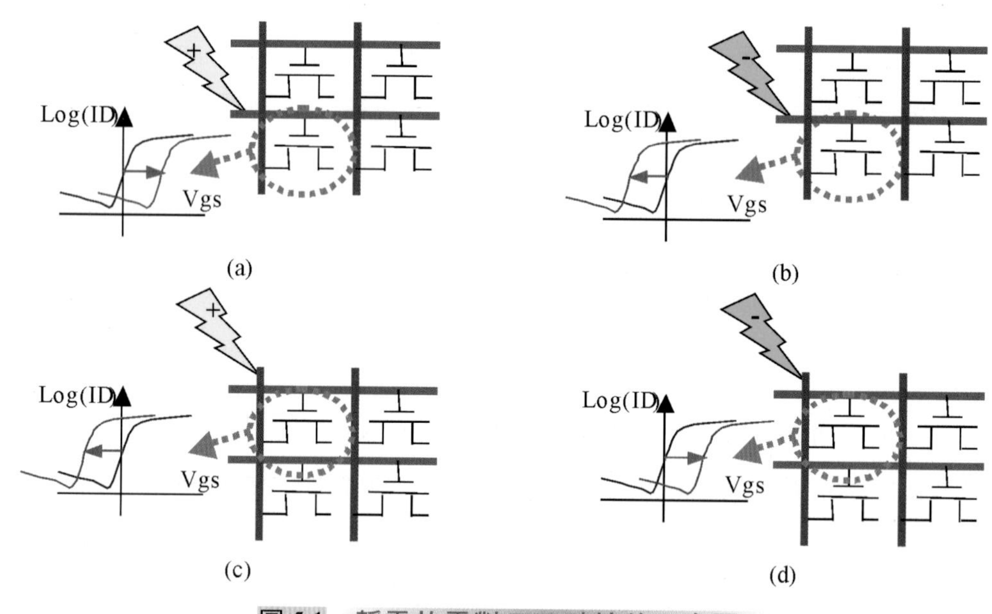

圖 5.1 靜電放電對 TFT 破壞的示意圖

5.1.2 TFT 的靜電防治設計

TFT靜電防治觀念，在於使瞬間放電的電流，不要流入畫素陣列，即使流入畫素陣列，也不要使其在閘極或源／汲極上，產生很大的電壓；另外，採用的靜電防治方式，最好是與原來的TFT製程相容，與原有的製程步驟可一併形成，而不需另外增加製作步驟與成本。因此，有幾種常見的靜電保護設計：

5.1.2.1 TFT diode

如圖 5.2 中所示，將TFT的閘極與汲極相接，即可以形成一個二端的TFT diode元件，在這樣的連接方式下，Vgs＝Vds，其電流－電壓特性類似一個二極體，可由（公式 1.19）求得：

$$I = (1/2)\ \mu_{eff}(\varepsilon_{ins}\ \varepsilon_0/t_{ins})(W/L)(V - V_{th})^2 \quad \text{公式(5.1)}$$

將正反向的 TFT diode 並聯連接在掃描線與資料線的前後端，並聯後的電流－電壓特性如圖 5.2 中插圖所示，當有大電壓擊打在掃描線或資料線時，無論是正電壓或是負電壓，便會有一組正向或反向的TFT diode，將電流導引到環繞畫素陣列外圍的一個環狀電極上，這個環狀電極跨越每條掃描線與資料線，而在各個跨越處產生了寄生電容，自然地由上千條掃描線與資料線並聯出很大的電容 C，用來容納靜電放電的電荷 Q，以減少靜電電壓 V＝Q/C，來防範靜電破壞。這個環狀電極被稱為short ring。為了增加靜電防治的功效，可以將同向的 TFT diode 寬度增加或加以並聯，以增加其導電能力。

然而，這個用來防治靜電的 TFT diode 本身，也可能因為靜電的破壞，而使得其截止電壓漂移，如果向正電壓的方向漂移，便失去了導引電荷的保護功能，而如果向負電壓的方向漂移，便形成掃描線或資料線與short ring之間的一個小電阻，將使正常的驅動負載大增，而形成另外一種線缺陷，需要再利用雷射修補技術將其截斷，將在 5.3 中再作說明。

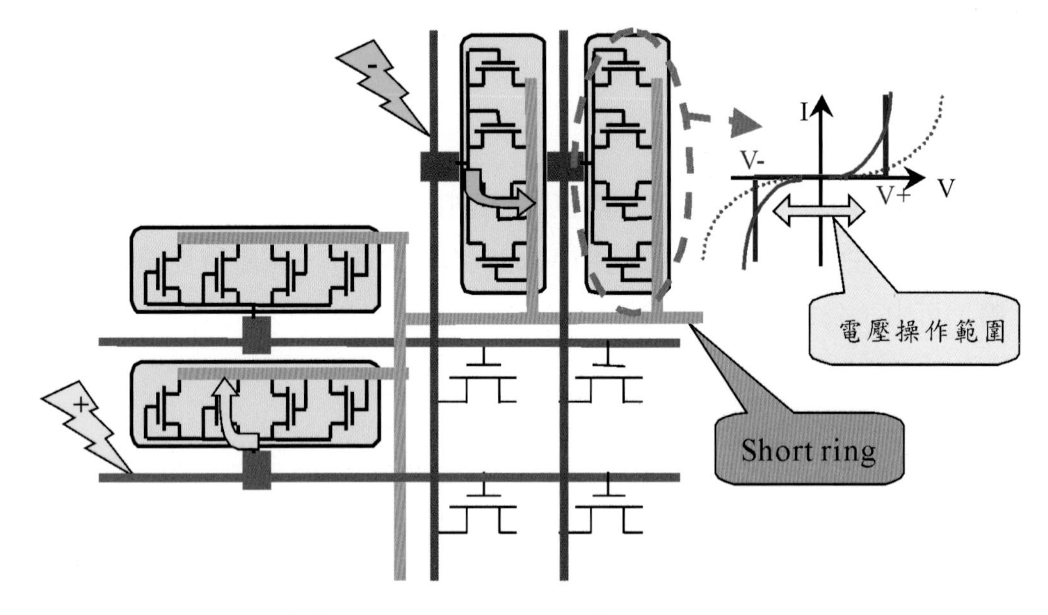

圖 5.2 TFT Diode 靜電保護設計的示意圖

5.1.2.2 MIM diode

另一種靜電保護設計如圖 5.3 中所示，以金屬／介電層／金屬（Metal/Insulator/Metal, MIM）的結構取代 TFT diode，利用二層金屬之間的介電質，在高電壓下所產生的崩潰電流，將靜電電荷導向 short ring，而達成靜電保護的目的。其優點在於 TFT LCD 操作時不會有漏電流，而缺點在於其靜電電壓小時導電性不佳，而靜電電壓大時則會使其崩潰而產生永久破壞。

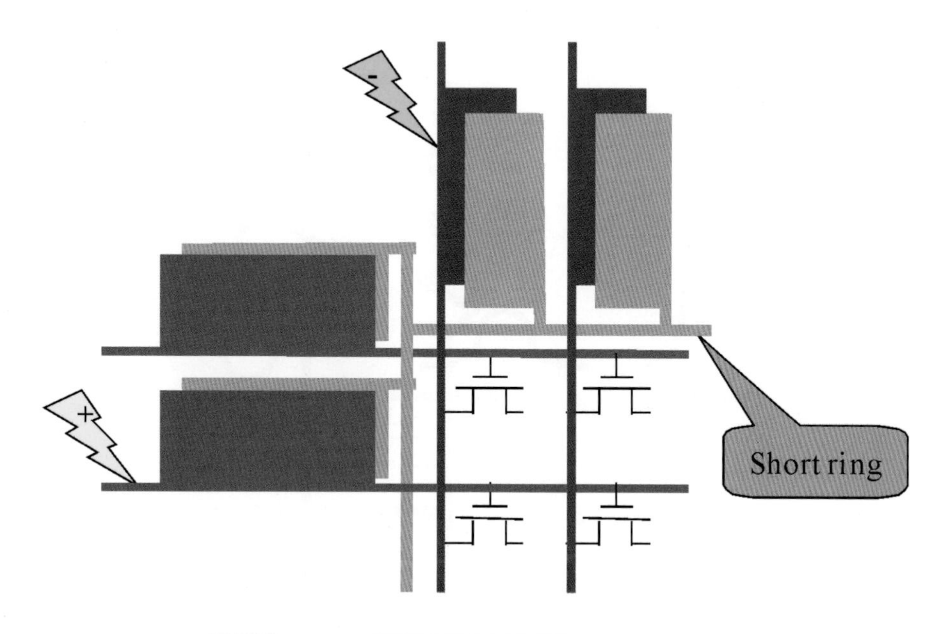

圖 5.3　MIM Diode 靜電保護設計的示意圖

增加串聯阻抗

除了將電荷導向short ring之外，另一種靜電保護設計觀念是將上千伏的靜電電壓降低到不至於使 TFT 截止電壓漂移，如圖 5.4 中所示，在掃描線與資料線的前後端，加上一個串聯阻抗，使發生得很快的靜電放電，經過這個阻抗的延遲後，最大的電壓值會降低下來，而達成靜電保護的目的。

避雷針型圖案

有些TFT基板上，會在金屬層設計一些具有尖端的圖案，如圖 5.5 所示，以類似避雷針放電的方式，避免電荷局部地累積在玻璃上。

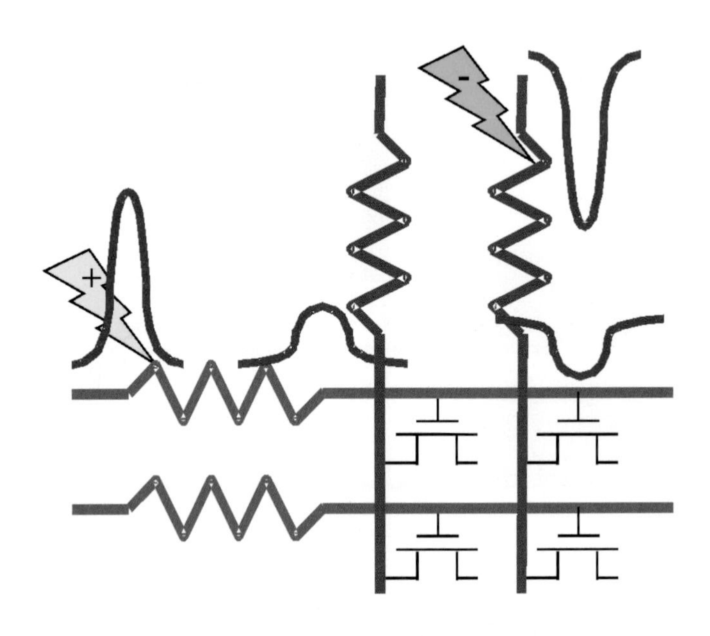

圖 5.4　串聯阻抗靜電保護設計的示意圖

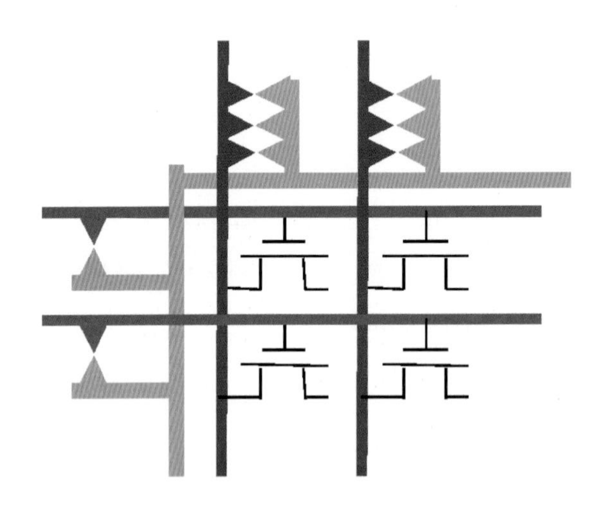

圖 5.5　避雷針型靜電保護設計的示意圖

5.1.2.5 信號線短路

TFT基板上，許多個面板之間與面板和玻璃基板邊緣之間，會有一些空隙區域，在面板切割之後，這些空隙區域並不會連接在面板上。因此，如圖 5.6 中所示，可以將所有的掃描線與資料線，在這些空隙區域上連接起來成為 short ring，而在面板分割之後，各掃描線與資料線再成為各自電性獨立的信號線，這樣的做法，在面板分割之前，電荷不會區部地累積，而會在散布在整個 short ring 和各信號線上，而達到靜電保護的目的。

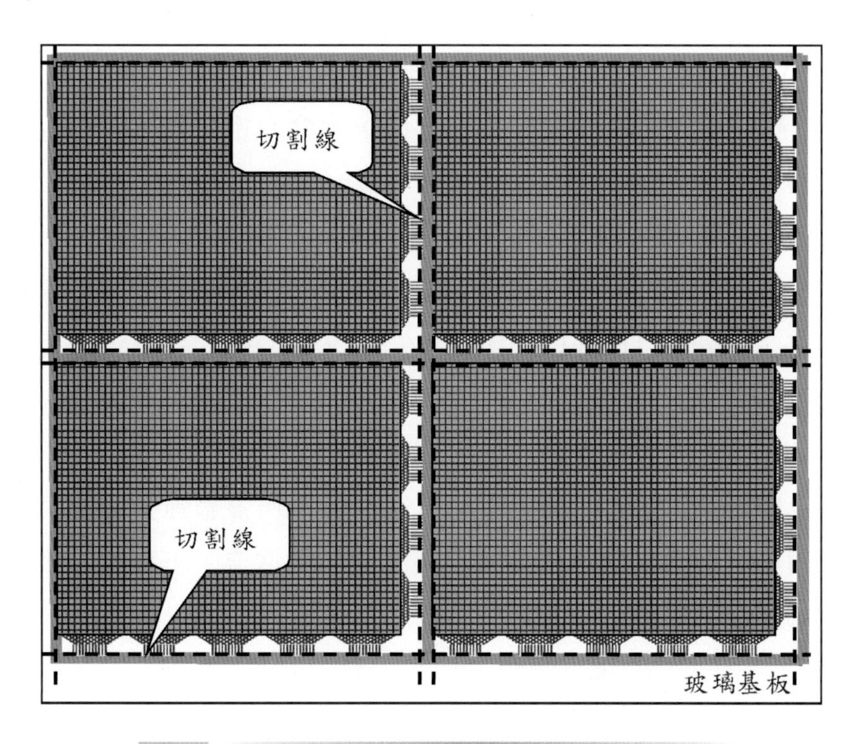

圖 5.6 信號線短路的靜電防治方式之示意圖

這個方式的優點是保護效果非常好，而缺點是在面板分割之後，需要另外設法保護，另外，因為所有的信號線短路在一起，無法以在 5.2.4.3 中所述的裝置作陣列檢查。在 5.2 中，我們再仔細討論靜電防治與陣列測試的關聯。

5.1.3 驅動負載的增加

理想上靜電防治設計的電流－電壓關係，應該要像圖 5.2 中的藍色曲線，具有導通電壓V+與V－，若電壓介於V+與V－之間，不會有電流產生，而電壓大於 V+與 V－時，便有很大的導電能力，將靜電電荷導向 short ring。如此，只要 TFT LCD 操作時，掃描線與資料線在如 2.3.3 中所述的電壓範圍，介於 V+與 V－，便不會對 TFT LCD 操作產生影響。但是，實際上 TFT diode 的電流－電壓關係，在操作電壓的範圍內，也會有電流產生，這也是在 TFT 基板設計時要考慮的。

在 3.2.5.6.1 與 3.2.5.6.2 中，討論了掃描線與資料線的等效電阻－電容電路計算，理想上，用來驅動掃描線或資料線的驅動IC，只要考慮到畫素陣列的總負載即可，但若在 TFT LCD 中採用在 5.1.2 中所述的靜電防治設計，驅動 IC所要驅動的負載，還要再加上靜電防治的部分。例如，使用 5.1.2.1 的TFT diode 靜電防治設計，圖 3.7 的陣列等效電路圖可改畫如圖 5.7 所示。

因此，驅動 IC 所要提供的驅動電流，除了對畫素陣列電容的充放電電流之外，還要再加上靜電防治設計所額外增加的電流，否則無法將掃描線與資料線正確地設定到所需的電壓。

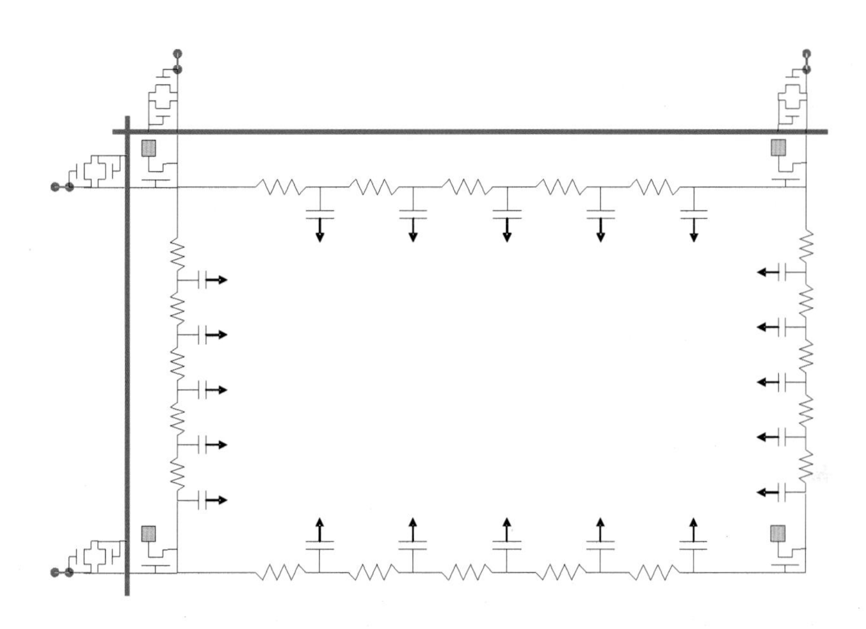

圖 5.7 具有 TFT diode 靜電保護的陣列等效電路圖

5.1.4 靜電保護設計的方式與有效階段

在TFT LCD面板的製程中，可能在不同的製程階段，採取不同靜電保護的方式，如 5.1.3 中所述，靜電保護會造成負載的增加，所以有時會把靜電保護在面板分割時將其去除，在此討論靜電保護設計的方式與有效期間的幾種可能性：

5.1.4.1 完全不做靜電保護設計

如果對整個工廠環境與機台的靜電控制很有把握，可以完全不做靜電保護設計，在驅動 IC 與面板貼合之後，利用驅動 IC 內的靜電保護設計，來保護 TFT LCD 面板。如此，並不會增加驅動 IC 的負載。

5.1.4.2 切割時將靜電保護設計切除

如 5.1.2.5 中所述，可以將靜電保護設計置於切割線外的空隙區域，如此，可以在切割之前保護面板，直到驅動 IC 與面板貼合之後，再利用驅動 IC 內的靜電保護設計，來保護 TFT LCD 面板。如此，亦不會增加驅動 IC 的負載，但在切割之後到驅動 IC 之前，會有一段未受保護的空窗期，需要特別注意這段期間內環境與機台的靜電控制。

5.1.4.3 全程保留靜電保護設計

如果不是採用 5.1.2.5 中所述的信號線短路保護設計，可以將靜電保護設計一直保留下來，如此，不會有未受保護的空窗期，但是，所保留靜電保護設計，會成為驅動 IC 的負載。

5.1.4.4 綜合型靜電保護設計

實際上的靜電保護設計，可能是上述幾種方式的綜合體，如圖 5.8 所示，可以在避免保護空窗期、陣列測試，與減少驅動 IC 負載的抉擇中，找到一個較佳的折衷方式。

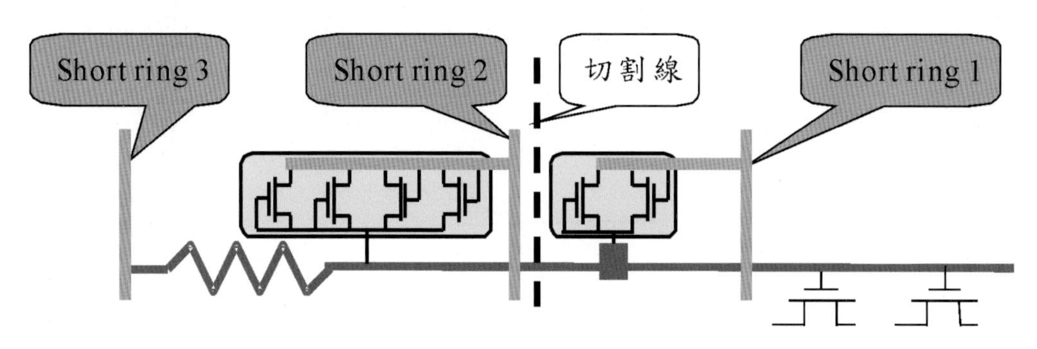

圖 5.8　綜合型靜電保護設計的示意圖

5.2 陣列測試設計

5.2.1　陣列測試的時機與目的

只要畫素在外觀上有不良的地方，就有可能會在畫素上產生缺陷而造成損失，雖然只是在小小的畫素面積內發生顯示不良，卻會使得整片顯示器失去了原有的價值（將在 5.6 中進一步說明各種常見的缺陷）。利用 3.3.4.2 所述的光學檢查裝置，可以將大部分的外觀缺陷檢測出來。但是，除了外觀不良之外，TFT 的電性不良，也會使得充電或保持電荷的能力喪失而造成畫素缺陷，而 TFT 的電性不良，卻很難能從外觀上察覺出來，另外，信號線之間的短路現象，有時也很難以外判斷。因此，為了篩選電性不良的 TFT 基板加以淘汰或修補，需要在 TFT 基板完成之後，與另一片基板組裝之前，先設法測試陣列中的 TFT 特性。此時，TFT 基板上沒有配向膜的存在，整個基板也還未切割，更不會有液晶，因此，與實際 TFT LCD 面板相比，有二點是需要注意的：一是在切割線外，可以作額外的設計，並不影響最後面板成品的操作；二是此時尚沒有液晶電容，無法測試與液晶電容相關的一些效應。

5.2.2 陣列電性測試的方式

一個顯示器的畫素數目高達 10^6 以上，每個畫素都有一個TFT，而信號線也高達數千條，要如何知道每一片TFT基板的電性是否正常，以下將介紹幾種測試方式，但是有些技術是其發明公司特有的專利，無法得知其技術細節，在本書只能稍微描述其基本觀念：

5.2.2.1 測試鍵測試

在3.3.4.4的元件特性量測與3.3.5.3的電性測試鍵中，說明了會在畫素陣列之外，設計TFT測試鍵，在假設所有TFT的特性都一樣的情況下，以量測TFT測試鍵的結果，來判斷這片基板的電性是否正常。但是，這樣的測試方式並不能真正地找出畫素中的TFT缺陷，一般只用在中小尺寸這類低單價的產品。

5.2.2.2 信號線連接性測試

如圖 5.9 中所示，將奇數掃描線與偶數掃描線分別在面板左方與右方以金屬連接短路在一起，而奇數資料線與偶數資料線分別在面板左方與右方以金屬 shorting bar 連接在一起。在正常的面板上，這四組 shorting bar 之間不應該導通，因此，量測 shorting bar 之間的電阻，可以篩選出不良的面板。而這些連接信號線的部分，在面板切割前，同時可以如5.1.2.5所述以信號線短路的方式作靜電保護，而在切割後自面板分離，以免影響操作。但是，利用這種方式，無法確實知道發生問題的位置。

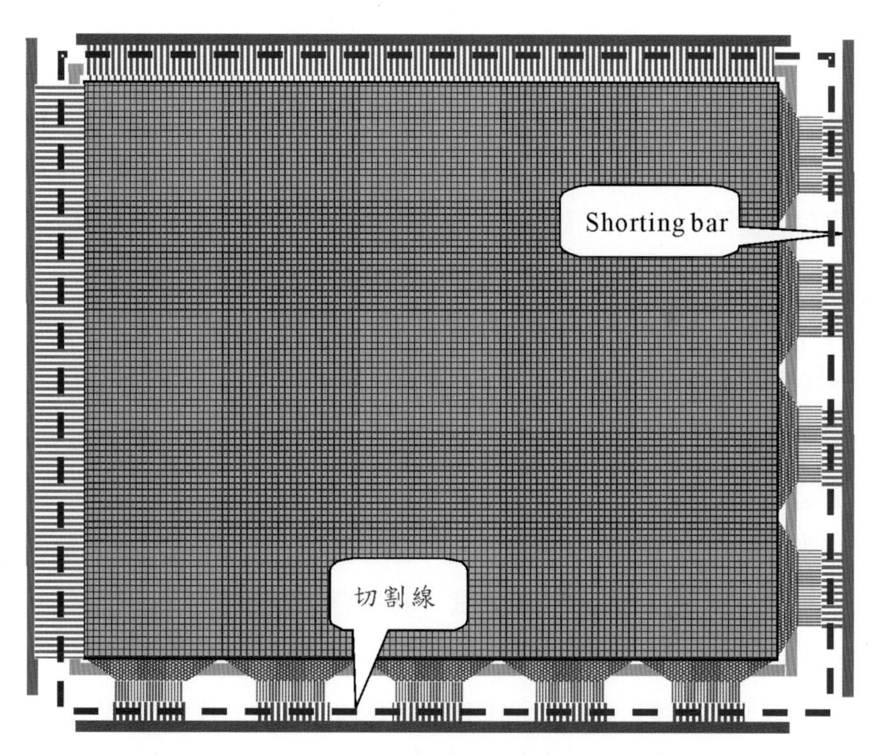

圖 5.9　以 shorting bar 連接奇偶數信號線的示意圖

5.2.2.3　畫素儲存電荷測試

這種測試方式是由 IBM 公司所提出的，可視為 2.1 中所述的 TFT LCD 驅動方式的反向操作，是先將電荷先儲存到畫素電容上（此時液晶電容尚未形成，只有儲存電容），再逐條開啟掃描線，將儲存在畫素電容上的電荷以各自獨立的資料線讀出，由於需要確實地分辨電荷信號的來源是那一個畫素，因此各條信號線必需是獨立的，無法如同圖 5.6 和圖 5.9 中所示短路連接在一起，其所需的探針數目非常多，以 17 吋 SXGA 的面板為例，高達約 5000 個左右（>1280 × 3+1024）。

實際測試上的操作，需要以探針組一起完美地連接所有的掃描線和資料線，來實行電性檢查，只要有一根針沒有連接好，便無法測試對應的那條信號線。以 17 吋 SXGA 的面板為例，5000 根左右的探針，分布在面板週邊的長距離上，需要使每根針尖的水平一致，才不會有些探針因水平較高而連接不良。若在定位時有 1^0的角度誤差，水平方向上距離的誤差會大到約 337.9mm × $[1-\cos(1^0)]=50\mu m$，接近 3.3.1 中所述資料線布線連接端子的間距，也很容易產生連接不良。另外，如果一根探針的針壓是 1 公克，則會有 5000 × 1 公克 = 5 公斤的重量壓在承座基板的平台上，如果平台耐重度不夠，可能會傾斜，因而使探針組中的某些探針無法與基板作良好的連接，而使測試失敗。這些都是這種測試方式在實作時需要克服的課題。

在克服上述探針連接的課題之後，還要再配合電荷寫入和感測讀出的週邊測試系統，進行畫素儲存電荷測試，其電路如圖 5.10 所示，掃描線以測試機台上的電路驅動，依據實際操作頻率在一個圖框週期內逐條開啟，資料線的動作則分成兩個階段，即 Write Cycle 和 Read Cycle，首先在 Write Cycle，以測試機台上的切換開關將資料線連接至電壓源，即可模擬畫素陣列實際操作的資料寫入狀況，將電荷儲存在畫素電容上；緊接著進入 Read Cycle，以測試機台上的切換開關，將資料線連接至電荷感測讀出電路，來讀出所儲存的電荷量。

實際上的畫素儲存電荷測試會更複雜一些，例如，由於讀出電荷時，資料線電壓會受到掃描線電容耦合的影響，還有，資料線本身具有的電容所儲存的電荷也會一起進入感測電路，使得感測電路讀出的，並非是真正的儲存電荷量，需要再另外用一次 Write Cycle 和 Read Cycle，先使資料線電壓等於共電極電壓作寫入，即在畫素電容上儲存的電荷為零，再讀出信號作為參考值，與畫素有儲存電荷時的信號作比較相減，來得出真正的儲存電荷，以符號表示之，整個量測的流程會是 Write '0'⇒ Read '0'⇒ Write '1'⇒ Read '1'，需要四個圖框週期的時間。當掃描線數目愈多時，資料線電容與畫素電容比愈大時，Read '0'與 Read '1'信號相差會愈小，量測的難度也就愈高。

我們可以假設，絕大部分的畫素是正常的，因此，只要是電性上有缺陷的畫素，其量測的結果便會與其他大部分的畫素不同，只要依據讀出電荷時所開啟的掃描線和所對應的資料線，便可定位出缺陷畫素的位置。甚至，藉由各種電荷感測量測結果，可以進一步判斷缺陷的種類和原因，例如：

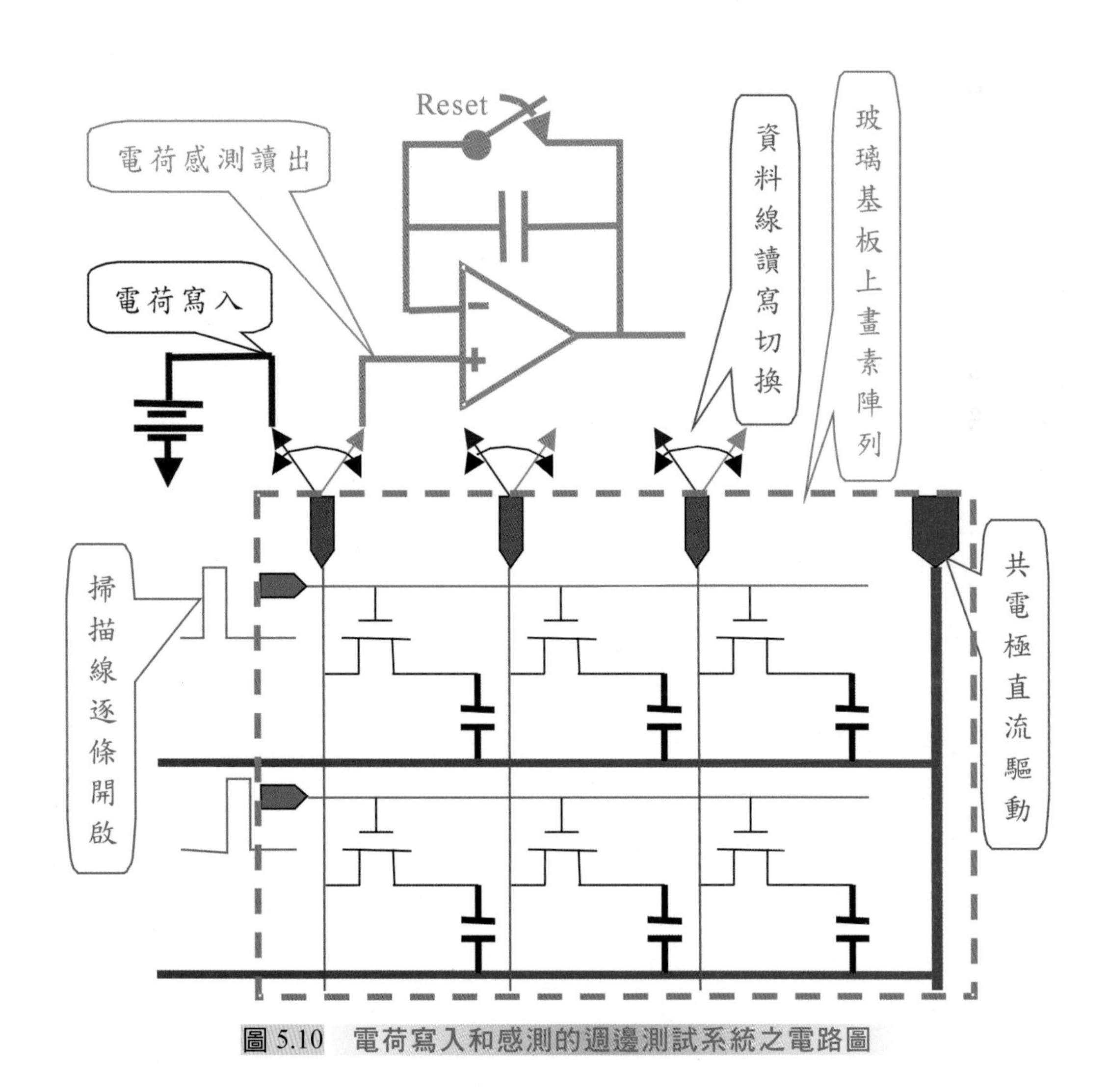

圖 5.10　電荷寫入和感測的週邊測試系統之電路圖

5.2.2.3.1 十字型線缺陷

某一條掃描線上的畫素儲存電荷比正常畫素小，而另有一條資料線上的畫素儲存的負電荷比正常畫素多，便可能是在該條掃描線與該條資料線交叉的位置上發生了短路的現象：掃描線電壓受資料線影響無法降低至TFT的關電壓，無法保持畫素電荷；而資料線電壓受掃描線影響而寫入掃描線負電壓，因而造成十字型的線缺陷。

5.2.2.3.2 亮點畫素缺陷

TFT 若有很大的截止電壓無法提供足夠的充電能力，在 Write '1' cycle 中便無法在畫素電容上儲存電荷，使得 Read '0' 與 Read '1' 的信號相同。這種缺陷，在 normally white 型的 TFT LCD 面板上，由於無法將電壓寫入該畫素電極，因此形成一個亮點缺陷。

5.2.2.3.3 暗點畫素缺陷

畫素電極若與掃描線短路，則不論 Write Cycle 所寫入的電荷為何，在讀出時變成是以掃描線電壓源提供電流送入電荷感測電路。這種缺陷，在 normally white 型的 TFT LCD 面板上，由於該畫素電極與共電極之間一直相差了一個大負電壓，因此形成一個暗點缺陷。

另外，靜電保護的方式也會影響這個測試方法的可行性，如果是以 5.1.2.5 的保護方式將信號線短路，便無法分辨出電荷來源來判斷缺陷畫素的位置。因此，在設計 TFT LCD 面板畫素陣列之外的部分，要同時考慮靜電保護與測試方法。

5.2.2.4　畫素電位光學感測

這種測試方式是由 Photon Dynamics 公司所提出的，基本的想法是，如圖 5.11 所示，如果能將 TFT 基板以外的部分，包括液晶與上電極，另外放置在測試機台上，畫素電極的電位會以和 LCD 一樣的操作方式影響液晶排列，因此，會改變反射光的亮度，藉由反射光亮度的不同，即可找出有缺陷的畫素。實際機台的設計，會將液晶與上電極製作成小面積的模組，去掃描各種尺寸的 TFT 面板，因此這種測試方式具有很高的生產彈性。

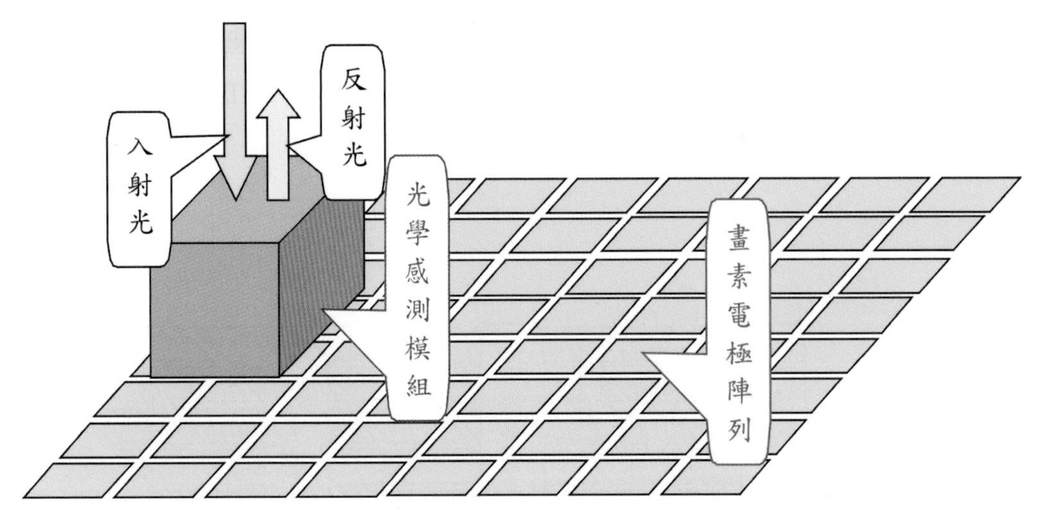

圖 5.11　畫素電位光學感測測試系統之示意圖

如同 5.2.2.3 的畫素儲存電荷測試，開啟掃描信號線以將資料線電壓寫入畫素電極，再關閉掃描線使畫素電容進入電荷保持狀態，來讀出畫素電位；而與 5.2.2.3 的畫素儲存電荷不同的是，這種方式直接在畫素上方將畫素電位的信號讀出來，只要依據測試模組的定位，便可以知道讀出信號對應的畫素位置，來找出缺陷畫素，只需要將資料線電壓寫入畫素電極，並不需要再經由資料線將儲存的電荷讀出。因此，可以一方面將掃描線相互連接，另一方面將資料線相互連接，所有的畫素同時動作，同時一起寫入畫素電壓。所以，可以採用5.1.2.5的靜電保護方式將信號線短路，仍可以分辨出缺陷畫素的位置。

5.2.2.5 畫素電位電子束探測

這種測試方式是起初是由Eaton公司所提出，後來由Applied Komatsu Technology與Shimadzu Corporation開發出生產機台，基本的想法是，如圖5.12所示，以電子束聚焦在畫素電極上，畫素的電位會影響所產生的二次電子信號，因此，藉由二次電子信號的不同，即可找出有缺陷的畫素。實際機台的設計，會以磁場控制電子束的位置，去掃描各種尺寸的TFT面板上的每畫素電極，因此這種測試方式同樣也具有很高的生產彈性。

圖5.12 畫素電位電子束探測測試系統之示意圖

如同5.2.2.4的畫素電位光學感測，只要依據電子束的定位，便可以知道

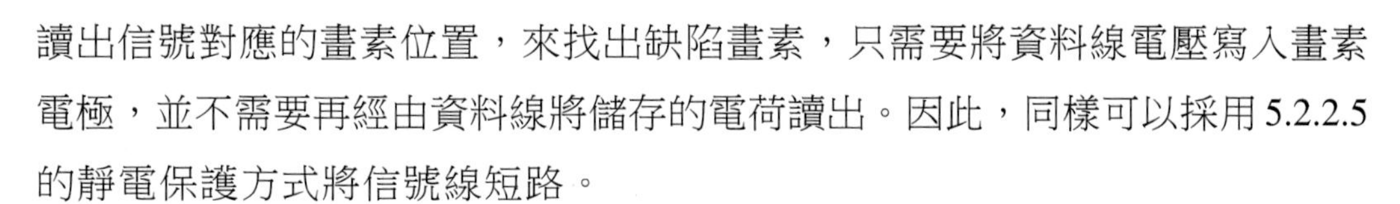

讀出信號對應的畫素位置，來找出缺陷畫素，只需要將資料線電壓寫入畫素電極，並不需要再經由資料線將儲存的電荷讀出。因此，同樣可以採用 5.2.2.5 的靜電保護方式將信號線短路。

在此將幾種電性測試方式整理如表 5.1。

表 5.1　畫素陣列電性測試方式比較表

	量測標的	測試內容	信號線可否短路	缺陷畫素位置
5.1.2.1	測試鍵	元件特性	可以	無法得知
5.1.2.2	信號線	連接電阻	可以	無法得知
5.1.2.3	畫素	儲存電荷	不可以	可以得知
5.1.2.4	畫素	電位造成光學模組反射性的改變	可以	可以得知
5.1.2.5	畫素	電位造成二次電子信號的改變	可以	可以得知

5.3 雷射修補設計

5.3.1 雷射修補的目的

3.3.4.2 中所述的光學檢查與 5.2 中所述的電性檢查，只能消極地找出畫素缺陷的位置，而雷射修補的目的，是進一步地希望能將有缺陷的部分加以改正，使原本篩選出來要丟棄浪費的產品，可以被修補成可被接受的產品。

以目前可以接受的產品標準，首先是絕對不能有線缺陷；其次，目前許多產品有「無亮點保證」，因此也不能有畫素是一直發光的亮點，但可以有程度地接受少數暗點。所以雷射修補的對象，是以線缺陷和亮點為主。

5.3.2 雷射修補的方式

5.3.2.1 雷射修補的技巧

5.3.2.1.1 熔接（Welding）

如圖 5.13(a)所示，在有二層金屬相互重疊的跨越之處，以適當能量和波長的電射，可將金屬炸開而熔接在一起，使二個原本不相連的電極形成短路。在設計時需考慮重疊面積的大小與其和週邊其他金屬的距離。

5.3.2.1.2 切斷（Cutting）

如圖 5.13(b)所示，在單層金屬布線之處，以適當能量和波長的電射，可將金屬炸開而切斷原的布線。在設計時需考慮寬度的大小與其和週邊其他金屬的距離。

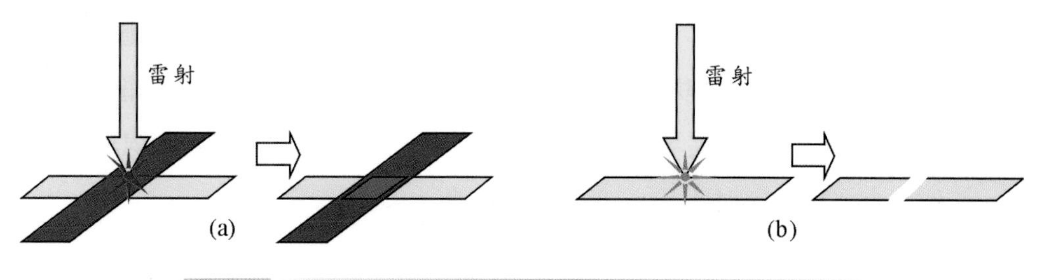

圖 5.13　雷射修補技巧之示意圖　(a)熔接　(b)切斷

5.3.2.2　雷射修補的實例

5.3.2.2.1　線缺陷

以 5.2.2.3.1 中所舉的掃描線與資料線短路的十字型線缺陷為例，如圖 5.14 所示，可先用雷射將交叉點的資料線上下方切斷，由於資料線係由上方驅動，所以此時切斷點下方的資料線無法被驅動；再將交叉點的掃描線左右方切斷，由於掃描線係由左方驅動，所以此時切斷點右方的掃描線無法被驅動。

然後，在畫素陣列下方，將原本沒有作用而置於畫素陣列週邊的修補線，與切斷後的資料線熔接在一起，因此資料線信號可以繞過陣列週邊，由下方驅動切斷後的資料線；在畫素陣列右方，將原本沒有作用而置於畫素陣列週邊的另一條修補線，與切斷後的掃描線熔接在一起，因此資料線信號可以繞過陣列週邊，由右方驅動切斷後的掃描線。

要完成這樣的修補動作，必須先在基板上設計好修補線，這些修補線以 TFT 製程一併製作在基板上，由於無法預知缺陷發生的位置，因此修補線必需重疊跨越過每一條掃描線與資料線，但是並沒有任何電性上的連接。在面板沒有線缺陷時，並不需要用到這些修補線，然而，一旦修補線與掃描線或資料線有了電性上的連接，在驅動時，除了原本的畫素負載與靜電保護負載之外，還要增加了修補線與其他掃描線和資料線重疊跨越的寄生電容，大幅增加了驅動負載，因此需要另外特別加強這一條掃描線或資料線的驅動能力，其他正常的信號線則仍維持正常的驅動，如圖 5.14 所示。

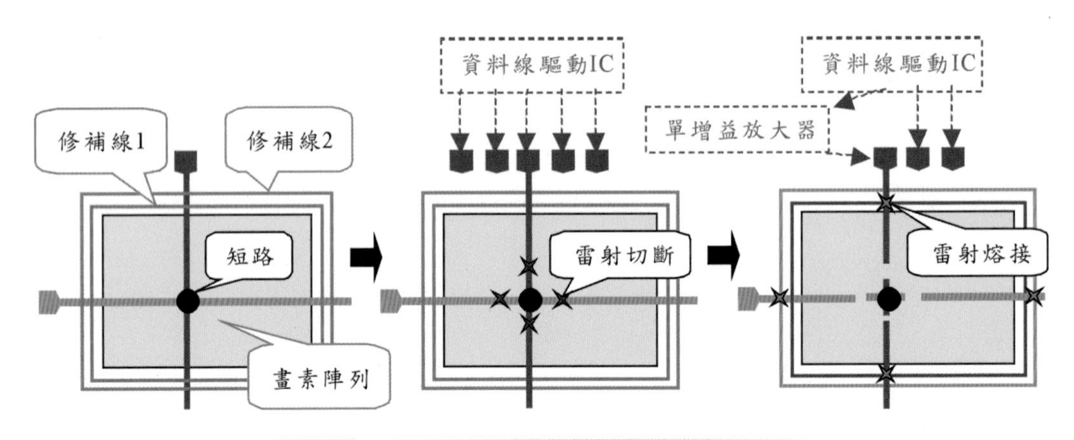

圖 5.14 雷射修補十字型線缺陷之示意圖

5.3.2.2.2 亮點畫素缺陷

以 5.2.2.3.2 中所述的亮點缺陷為例，如果畫素是 Storage on gate 的設計，如圖 5.15 所示，可先用雷射將 TFT 與畫素電極的連接切斷，再在儲存電容處，以雷射熔接將此畫素電極與前一條掃描線連接在一起，所以此畫素電極的電壓大部分時間會是掃描線關閉 TFT 的負電壓，因此可在 normally white 型的 TFT LCD 面板上寫入電壓，而變成一個暗點缺陷。

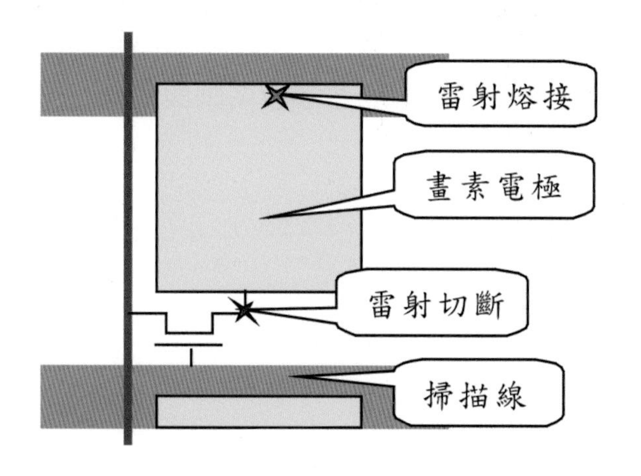

圖 5.15　雷射修補亮點缺陷之示意圖

要使得畫素修補容易進行，事先要設計好適當的切斷位置和熔接位置，以圖 3.5 所示的畫素布局為例，儲存電容的部分，面積較大，是很好的熔接位置，但是這個設計卻很難找到適當的位置來切斷 TFT 與畫素電極。

由以上二個例子，可以設想到雷射修補設計時，考慮的內容會更加複雜，因為考慮的是有缺陷的特殊狀況，而實際各種不同種類的缺陷與其出現的頻率各有不同，所以並沒有一定的通則可依循。為了方便雷射修補，甚至可能會改變原有的畫素布局，而犧牲開口率，要視實際情況來作抉擇。另外，也必需考慮到修補後對驅動的影響，除了修補後的信號線本身負載增加之外，其他信號線的驅動負載也因為跨越雷射修補線而增加了，這些都是雷射修補設計時需要注意的。

5.4 布局考量

由本章開始的靜電設計、陣列測試設計，以及雷射修補設計，其實都沒有絕對的設計法則，大部分倚靠的是實際經驗的累積，而本節所要討論的布局考量更是如此，實際布局時，會有許多由經驗所累積出來的細節，無法一一詳述，在此只就與布局有關的一些零散名詞與觀念，舉例作簡單的說明。

5.4.1 TFT 的布局方式

非對稱型 TFT

TFT的布局可以設計成非對稱型，如圖 5.16 所示，與圖 3.5 所示的畫素布局相比，在相同的通道寬度下，非對稱型的布局設計的寄生電容可以做得更小，來降低 2.5 中所述的電容耦合效應。

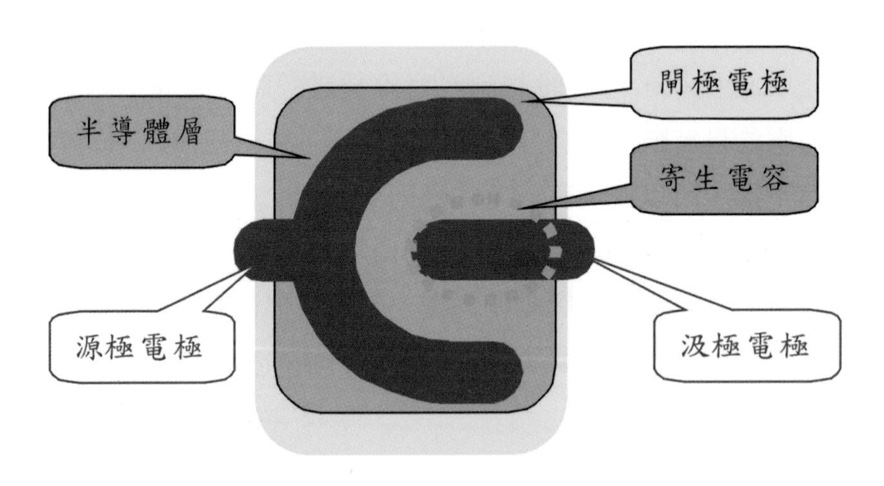

圖 5.16 非對稱型 TFT 之示意圖

5.4.1.2 Island-in 與 Island-out TFT

在TFT基板上，半導體層只形成於要製作TFT的地方，因此習慣上被稱為 Island，半導體層的大小與 TFT 的閘極電極相比，如圖 5.17 所示，如果半導體層整個是在閘極電極上，則稱為 Island-in，反過來說，若有半導體層的部分超出閘極電極，則稱為 Island-out。

Island-in 型 TFT，如圖 5.17(a)所示，在閘極電極以負電壓關閉TFT時，整個半導體Island會被負電壓吸引出電洞，而如圖 3.2 中所示，在源／汲極電極跨越半導體層的邊緣處（圖 5.17(a)中紅色虛線標示處），源／汲極金屬會與未摻雜的非晶矽半導體層接觸，並沒有n^+型摻雜的非晶矽膜來阻擋電洞，因而形成了一個很重要的電洞漏電路徑。但是，由於所有的非晶矽半導體層都被下方閘極金屬所遮蔽，因此不會產生光漏電流。

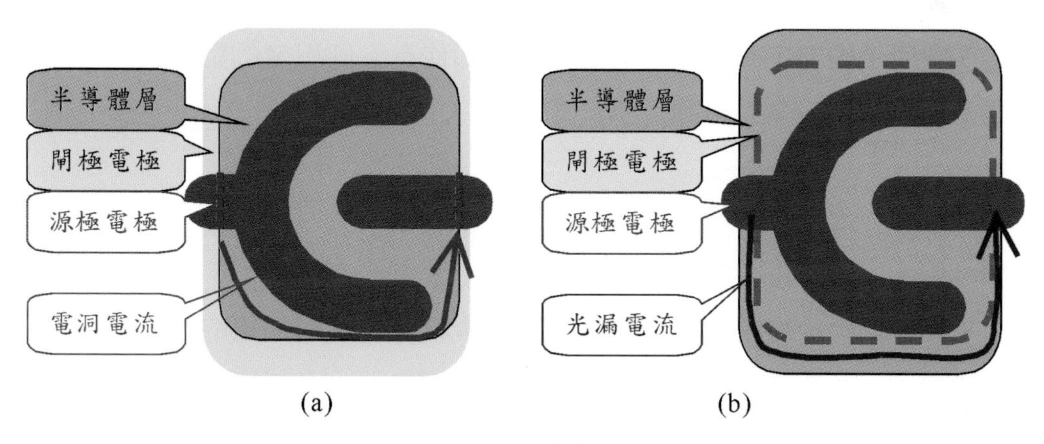

圖 5.17　(a) Island-in 與 (b) Island-out 型 TFT 之示意圖

Island-out型TFT，如圖 5.17(b)所示，在背光源是由TFT基板下方射入時，超出下方閘極金屬部分的非晶矽半導體層沒有被遮蔽，會因為受到背光照射而產生電子－電洞對，因而造成了光漏電流。相對地，由於源／汲極電極跨越半導體層的邊緣處並沒有閘極電極吸引出電洞，因此不會產生電洞漏電流。

二種TFT結構各有不同的漏電問題，實際上可以採用部分Island-in與部分Island-out的布局設計，來取得二個漏電機制的最佳平衡，使漏電流最小。

5.4.2 畫素布局設計

5.4.2.1 TFT寄生電容補償

當製作TFT基板時，若是汲極金屬層在光學微影對準時，與閘極金屬層有向左或向右不同程度的對位誤差，在圖5.16所示的TFT便會有變大或變小不同的寄生電容，參見2.5中所述，便會產生不同的電容耦合效應。若是利用圖5.18所示的TFT寄生電容補償設計，即使有不同程度的對位誤差，仍可以得到相同的電容耦合效應。

5.4.2.2 資料線跨越掃描線

在圖3.5所示的畫素布局中，並未對資料線跨越掃描線的部分作細部設計，實際上，可以在資料線金屬與掃描線金屬之間，多插入一層半導體層，如圖5.19所示，在不用增加任何額外成本的情況下，使得資料線跨越掃描線的地方，多產生一個階級幫助金屬爬坡走線，增加生產製造上的良率。另外，可以縮減跨線處的布局寬度，以降低跨線的寄生電容。

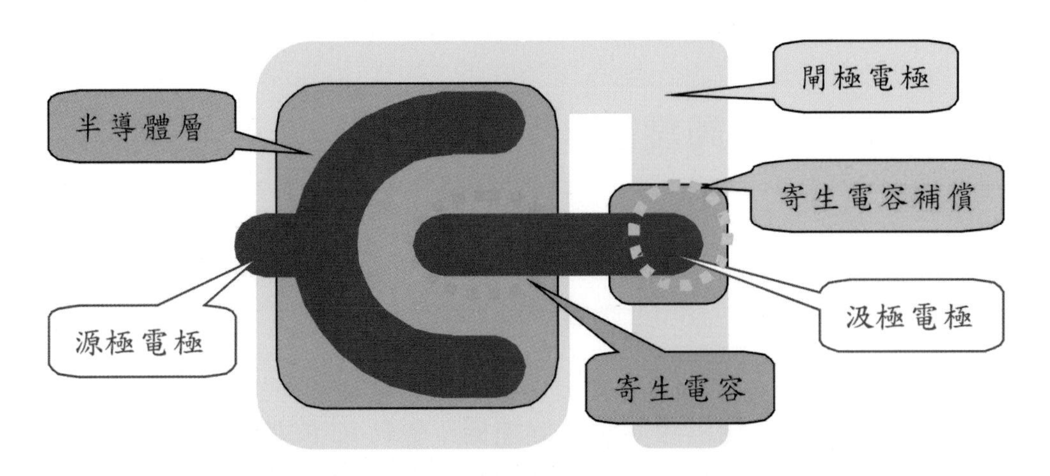

圖 5.18　TFT 寄生電容補償之示意圖

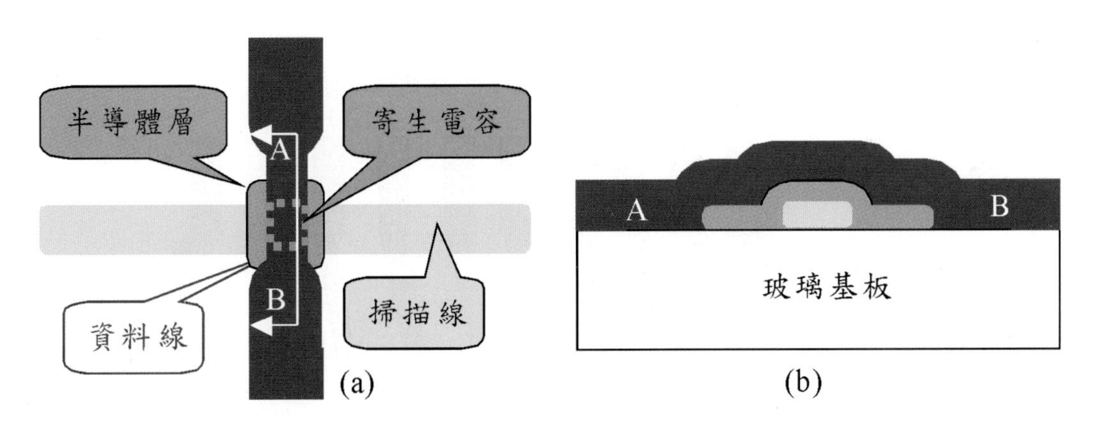

圖 5.19　資料線跨越掃描線設計之　(a)示意圖　(b)A-B 剖面圖

5.4.3 陣列外布局設計

5.4.3.1 等阻值信號線設計

在3.3.1中討論了掃描線與資料線連接至驅動IC的連接端子布線，進一步地考慮驅動時的阻抗匹配，會希望每條信號線的阻值是相等的，因此有些設計會如圖5.20所示，將長度愈長的信號線布局成愈寬，愈短的布局成愈窄，使每條信號線得到相同的阻值。

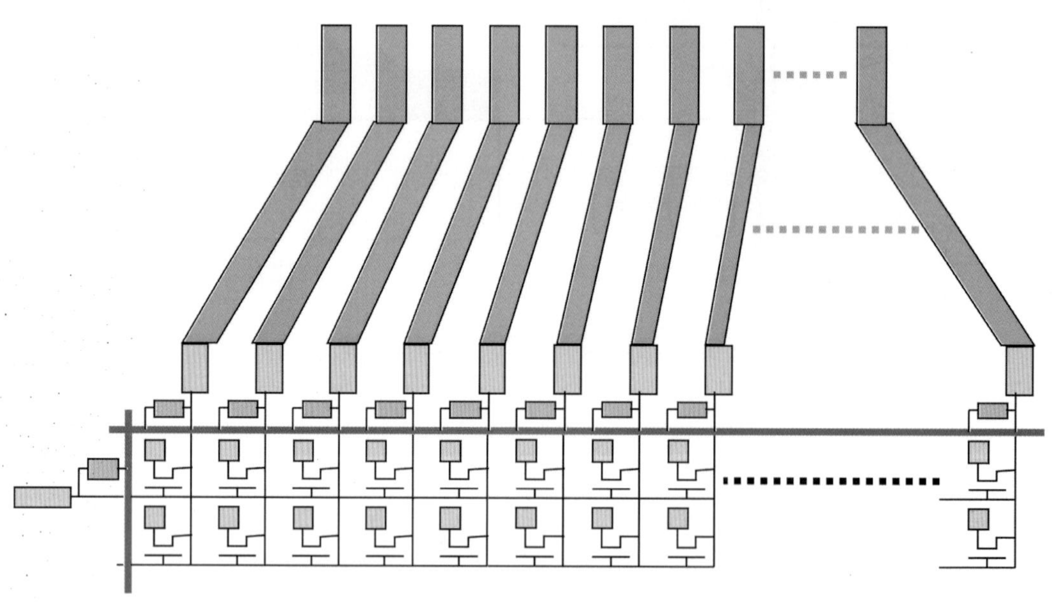

圖5.20 資料線等阻值布局設計之示意圖

雷射修補線設計

在 3.3.1 中討論了掃描線與資料線短路的線缺陷修補，進一步地考慮實作時的情況，由於掃描線與資料線各由閘極金屬與源／汲極金屬形成，因此修補線的設計會如圖 5.21 所示，利用閘極金屬作水平走向的布線，而利用源／汲極金屬作垂直走向的布線，利用上下左右各二組修補線，可用雷射加以切斷和熔接，最多可以修補四條線缺陷。

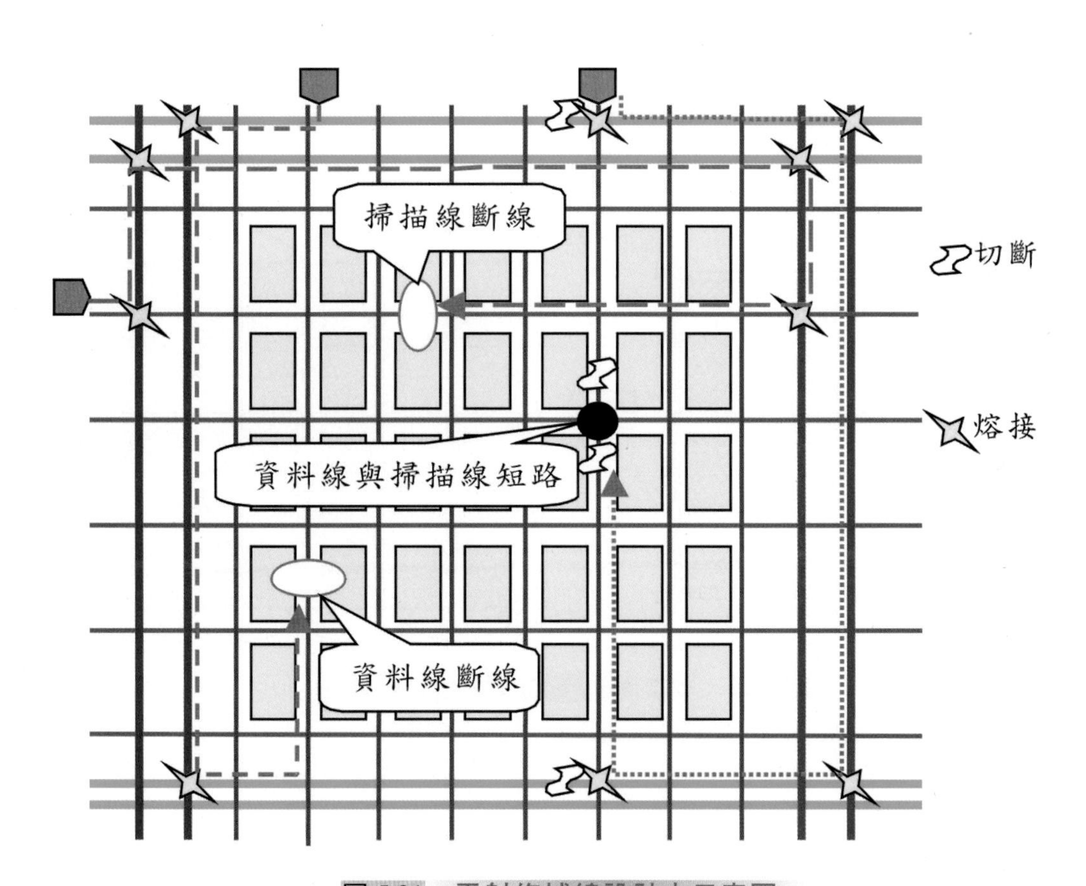

圖 5.21 雷射修補線設計之示意圖

5.4.4 面板接合光罩設計

由於目前面板尺寸愈做愈大，甚至到了 40 吋以上，而目前即使是使用光罩尺寸最大的掃描曝光機（Scanner），也無法將陣列中所有的畫素以一次曝光完成光學微影的動作，因此，要完成整個面板的光學微影製程，需要以多次曝光接合來完成，如圖 5.22 所示。面板接合光罩設計，便是要決定以什麼樣的方式，將整個面板曝光所需要的圖形切割開來，製作在光罩上，再計算出要將對應的圖形在什麼位置上曝光，以形成所需要的面板圖案。藉由光罩的更換與移動，即可完成整個面板的曝光動作。

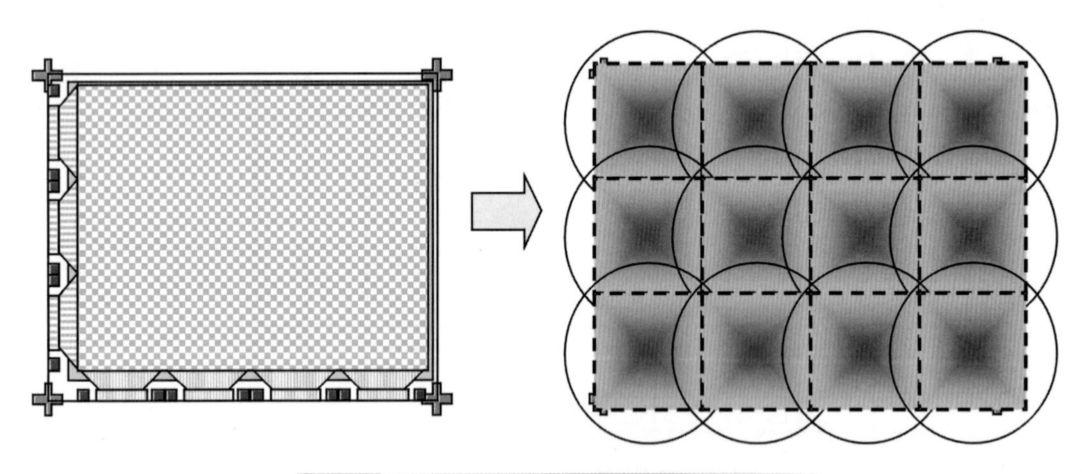

圖 5.22 多次曝光接合成面板之示意圖

5.4.4.1 光罩共用設計

在圖 5.22 中，完成整個面板的曝光次數是 12 次，在 3.2.1 中討論到畫素是完全相同的，因而可以經由適當的分割設計，令陣列中央的二次曝光圖形完全相同，而共同使用同一張光罩，來降低所使用的光罩數目。從另外一個觀點來看，資料線連接端子的接線部分之圖形也是重複的，所以也可以適當分割設計成重複使用相同的光罩來完成，掃描線連接端子的接線部分使用另一張光罩，四個角落的部分再以其他光罩另行處理。

有些曝光機台在同一片基板曝光時，所使用的光罩數目是有限制的，光罩共用的設計，可以減少光罩的數目，來符合光罩數目的限制。

5.4.4.2 光罩接合處設計

5.4.4.2.1 曝光造成的畫面不均勻（Shot mura）

在以光罩接合圖形時，由於機台移動精度的限制，如表 3.2 中所示，閘極金屬與源／汲極金屬最大可能會有 0.6μm 的誤差，因此造成不同曝光區域中的畫素，其TFT寄生電容不相同，因而產生不同的電容耦合效應，當在對這個面板所有的畫素寫入相同的電壓時，期望看見的是一個相同灰階的均勻畫面，但由於各個曝光區域的電容耦合效應不同，無法以相同的共電極電壓完全補償（在 2.5.3.3 中討論液晶電容的影響時，也用到了相似的觀念），因此看到的顯示畫面，類似圖 5.23 中所示。由於不均勻的形狀對應到光罩接合曝光的形狀，故這種現象被稱為Shot mura（關於Mura的說明，請參見5.6）。

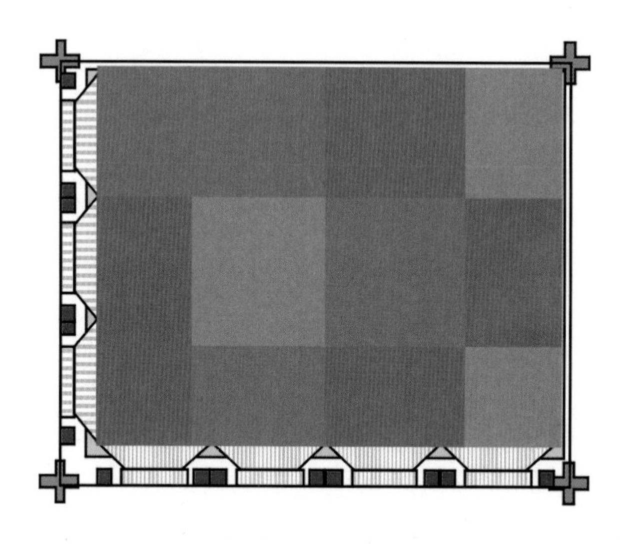

圖 5.23 Shot mura 之示意圖

5.4.4.2.2 視覺效應

要解決 5.4.4.2.1 中所述曝光造成畫面不均勻的問題，使用的原理是利用人眼對灰階變化的敏感度，會隨著變化距離增加而減小，如圖 5.24 中所示，在圖形最左方與最右方的灰階是相同的，但圖 5.24(c)的變化距離較長，人眼感覺到圖形最左方與最右方的差別，便比圖 5.24(b)小，而圖 5.24(a)中不同灰階直接相鄰的差別感覺是最強烈的，這是人眼自然的視覺效應。

要利用這樣的視覺效應，以光罩的曝光造成漸漸變化的效果，有二種方式，第一種是利用漸層式光罩，如圖 5.25 中所示，接合區域有二次機會被曝光，在靠近左方的區域，在第一次以左方光罩曝光時，光罩是接近透明的，而在第二次以右方光罩曝光時，光罩是接近不透明的，因此其圖形主要由左方光罩曝光來決定；相對地，在靠近右方的區域，在第一次以左方光罩曝光時，光罩是接近不透明的，而在第二次以右方光罩曝光時，光罩是接近透明的，因此其圖形主要由右方光罩曝光來決定；而在中間的區域，一部分的曝光量來自左方光罩，另一部分的曝光量來自右方光罩，因此其圖形差異會介於左方與右方之間，而達到漸進變化的效果。

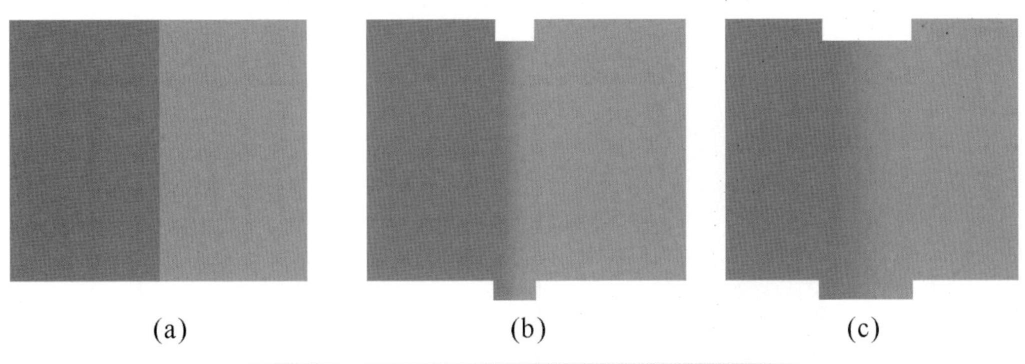

圖 5.24　空間灰階變化視覺效應之示意圖

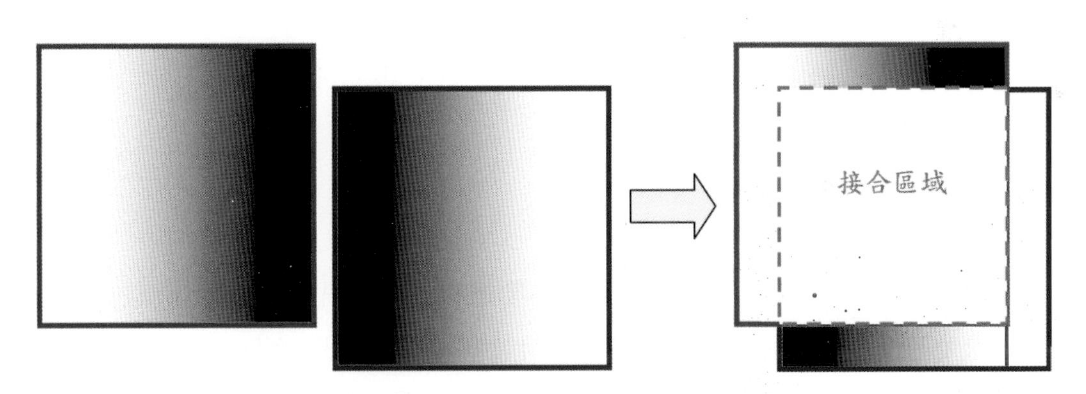

圖 5.25　以漸層式光罩接合之示意圖

另一種方式是Mosaic式光罩接合，如圖 5.26 中所示，接合區域同樣有二次機會被曝光，在靠近左方的區域，大部分的畫素是在第一次以左方光罩曝光時曝光，因此其圖形主要由左方光罩曝光來決定；相對地，在靠近右方的區域，大部分的畫素是在第二次以右方光罩曝光時曝光，因此其圖形主要由右方光罩曝光來決定；而在中間的區域，一部分的畫素由左方光罩曝光，另一部分的畫素由右方光罩曝光，因此其圖形差異會介於左方與右方之間，而達到漸進變化的效果。

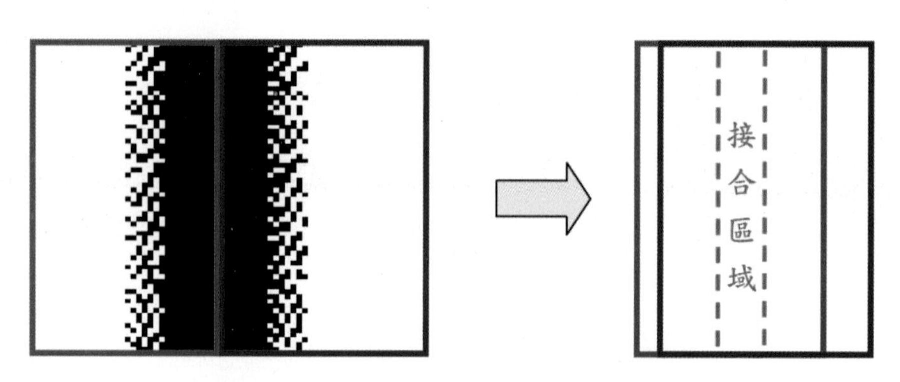

圖 5.26　以 Mosaic 式光罩接合之示意圖

5.4.4.3　曝光時間的降低

以圖 3.2 的製程製作 TFT 基板，需要重複五次曝光製程，完成整個曝光動作的總時間愈短，愈能有效地增加機台使用率，亦即，可以降低tact time，提高 throughput，而光罩的更換和移動，都會花費一些時間，如何設計出 tact time 較短的曝光製程，也是在面板接合光罩設計時要考慮的課題之一。

5.4.5　基板上面板放置與其光罩接合設計

如圖 5.27 中所示，一片 TFT 基板上會有許多個面板，還要考慮基板週邊無法使用的區域，以及對齊切割線的位置，而將面板規律地安排在基板上，另外，還要加入 3.3.4 與 3.3.5 中所述的對準標示和測試鍵。因此在光罩設計時，除了要考慮一個面板的接合方式以外，還要整體計算面板圖形在基板上的確實曝光位置，並把所需要的所有圖形都納入光罩中，設定其對應的曝光位置，更增加了光罩接合設計的複雜度。

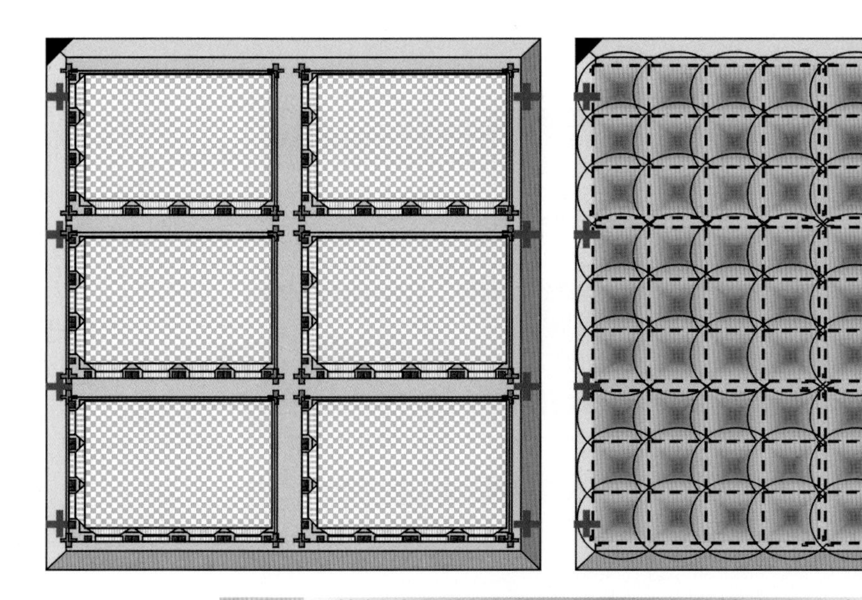

圖 5.27　基板上面板放置設計與其光罩接合之示意圖

5.4.6　上下基板對位設計

在設計完 TFT 基板之後，還要考慮與 CF 基板的設計，以及二片基板的對位問題。在設計 TFT 基板時，設計者會以面對製作 TFT 的那一面思考設計，而設計 CF 基板時也是一樣，仍會以面對彩色層和黑色矩陣所製作的那一面思考設計，當上下基板二片組合時，需要將 CF 基板翻轉過來，與 TFT 基板對位，因此，如圖 5.28 中所示，變成 TFT 基板面向上，而 CF 基板面向下的情況。

而將CF基板翻轉成面向下的方式又有二種，一種是水平（左右）翻轉，一種是垂直（上下）翻轉，如圖 5.29 中所示，在上下基板設計時，必需要考慮到用何種方式翻轉，以及圖形在基板上對應的位置的關係。

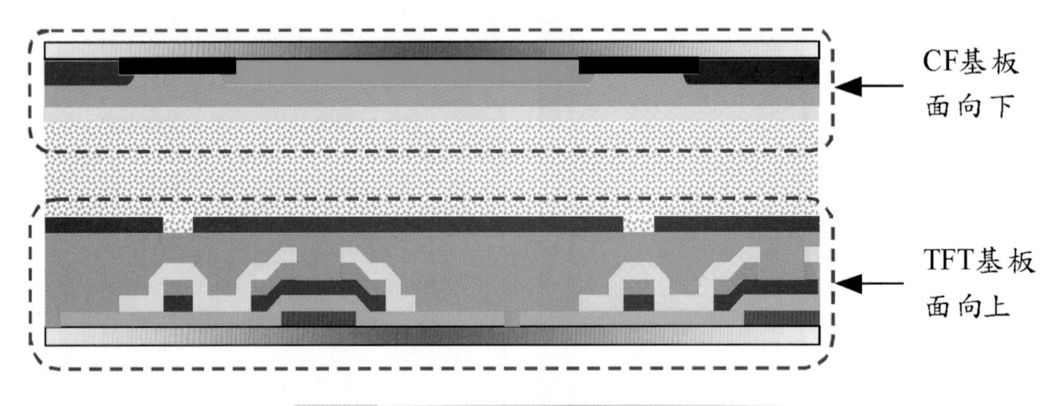

圖 5.28　上下基板相對組合之示意圖

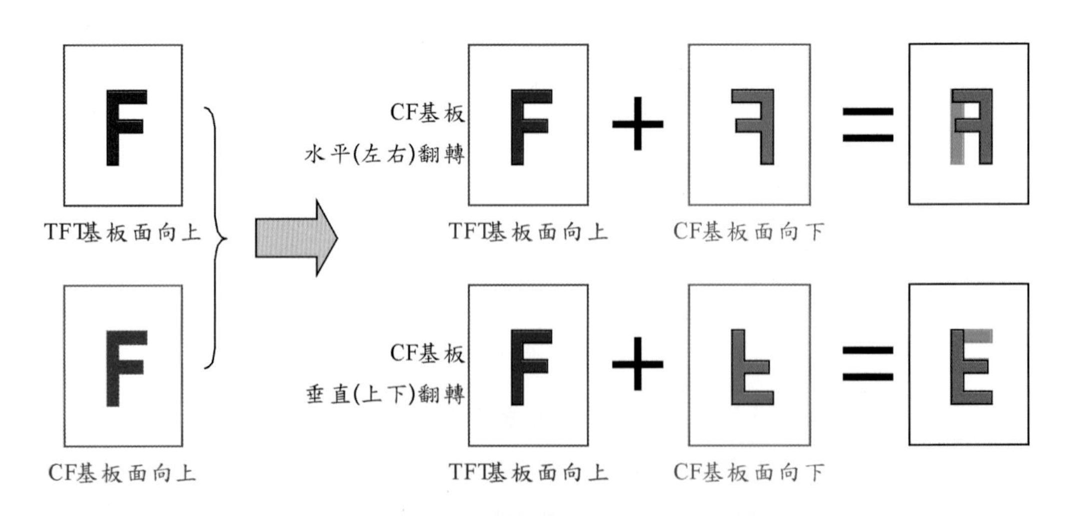

圖 5.29　CF 基板翻轉方式及組合之示意圖

5.4.7 布局檢查

目前以IC布局軟體的進展而言，已可以由電腦來檢查許多布局的錯誤，其中最重要的工具便是DRC（Design Rule Check）與LVS（Layout Versus Schematics）。前者利用所設定的布局規則，如最小線寬和最小相鄰布線間距等等，檢查違反這些規則的布局。而後者將所設計的電路與實際布局成的電路做比對。TFT基板上，除了畫素陣列之外，並沒有什麼複雜的電路，因此不太有機會使用到LVS來做檢查，而使用DRC檢查所設計的TFT基板布局，可以找到一些不小心繪製的圖形，仍然會對減少錯誤有很大的幫助。大體來說，TFT LCD面板布局由於許多考量無法轉換成單純的演算法，也就難以交由電腦來執行，大部分仍依賴人工來檢查，因此很可能發生人為的錯誤，在進行布局設計時要非常注意。

5.5 製程與環境的變動

在3.2.1中，我們說明了最壞情況的設計觀念，而在考量製程變動時，若是全部都用最壞情況來計算，往往會使得設計的限制大幅增加，而難以找到可行的設計值。畢竟，製程變動的到極限發生的機率是很低的，而數個製程同時變動到極限的機率就更低了，太過保守的設計，犧牲了原來應該可以實現的性能，反而喪失了設計的意義。然而，完全不考慮製程的變動，也會使得生產困難度大增。如何在設計時提供適當的製程變動容許度（Process window），而不致犧牲所設計產品性能，需要製程與設計雙方面的密切合作；進一步地，要設計製作出性能更佳的產品，除了製程能力的改善之外，需要對製程變動的控制能力也要更加強才行。

其實在之前的章節中，已多次提到與製程變動有關的內容，例如，在表 3.2 中所示的 TFT 設計準則，特別把相關的誤差列在表中；在 3.3.5.1 中，簡單說明了關鍵尺寸的重要性；在 2.5.3.4 中，說明了製程變異的電容耦合效應，無法利用共電極電壓加以補償；而在 5.4.4.2.1 中，說明了曝光時閘極與源/汲極重疊的變動，所造成的畫面不均勻。除此之外，在本節中，我們將透過其他一些例子，來體會製程的變動對設計的影響。

另外，環境溫度對顯示器的許多特性會有所影響，在本節中，也會討論相關的設計考量。

5.5.1 電極線寬定義及對準

在 1.3.3.2 中，我們只初步地說明，為何閘極與源/汲極要特意形成重疊，在此要說明如何設計重疊的大小。最理想的TFT閘極與源／汲極是邊緣恰好對齊而沒有重疊的，如圖 5.30(a)中所示，一方面串聯電阻很小，另一方面，電極之間產生的寄生電容也會最小。但是，參見表 3.2，閘極會有±0.5μm 的線寬定義變化量，源／汲極會有±1μm 的線寬定義變化量，如圖 5.30(b)中所示，再加上源／汲極金屬與閘極金屬之間，有 0.6μm 的對準誤差，如圖 5.30(c)中所示，因此，為了確保TFT閘極與源／汲極的重疊，以 3.2.1 中所述的最壞情況設計觀念，會將此重疊的大小，設計成（0.5μm/2 + 1μm/2 + 0.6μm）= 1.35μm，如圖 5.30(d)中所示。考慮最極端的情況，閘極線寬少了 0.5μm，源／汲極線寬少了 1μm，源／汲極與閘極的對準又向汲極方向偏移了 0.6μm，如圖 5.30(e)中所示，此時TFT閘極與汲極是恰好對齊；然而，在另一個極端，閘極線寬多了 0.5μm，源／汲極線寬也多了 1μm，閘極與源／汲極的對準又向源極方向偏移了 0.6μm，如圖 5.30(f)中所示，此時TFT閘極與汲極重疊的大小變成 1.35μm的二倍。這些重疊大小的變化，會經過 2.5.3.1 中所述的掃描線對畫素電極電容耦合效應，反應在共電極電壓的補償值以及 shot mura 的現象上。

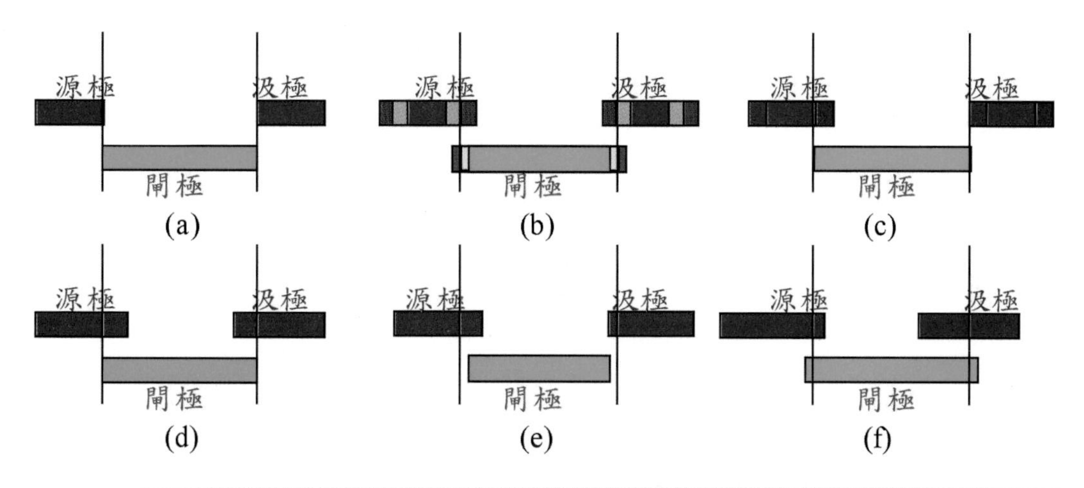

圖 5.30 TFT 閘極與源／汲極的重疊情況 (a)邊緣恰好對齊 (b)線寬定義變化 (c)對準誤差 (d)重疊設計 (e)極端情況一 (f)極端情況二

在 2.5.2.2.1、2.5.2.2.2、2.5.2.3.1 與 2.5.2.3.2 中，討論到畫素電極以掃描線和資料線作為 Integrated BM 的情況，也要考慮到類似的效應，如果沒有重疊，便會有漏光的問題，而重疊區域太大，會造成寄生電容的增加。

考慮這些重疊區域所產生的寄生電容，需要在設計時考慮增加儲存電容，以避免有些產品因電容耦合效應較大而變成次級品，降低生產良率，但是增加儲存電容會降低開口率，所以，最後產品實際設計的儲存電容，不但要滿足第二、三章所考慮的設計原理與產品規格，還要考慮製程變動容許度才能決定。

5.5.2 薄膜厚度

在設計時，需要考慮薄膜厚度變動，所產生的電阻變化和電容變化。

5.5.2.1 金屬層薄膜厚度

在 3.2.5.6.1 中，計算掃描線的等效電阻時，僅代入其一般值，並未考慮到閘極金屬厚度的變化。如果薄膜厚度有 10%的變動範圍，意謂著電阻可能因為厚度變薄而增加 10%（參見公式（2.75）），這個變動會直接反應在掃描線信號延遲時間的增加。

5.5.2.2 閘極絕緣層薄膜厚度

如果閘極絕緣層變薄 10%，會使得儲存電容值增加 10%，但也會使得TFT的閘極變薄，而增加 10%的充電能力（參見公式（1.18）），在液晶電容不變的情況下，仍可滿足充電的需求。然而，畫素陣列的延遲效應與驅動負載，卻也會因為電容增加而變大。

相反地，如果閘極絕緣層變厚 10%，會使得儲存電容值減少 10%，一方面會使得TFT的閘極變薄，而減少 10%的充電能力，可能無法滿足充電的需求；另一方面，對於電容耦合效應的抑制，也會因為儲存電容變小而發生問題。

5.5.2.3 保護絕緣層薄膜厚度

保護絕緣層厚度變動，會影響資料線與掃描線和下板共電極線跨越處的寄生電容是畫素陣列的延遲效應與驅動負載。

5.5.3 環境溫度變化

參考 1.2.3.1 和 1.2.5 中，討論液晶的特性會隨著溫度而改變，當溫度降低時，液晶電容最大值與最小值的差別會比較大。另外，當溫度降低時，TFT 的電流會比較小。而當溫度增加時，TFT 的漏電流可能會變得比較大。

對於這些情況，基於 2.5.3.3 中所述的液晶電容對電容耦合效應的影響，可能會要增加儲存電容，來克服低溫下電容耦合效應；也可能會考慮再增加 TFT 尺寸，來補償低溫下的充電能力；也可能要再增加儲存電容，來維持電荷保持能力。只要有確定的規格，便可以根據液晶電容和 TFT 在低溫下的特性，依照類似於第三章中的設計實作，設計出不同的環境溫度下，都可以合乎要求的產品。

然而，就現實的設計考量而言，即使產品同樣地能會銷售到寒冷的地區，也會因其使用的地方是汽車內還是客廳中有所差別，所以必需回到 3.1.3 的產品規格協調訂定的階段，確定這個產品的明確要求，例如，在攝氏零下 30 度時，對比是否需要維持在 500:1，如果是，當然應該要採取適當的設計；但是，如果在低溫時可以接受 100:1 的對比，也許便不需要特別犧牲開口率，而影響產品在室溫下的顯示表現。這就是在本章一開始所提到的模糊地帶，現實的經驗中，並不一定所有的規格，都可以在設計之初便完全確定下來，這個部分是設計原理所無法掌握的。

5.6 顯示畫質不良的分析

如 5.5 中所述，製程變動容許度與產品規格的不確定性，使得 TFT LCD

面板設計的現實工作複雜化，不只是單向的設計過程，而很可能會是：設計⇒試作⇒驗證⇒分析⇒修改設計，直到滿足生產良率與客戶需求的反覆過程。操作及驅動的原理，不僅要應用在設計的階段，還需要顯示畫質不良時，用來分析可能發生問題的原因，才能採取適當的措施修正設計。

就像是生病的時候，引發的病因雖然不一樣，但造成的症狀卻可能是相似的，由於顯示畫質不良是使用者所觀察到的現象，相似的現象，卻可能有不同的原因，若要分析出顯示不良的真正原因，必須先知道整個設計的相關資訊，如液晶的模式、極性反轉的方式、驅動系統的架構等等，才不會發生誤診誤判的情況。分析與設計最大的不同，在於設計時並沒有實驗可驗證，考慮許多情況都是基於假設；但分析時卻是有實體的，可以藉由畫素測試或其他的分析手法，一方面，可判定不良的原因，另一方面，甚至可以實際測定出設計的變動容許度。

以下討論幾種顯示畫質不良現象，並就幾個分析案例加以說明，希望藉由這些討論，可以讓讀者練習多元化的思考，對各項設計原理在顯示畫面上的實際影響，有更具體的認識；然而，實際在產品中發生的顯示畫質不良，可能是多個原因組合而成的，會使得不良現象更加複雜，而增加分析的困難度，需要更縝密的深入思考。

5.6.1 點缺陷與線缺陷

在5.2.2.3和5.3.2.2中，已討論了幾種點缺陷與線缺陷的畫素儲存電荷測試方式，以及雷射修補方式，一般而言，大多是由於製程上的異物或靜電，造成畫素陣列中的電極斷路或短路，或是TFT的特性不正常，因而產生缺陷。

發生在掃描線或下板共電極線的斷路，會是水平的線缺陷；如果是發生在資料線的斷路，則會是垂直的線缺陷；掃描線或下板共電極線與資料線發生短路，則可能會形成十字形的線缺陷。發生在畫素電極上的短路或斷路，或是TFT失效，則會形成點缺陷。如果缺陷常常發生在特定的地方，在設計上，可依據經驗分析該處的布局圖案，在儘量不影響開口率與驅動負載的考慮下，適當地修改來增加生產良率。

線缺陷非常明顯，絕對無法被使用者所接受；而點缺陷在畫面解析度很高的情況下，則未必會被使用者發現，與點缺陷的位置有關，如果不是位在螢幕中央，某個程度上可以容許少數幾個點缺陷。

缺陷基本可分為亮暗二種，由於人眼在黑畫面下對亮點的敏感度較高，而在白畫面下對暗點的敏感度較低，因而較不容許亮點缺陷。但是缺陷的亮暗，會隨著所用的液晶模式是normally white或是normally black而相反，因此設計與修補上的對應措施也會有所不同。此外，有其他更複雜的情況，缺陷不一定單純地是亮或暗的，例如，當畫素中的TFT與資料線發生短路時，由於資料線電壓會隨著所顯示的畫面而改變，畫素電壓也會隨著不同；又例如，當掃描線與資料線之間有漏電時，掃描線與資料線的電壓，會因驅動力與漏電電阻而不同，如果掃描線驅動力非常大，而且漏電情況很嚴重時，資料線電壓會被拉到與掃描線電壓相同，而在normally black的液晶模式中，會變成垂直的亮線缺陷。實際產品上可能發生的情況很多，無法一一舉出，請讀者試著參考練習5-1，判斷缺陷的種類。

5.6.2 Mura（むら，斑）

在5.4.4.2.1中，已使用了Mura這個字，它源自於「斑」的日本發音，目前已成為LCD產業界中慣用的名詞，廣泛地表示各種畫面的不均勻情況，只要是在所希望要顯示的畫面是均勻的時候，觀察到了不均勻的情形，便會用Mura來稱呼這種不良的現象。由於Mura是一個泛稱，有各種現象與對應的發生原因。在5.4.4.2.1中，已介紹了其中一種Shot mura。

要觀察 Mura，需要先把畫面設定在相同的灰階，就現有的驅動架構而言，即是以相同的視訊資料信號電壓施加在資料線上（莫忘了極性反轉），為了容易觀察到不良現象，灰階的選擇，要考慮二個因素，主要是液晶模式的穿透度變化，對電壓較為敏感的灰階，其次是考慮到在低亮度時，人眼會較為敏感，綜合二個效應，可選擇出最容易觀察到 Mura 的灰階。

然而，對 Mura 的定義，其實並不是絕對的，由於 Mura 並不像缺陷那麼明顯，可能只會在某些特別的灰階顯現出來，而且還與觀察的人，和觀察環境的明暗度有關，甚至，有時在暗室中，以斜向的視角觀察顯示畫面，因穿透度對電壓變化更為敏感，而且亮度更低，可以發現其他更多的Mura，是否需要解決，仍需視產品及客戶的要求而定。

在此舉出二種可能發生 Mura 的原因：

5.6.2.1 液晶配向不均勻

在使用絨毛布滾刷液晶的配向膜時，若是施加的力量不均勻，可能使得不同區域的液晶排列稍有不同，而在某個灰階畫面下，觀察到不均勻的情況。由於一般 TN 型液晶的滾刷方向是 45 度，這種 Mura 往往也是呈現出 45 度的不均勻情況。

5.6.2.2 TFT 的漏電不均勻

當TFT的漏電不同時，即使寫入相同的畫素電壓，最後在畫素液晶上造成的電壓 RMS 值也會稍有不同，而在某個灰階畫面下，觀察到不均勻的情況，由於相近區域的 TFT 特性接近，這種 Mura 往往也是呈現出區域型的不均勻情況。

5.6.3 串音（Crosstalk）

另一種常見的不良現象，稱為串音（Crosstalk），也就是說某一區域的畫面，會影響到另一區域的畫面。與 Mura 的不良現象類似，串音往往也是要在背景是某些灰階時才看得出來，也需要考慮亮度對人眼的影響，例如，在灰階的背景下有一個黑色區塊，與在灰階的背景下有一個白色區塊，以這二個畫面相比較，在前者所發生的串音，會比較容易被觀察到（參見4.3.2.1，人眼在暗環境下較敏感）。

由於TFT LCD的架構，是以畫素在水平和垂直方向上展開成陣列，因此TFT LCD 中所發生的串音現象，也會是水平或垂直的，如圖 5.31 中所示，以下舉出幾種水平和垂直串音的可能發生原因：

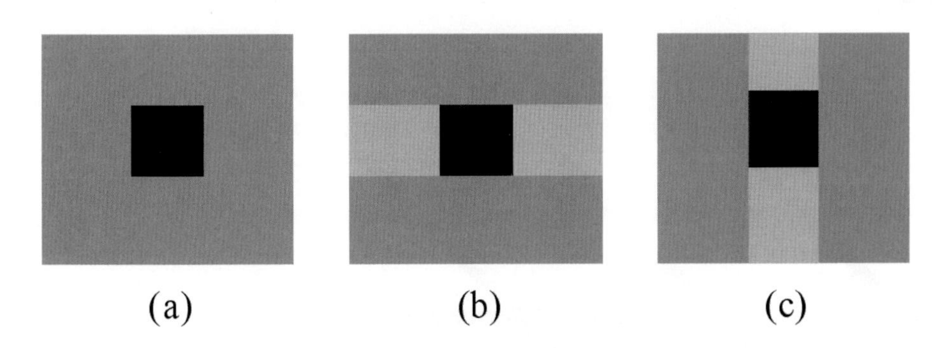

圖 5.31　(a)沒有串音現象發生　(b)一種水平串音現象　(c)一種垂直串音現象

5.6.3.1 水平串音（Horizontal Crosstalk 或 Lateral Crosstalk）

5.6.3.1.1 資料線對上板共電極的電容耦合

在此時，需要想像一下在TFT LCD的架構中，上板共電極與TFT基板上之間的電容，除了畫素中的液晶電容之外，還有資料線和掃描線金屬本身，與上板共電極所造成的寄生電容，其立體關係如圖 5.32 中所示。

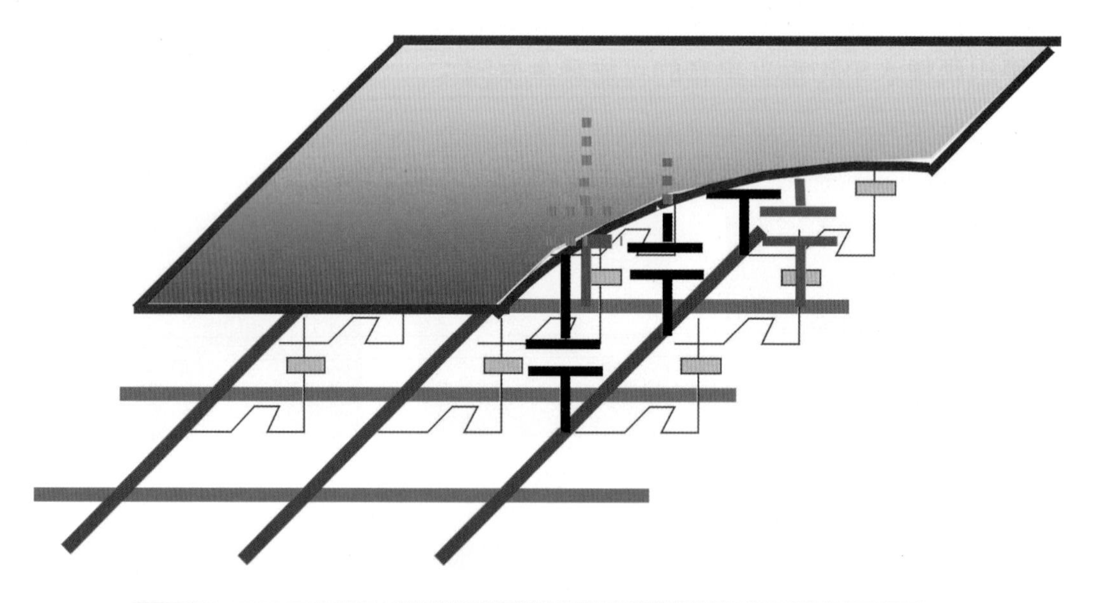

圖 5.32 上板共電極與 TFT 基板上的資料線掃描線的立體關係圖

在 2.5.2.4.4 中，討論了資料線與上板共電極間的寄生電容，即為圖 5.32 中所示的藍色電容；在2.6.5中，則說明了共電極的信號延遲情況；而在3.3.2

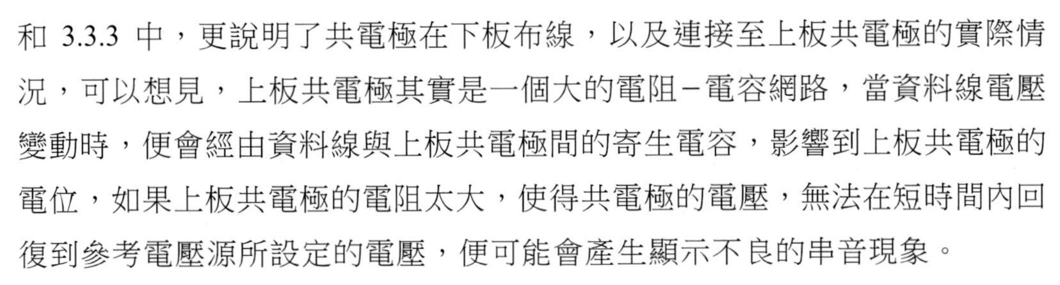

和 3.3.3 中，更說明了共電極在下板布線，以及連接至上板共電極的實際情況，可以想見，上板共電極其實是一個大的電阻－電容網路，當資料線電壓變動時，便會經由資料線與上板共電極間的寄生電容，影響到上板共電極的電位，如果上板共電極的電阻太大，使得共電極的電壓，無法在短時間內回復到參考電壓源所設定的電壓，便可能會產生顯示不良的串音現象。

首先來看看圖框反轉的情況：假設所要顯示的畫面，如圖 5.33(a)中所示，對一個 normally white 的 TN 型液晶模式而言，資料線 A 和資料線 B 的電壓波形如圖 5.33(c)中所示，在黑色區塊垂直範圍內的資料線，電壓波形都與資料線A相同，由於有很多的資料線一起變化，共電極可能會受到這些資料線的電容耦合效應影響，而產生暫時的不穩定狀態，這個不穩定狀態，在三個條件同時成立時，便會產生線狀的水平串音：第一，這個電容耦合效應影響太大，使得共電極電壓偏離其設定電位；第二，共電極的電壓，自偏離設定電位的不穩定狀態，回復到設定電位的時間太長；第三，在共電極的電壓回復到設定電位的時間，大於一條掃描線的畫素電壓寫入時間。

在這樣的情況下，參考如圖 5.33(c)中所示的共電極電壓波形，在正極性圖框中，掃描線由上往下逐條開啟，在進入黑色區塊水平範圍內的第一條掃描線時，許多資料線電壓同時變大，共電極受到影響而變大，由於在掃描線關閉時，共電極電壓尚未回復到設定電壓，因此，實際上在液晶電容二個電極的電壓差，會因為共電極電壓較大，而變得較小，以資料線A上的畫素而言，黑色區塊會比所希望顯示的黑色程度要亮一些，而以資料線B上的畫素而言，灰色背景也比所希望顯示的灰階要亮一些。

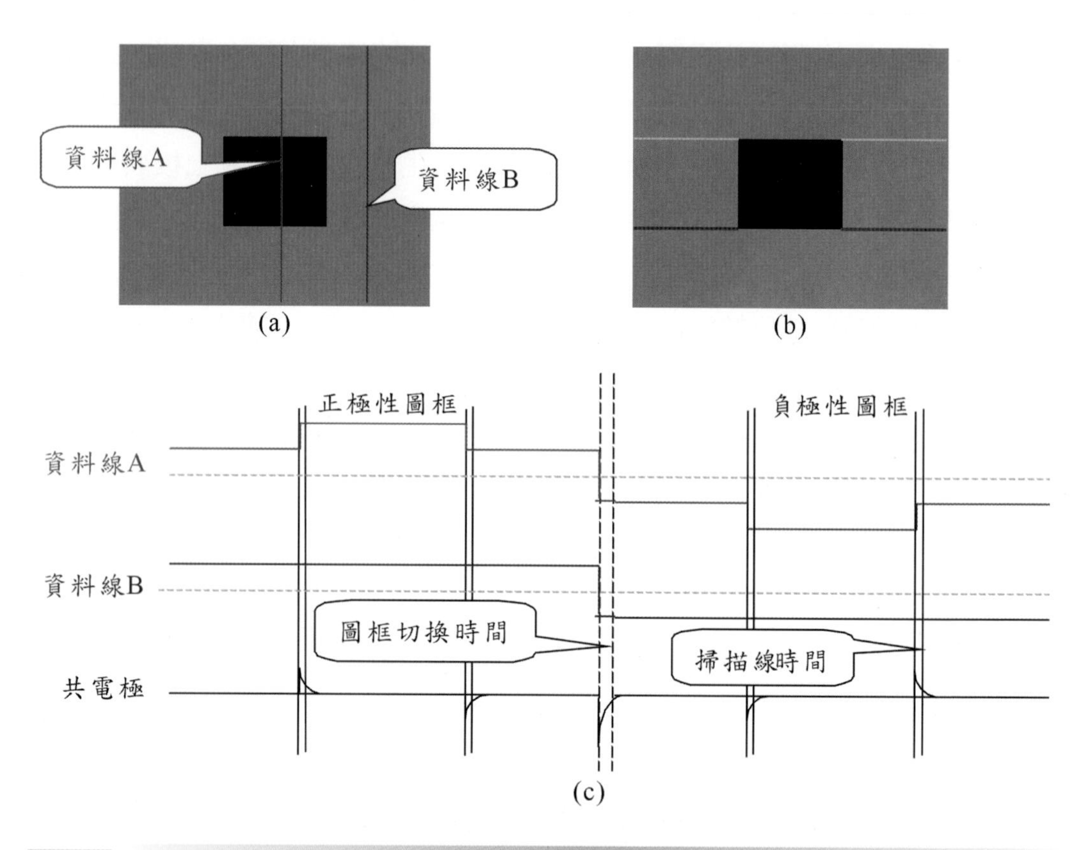

圖 5.33 圖框反轉之可能水平串音現象及原因示意圖 (a)希望顯示畫面 (b)不良顯示畫面 (c)相關電壓波形

然而，以黑色區塊而言，一方面 TN 型液晶模式，在大電壓時，對電壓的變動較不敏感，另一方面，由於所觀察的畫面，看到的黑色區塊和灰階背景的對比，即使區塊黑色的程度，與所希望顯示的黑色有些許差別，人眼其實很難察覺出這樣的差別；而就灰色背景而言，在水平方向上對應到黑色區塊的第一條掃描線，灰階會因為共電極電壓較大，液晶電容電壓較小，而使得灰階變得比所希望顯示的灰階要淺，而在進入黑色區塊之前的灰色背景，卻是希望顯示的灰階，在 5.4.4.2.2 中所說明的視覺效應，會使人眼相對比較容易看到這樣的差別，也就是發生了水平的淺色線狀串音。同理，在對應到黑色區塊下的第一條掃描線，共電極電壓會變小，而使得液晶電容電壓變大，灰階變得比所希望顯示的灰階要深，產生水平的深色線狀串音，如圖 5.33(b)中所示。

在負極性圖框中，雖然電壓極性是相反的，液晶電壓大小的變化卻仍與正極性圖框相同，因此造成的串音現象也是一樣的。請讀者試著參考練習 5-2，思考白色區塊或 normally black 時，所造成的串音現象。

接著，參考圖 5.34，來看看列反轉的情況：假設所要顯示的畫面同樣是灰色背景與黑色矩形區塊，如圖 5.34(a)中所示，對一個 normally white 的 TN 型液晶模式而言，資料線 A 和資料線 B 的電壓波形如圖 5.34(c)中所示，與圖框反轉類似，共電極也可能會受到這些資料線的電容耦合效應影響，而產生暫時的不穩定狀態，但是因為資料線極性反轉的頻率會與掃描線的操作頻率相同，這個不穩定狀態發生也一樣隨著極性反轉的頻率變化，在與圖框反轉中相同的三個條件同時成立時，便會產生區塊狀的水平串音。

在這樣的情況下，參考如圖 5.34(c)中所示的共電極電壓波形，掃描線由上往下逐條開啟，在進入黑色區塊水平範圍內的第一條掃描線時，許多資料線電壓振幅同時變大，共電極受到影響而偏離設定電位差距變大，由於在掃描線關閉時，共電極電壓尚未回復到設定電壓，因此，實際上在液晶電容二個電極的電壓差，會因此變得較小，以資料線A上的畫素而言，灰色背景會比的所希望顯示的灰階要亮一些，黑色區塊也會比的所希望顯示的黑色程度要亮一些。而以資料線B上的畫素而言，對應到黑色區塊水平範圍以外的灰色背景，會比的所希望顯示的灰階要亮一些，但是程度與在相同掃描線上的資料線A上之畫素，變亮的程度是一樣的；然而，對應到黑色區塊水平範圍內的灰色背景，由於資料線A上的的電壓變動更大，而會比的其他灰色背景的區域更亮。

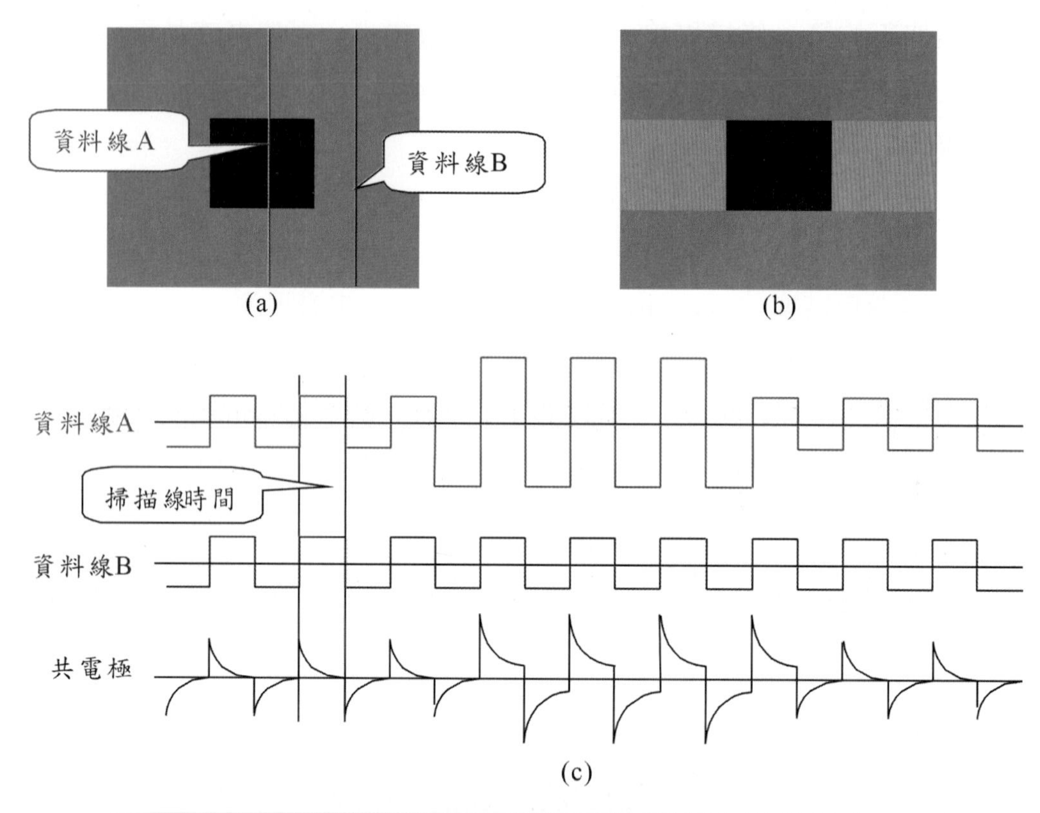

圖 5.34　列反轉之可能水平串音現象及原因示意圖　(a)希望顯示畫面　(b)不良顯示畫面　(c)相關電壓波形

與圖框反轉類似，由於人眼對絕對的灰階變化並不敏感，卻對相鄰區域的灰階差別非常敏感，以黑色區塊而言，一方面 TN 型液晶模式，在大電壓時，對電壓的變動較不敏感，所以很難察覺出黑色區塊與黑色區塊水平範圍以外的灰色背景，在本身顏色深淺上的差別；而就整個灰色背景而言，比較容易看到黑色區塊水平範圍內外二個區域的差別，也就是發生了水平的淺色區塊狀串音，如圖 5.34(b)中所示。

在下一個圖框中，雖然電壓極性是相反的，液晶電壓大小的變化卻仍是相同的，因此造成的串音現象也是一樣的。

再討論點反轉和欄反轉的情況：如果所顯示的畫面是黑色矩形區塊，由於同時間相鄰資料線施加的電壓大小相同，而極性卻相反，因此，所造成的電容耦合效應，電壓變化的方向也是相反的，所以產生了相互抵消的效果，一般在顯示這樣的畫面時，並不會發生水平串音的現象。

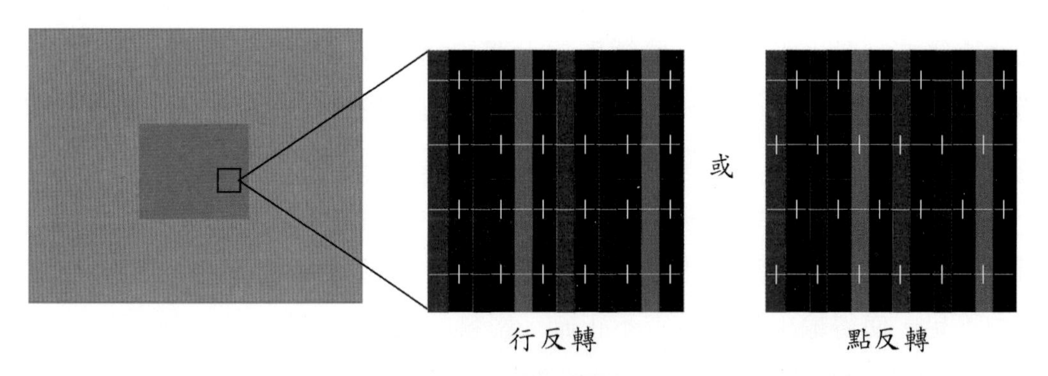

圖 5.35 欄反轉或點反轉下水平串音現象較容易出現的畫面

然而，當所顯示的畫面，如圖 5.35 中所示，矩形區塊中是一種很特殊的圖案，雖然看起來是灰色的，但並不是將紅、綠、藍三個畫素都設定在灰階為 50%，而是紅、綠、藍相鄰次畫素一明一暗，遠遠看起來也會是 50%的灰色 [1]；這樣的安排，對應到的次畫素電壓會是一大一小，恰好與極性反轉的安排相同，此時，由於正極性的電壓都是比較大的，而負極性的電壓都是比較小的，所造成的電容耦合效應，無法在共電極上產生相互抵消的效果，在這樣的畫面下，才會比較容易觀察到水平串音。

1 事實上，在正常使用顯示器時，很少以這樣的方式來顯示灰色的畫面，但是很巧合地，在 Microsoft Windows 98 關機前，恰好會以這樣的方式，令畫面看起來的亮度降低一半，因而也成為 TFT LCD 面板廠商需要去解決的問題。

5.6.3.1.2 參考電壓之類比緩衝放大器驅動能力不足

另一個完全不同的原因，也可能會造成水平方向的串音。當一條掃描線上所有畫素，都要顯示同一個灰階時，每條資料線，都會需要的相同的電壓設定，在每顆資料驅動IC中，如圖 4.18 中所示，會以各自對應的緩衝放大器的輸出級去驅動。但是，這些緩衝放大器的輸入級，卻會經由圖 4.13 中所示的電壓選擇型DAC，全部一起連接到同一個灰階的參考電壓，而如圖 4.17 中所示，這個參考電壓，又是以另外一組類比緩衝放大器來驅動的。

如果是驅動資料線的緩衝放大器能力不足，使得輸出電壓設定不正確，所影響的是該條資料線上的畫素；然而，如果是驅動參考電壓的緩衝放大器能力不足，使得輸出電壓設定不正確，影響的便是所有輸入端對應到這組參考電壓的資料線。

同樣地考慮一個 normally white 的 TN 型液晶模式的顯示器，所要顯示的畫面，是如圖 5.34(a)中所示的灰色背景與黑色矩形區塊，在寫入畫面上方的灰色背景時，由於每個驅動資料線的緩衝放大器的輸入級，一起連接到相同的參考電壓緩衝放大器的輸出級，在驅動能力無法應付這麼大的負載的情況下，輸出電壓會偏離原來所希望的灰階設定電壓。隨著掃描線逐條向下掃描，進入了黑色矩形區塊的顯示操作，此時，有一部分會對應到黑色矩形區塊的灰階，而只有一部分的資料線仍對應到灰色背景的灰階，因而在此時參考電壓緩衝放大器的負載減少，輸出電壓的偏離量也隨之降低。因此，在對應到黑色區塊水平範圍以外的灰色背景有較大的電壓偏離，而在對應到黑色區塊水平範圍以內的灰色背景有較小的電壓偏離，便會因而造成了另外一種水平串音的現象。

5.6.3.2 垂直串音（Vertical Crosstalk）

5.6.3.2.1 資料線對畫素電極的電容耦合

參考圖 2.19 中所示，在 2.5.2.3.1 和 2.5.2.3.2 中，討論了畫素電極與本身和下一條資料線之間的寄生電容，資料線上的電壓變化，會經由這些寄生電容的耦合效應而影響畫素電壓。

如圖 5.36 中所示，是圖框反轉的情形下，normally white 的 TN 型液晶模式的顯示器中，所可能觀察到的垂直串音現象，由於對應到黑色矩形區塊而發生的資料線電壓變化，造成電容耦合效應，以資料線 A 上的畫素 A1 與 A2，與資料線 B 上的畫素 B1 與 B2，畫素電壓波形有所差別。參考圖 5.36(c) 中所示的電壓波形，忽略在圖框切換時的極性轉換所造成的電壓耦合效應，則畫素 B1 與 B2 所顯示的灰階是相同的。進一步以畫素 B1 與畫素 A1 比較，由於畫素 A1 的畫素電壓 RMS 值會變得較大，所顯示的灰色背景變得比較深；以畫素 B2 與畫素 A2 比較，由於畫素 A2 的畫素電壓 RMS 值會變得較小，所顯示的灰色背景變得比較淺，造成的垂直串音現象，如圖 5.36(b)中所示。

如圖 5.37 中所示，是列反轉的情形下，normally white 的 TN 型液晶模式的顯示器中，所可能觀察到的垂直串音現象，由於對應到黑色矩形區塊而發生的資料線電壓變化，造成電容耦合效應，以資料線 A 上的畫素 A1 與 A2，與資料線 B 上的畫素 B1 與 B2，畫素電壓波形有所差別。參考圖 5.37(c)中所示的電壓波形，同樣地忽略在圖框切換時的極性轉換所造成的電壓耦合效應，畫素 B1 與 B2 所顯示的灰階是相同的。進一步以畫素 B1 與畫素 A1 比較，由於畫素 A1 的畫素電壓 RMS 值會變得不一樣，所顯示的灰色背景變得不一樣，造成的垂直串音現象，如圖 5.36(b)中所示，但是要注意的是定性的分析只能預期到畫素電壓 RMS 值有所不同，並不一定會變得較大或較小，因此這種垂直串音也不一定是變得較深或較淺，而且，有效的畫素電壓RMS值，需要考慮二個正負極性圖框的綜合效果，使得定性分析更難以預期出對應到黑色矩形區塊的垂直區域灰階的深淺變化。

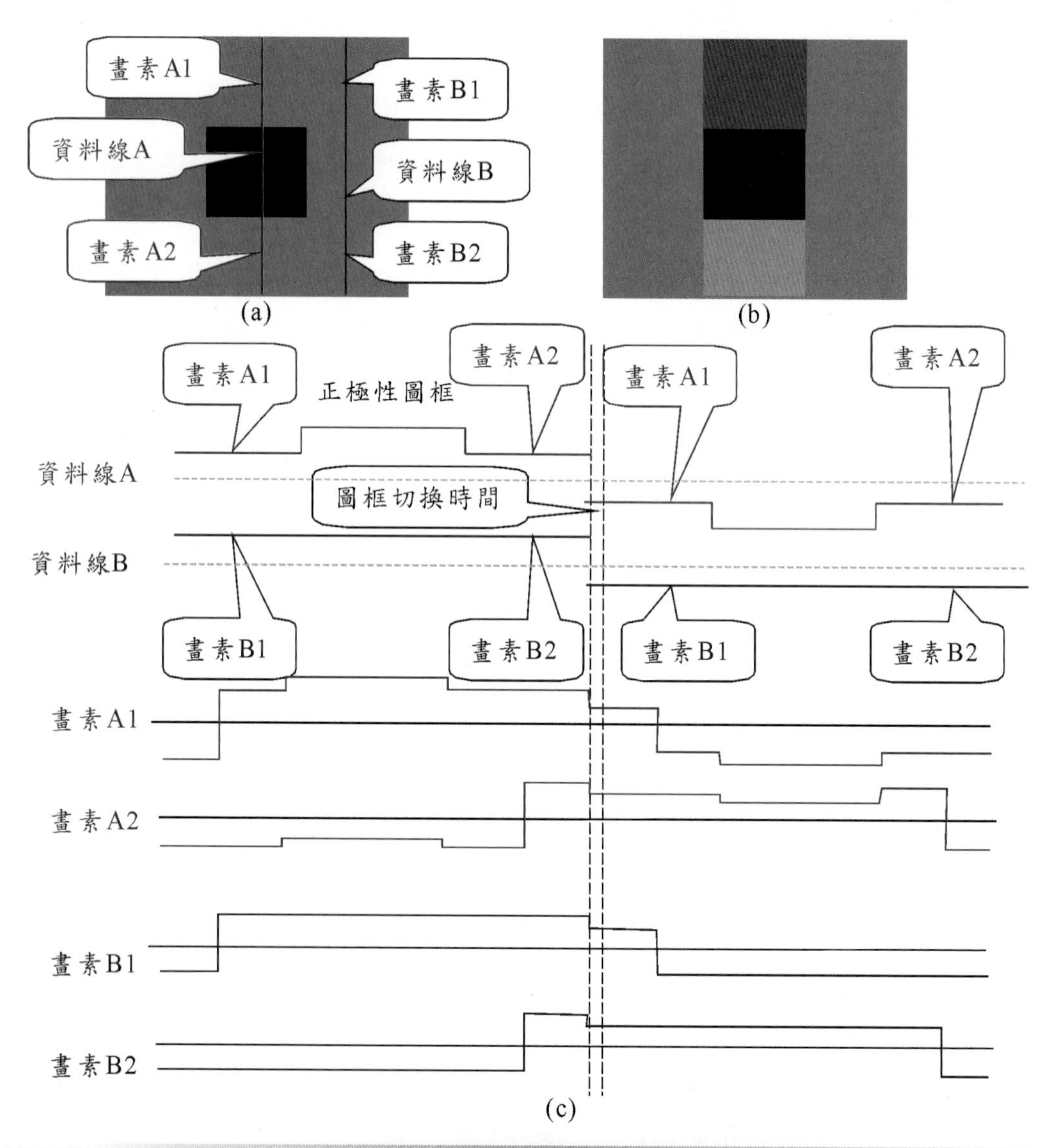

圖 5.36 圖框反轉之可能垂直串音現象及原因示意圖 (a)希望顯示畫面 (b)不良顯示畫面 (c)相關電壓波形

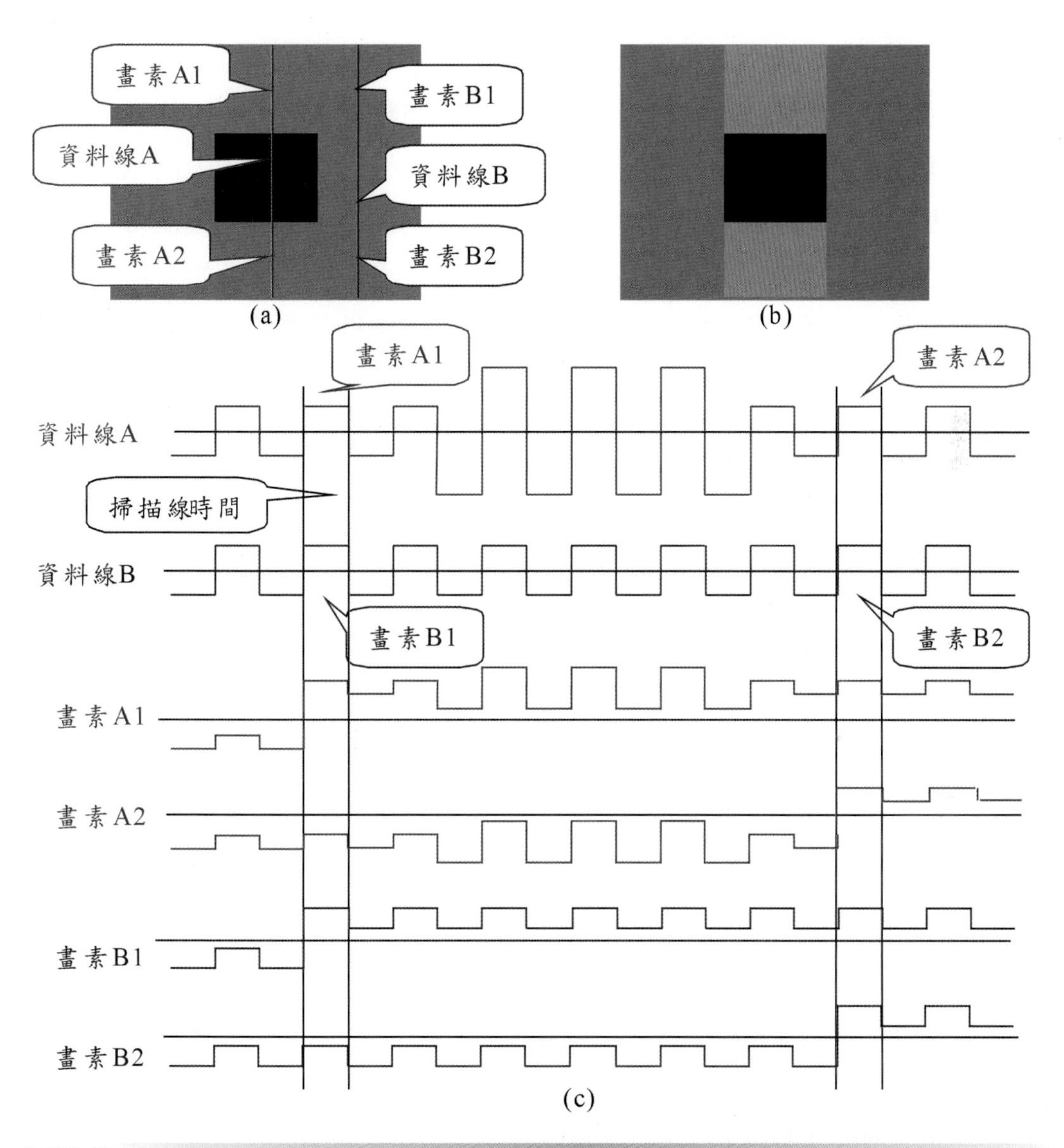

圖 5.37　列反轉之可能垂直串音現象及原因示意圖　(a)希望顯示畫面　(b)不良顯示畫面　(c)相關電壓波形

在實際的產品上，資料線對畫素電極的電容值其實非常小，很難精確地量測出來，而且會隨著製程上光罩對準變動而改變（參見5.5.1），要以模擬的方式定量地去計算垂直串音灰階的深淺變化，也並不容易掌握。

再討論點反轉和欄反轉的情況：如果畫素電極與本身和下一條資料線之間，二個寄生電容值是相同的，再加上二條資料線的電壓變化方向相反，可以產生相互抵消的效果，便不會發生垂直串音的現象。然而，二個寄生電容值其未必會是一樣的，因此，其間的差別仍會使得對應到黑色矩形區塊的垂直區域灰階的深淺有所變化，只是這個變化在效應抵消的情況下，會比圖框反轉和列反轉小得多。

5.6.3.2.2 TFT 的漏電

TFT 的漏電，也會造成垂直串音，但是，與 5.6.3.2.1 的電容耦合不同，畫素電壓只會漏電到畫素本身的資料線，而不會漏電壓相鄰的下一條資料線。因此，並無法藉由欄反轉或點反轉的方式，使來自左右資料線的耦合效應相抵消。

請讀者參考圖 5.36 和圖 5.37 設想一下，如果在 TFT 漏電太大的情況下，畫素電壓皆會因為 TFT 漏電至資料線而改變，但由於資料線 A 與資料線 B 的電壓波形不同，所以在資料線 A 與資料線 B 上灰色背景的畫素，造成的畫素電壓 RMS 值也會不同，於是產生垂直串音的不良現象。

在此僅討論圖框反轉和欄反轉的 TFT 漏電效應。考慮 normally white 的液晶模式，參考圖 5.38，先比較畫素 B1 與畫素 B2：位在面板上方的畫素 B1，在第一條掃描線開始啟動之後，約於六分之一的圖框時間寫入畫素電壓，之後約六分之五的圖框時間內，其對應的資料線電壓，與畫素電壓的極性是相同的，然後又回到第一條掃描線，寫入電壓的極性反轉，約有六分之一的圖框時間，畫素電極上所儲存的電壓極性，與資料線電壓的極性相反；而位在面板下方的畫素 B2，在第一條掃描線開始啟動之後，約於六分之五的圖框時間寫入畫素電壓，之後約六分之一的圖框時間內，其對應的資料線電壓，與畫素電壓的極性是相同的，然後又回到第一條掃描線，寫入電壓的極性反

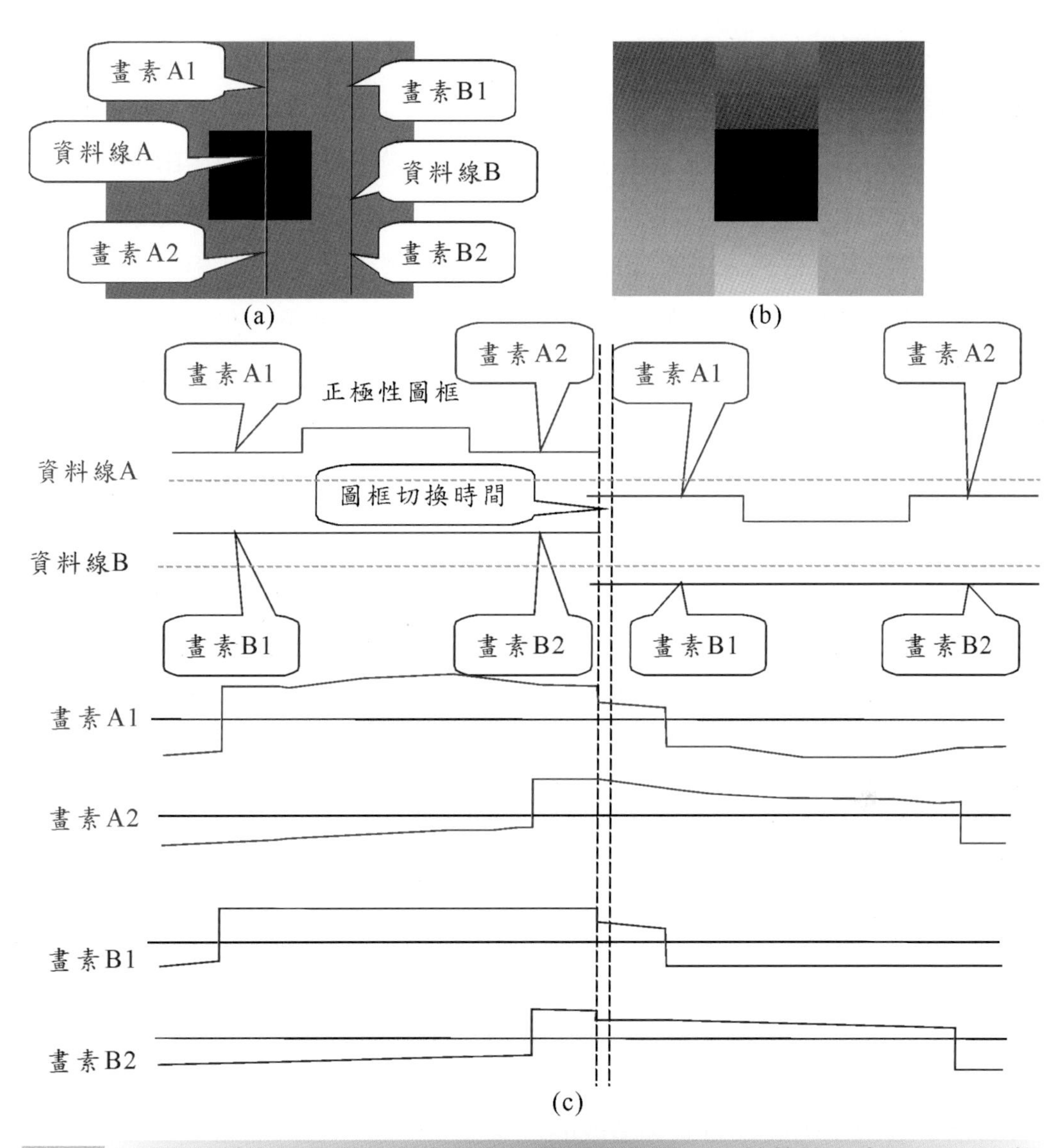

圖 5.38　圖框反轉之可能垂直串音現象及原因示意圖　(a)希望顯示畫面　(b)不良顯示畫面　(c)相關電壓波形

轉，約有六分之五的圖框時間，畫素電極上所儲存的電壓極性，與資料線電壓的極性相反。換言之，畫素 B1 約有六分之一的時間向極性相反的電壓漏電，畫素B2則約有六分之五的時間向極性相反的電壓漏電，所以，畫素B2因為漏電而使畫素電壓RMS值降低的程度，會比畫素B1嚴重，使得畫素所顯示的灰階變得比較淺。於是，由於TFT漏電情況的時間比例，由上往下變動，會在灰色背景中呈現出灰色由上向下由深變淺的漸層（Shading）效果。

而畫素A1與畫素A2，受到黑色矩形區塊的影響：在黑色矩形區塊上方的畫素 A1，向相同極性的較大電壓漏電，因而變得更深；在黑色矩形區塊上方的畫素 A2，向相反極性的較大電壓漏電，因而變得更淺。而且，對應到黑色矩形區塊垂直區域，如同資料線B所在的灰色背景，一樣會有垂直漸層的效果。

TFT的漏電效應，可能同時會產生垂直漸層和垂直串音的不良現象。藉由列反轉或點反轉，使得資料線電壓，在圖框時間內不斷地變換極性，面板上下方的TFT漏電情況便會比較接近，可以降低漸層出現的不良現象。

極性反轉的方式，表面上看來不過是幾種排列組合，而藉由以上的討論，可以了解到，不同的極性反轉方式，其實在顯示不良的表現上，差別是很大的，這也是為什麼對畫面品質要求較高的顯示器，會使用點反轉的原因。

5.6.4 閃爍（Flicker）與直流殘留（DC residue）

在2.2.4.2和2.2.4.3中，討論直流殘留與閃爍這二種顯示不良情況，雖然表面上二個現象的觀察方式與造成的現象並不一樣，但二者皆是由於畫素電壓在正負極性的不對稱，造成直流偏差（DC offset），所產生的結果。由於直流殘留的量測時間比較長，而且會對TFT LCD面板產生殘影，屬於破壞性的量測方式，因此一般會以閃爍的檢測為主，來驗證設計是否會有太大的直流偏差。

如果在正常驅動的情況下，調整到最佳的共電極電壓補償，仍觀察到TFT LCD面板有閃爍的狀況，對應到的直流偏差已是非常嚴重的。為了容易觀察到閃爍的現象，以檢測出更小的直流偏差，會採取二個動作，一是降低圖框轉換頻率，使液晶分子來得及轉動，人眼也比較容易感測到亮度的變化；二是採用類似於圖 5.35 所示的顯示方式，增加正負極性的差別，這樣的顯示圖案，特別被稱為 Flicker pattern。利用 Flicker pattern 來作共電極電壓補償設定，得到的補償值會更接近正負極性的電壓中心。在這個最佳共電極電壓補償的情況下，如果仍然有很明顯的閃爍現象，雖然在正常驅動下是看不到的，卻表示這個面板在長久使用下，可能會產生直流殘留的現象，仍然需要改善面板設計。

至於，如何更改驅動條件而觀察到的閃爍現象，以及如何設定適當的 Flicker pattern，以檢測出直流偏差是否在可接受的範圍內，作為設計的依據，並沒有一定的法則，需要長久的經驗累積，是很重要 Know-how。

5.6.5　漸層（Shading）

在 2.6.3 中，已討論了掃描線信號延遲效應，會造成水平方向上的漸近變化。而在 5.6.3.2.2 中，也討論了 TFT 的漏電，會造成垂直方向上的漸近變化。如果在短距離變化得太大，便會被使用者察覺到，成為漸層型的不良顯示畫面。

5.6.6　區塊（Blocking）

在 5.4.4.2.1 中所討論的 Shot mura，也可以算是一種區塊型的不良顯示畫面。另一種區塊型的不良顯示畫面，可能是因為資料驅動 IC 所造成的，如 4.2.2 和 4.3.4 中所討論，一個高解析度 TFT LCD 面板所使用的 IC 不只一顆，不同的 IC 也許是不同時間製作的，甚至是不同工廠製作的，尤其顯示畫面對資料驅動IC的輸出電壓非常敏感，如果同一顆IC內的輸出電壓誤差不至於太大，但不同資料驅動 IC 之間的差異可能就會變得比較大，此時便會產生垂直區塊型的不良顯示畫面。只要檢查區塊的範圍是否對應到 IC 所驅動的範圍，即可知是否是因為這個原因而產生的。

5.6.7 不良現象的原因分析

由於 TFT LCD 的操作方式，是在同一時間寫入同一條水平掃描線的信號，因此，水平串音的原因，應該與時間反應的因素相關；而在垂直方向上的畫素，是共用同一條資料線的，所以垂直串音的成因，應該和資料線對畫素的影響有關。看到一個不良的現象，雖然未必可以立即知道它確切的成因，但是如果能根據TFT LCD的操作原理，經由一些簡單的測試，是可能找出不良現象的發生原因，並進一步尋求解決的方法。

例如，可以試著改變圖框轉換頻率，來驗證所觀察到的水平串音，是否是因為共電極來不及反應所造成：當頻率變快時，共電極難以在更短的時間內回到設定電壓，水平串音的現象會變得更加明顯；相反地，當頻率變慢時，共電極電壓便來得及回到穩定的設定電位，水平串音的現象便會消失。

當圖框轉換頻率改變時，TFT 漏電時間也會跟著改變，可以預期的，增加操作頻率，會減少TFT漏電的影響，而使垂直漸層和垂直串音的現象減輕。

另外，水平串音的分析，也可以藉由改變黑色矩形區塊成為白色，看看對應到區塊的灰色背景，灰階是否也跟著改變，來排除較不可能的原因：如果水平串音是因為在 5.6.3.1.1 中所述的資料線對上板共電極的電容耦合而產生，灰階深淺的情況便會相反，但如果是因為 5.6.3.1.2 中所述的參考電壓之類比緩衝放大器驅動能力不足而產生，由於不管是黑色區塊或是白色區塊，驅動負載的變化情形是一樣的，因而水平串音的現象就不會受到區塊顏色改變的影響。

理論上來說，只要以適當的分析手法，應該可以找出發生顯示畫面的不良的確切原因，然而實際的經驗，顯示畫面的不良很可能不會僅只有一項，而且在應用分析手法時，往往會造成其他的顯示畫面不良，例如，加快圖框轉換頻率時，也許可以使TFT漏電效應降低，但是畫素電極充電和資料驅動IC驅動資料線負載的時間也減少了，也許整個畫面因此變得不正常，因而也難以確定是否真的是因為TFT漏電效應造成垂直串音，所以在分析時，也許還要採取增加掃描線上的 TFT 開電壓等配合措施。

由以上的討論，讀者可以體會到，畫面顯示的不良現象與成因，是有多重關係的，一種不良現象的可能成因有許多個，而一個相同的成因，可能會造成許多個不良現象，由現象與成因的綜合判斷，再設法利用分析手法驗證和排除各項可能性。至於評估成因的分析手法，並不是靠著胡亂嘗試，而是應該考慮在設計的過程中，注意到哪些設計限制是較為嚴苛的，才能更有效地分析出設計不當的地方，並謀求改善的方法，以得到最佳的設計結果。

在本章中，討論了許多設計者可能會面臨的現實考量，雖然有很多內容與操作驅動的原理無關，但卻是在現實設計經驗中會遇到的情況，是 TFT LCD 面板相關知識的補充材料，希望對讀者有幫助。

5-1 請判斷下列幾種情況，所造成的缺陷類型（點／線、水平／垂直／十字，以及亮／暗／不一定）：

a. 使用 normally white 的液晶模式，在陣列的某一處，下板共電極與資料線短路

b. 使用 normally white 的液晶模式，在陣列的某一處，掃描線與資料線短路

c. 使用 normally black 的液晶模式，某一畫素的 TFT 的截止電壓太大，無法以掃描線電壓開啟形成通道

d. 使用 normally black 的液晶模式，在陣列的某一處，掃描線斷路

e. 使用 normally white 的液晶模式，在陣列的某一處，資料線斷路

f. 使用 normally white 的液晶模式，在 Cs on gate 的設計下，某一畫素的儲存電容短路

g. 使用 normally white 的液晶模式，在 Cs on common 的設計下，某一畫素的儲存電容短路

h. 使用 normally black 的液晶模式，某一畫素的畫素電極短路至掃描線

i. 使用 normally black 的液晶模式，某一畫素的畫素電極短路至資料線

5-2 請預期下列幾種情況，所可能發生的串音現象：

a. 圖框反轉下，使用 normally white 的液晶模式，在灰色背景中顯示一個矩形白色區塊，上板共電極延遲非常嚴重

b. 列反轉下，使用 normally black 的液晶模式，在灰色背景中顯示一個矩形白色區塊，上板共電極延遲非常嚴重

c. 行反轉下，使用 normally black 的液晶模式，在灰色背景中顯示一個矩形黑色區塊，TFT 的漏電非常嚴重

d. 列反轉下，使用 normally black 的液晶模式，在灰色背景中顯示一個矩形黑色區塊，畫素電極與相鄰資料線之間的寄生電容很大

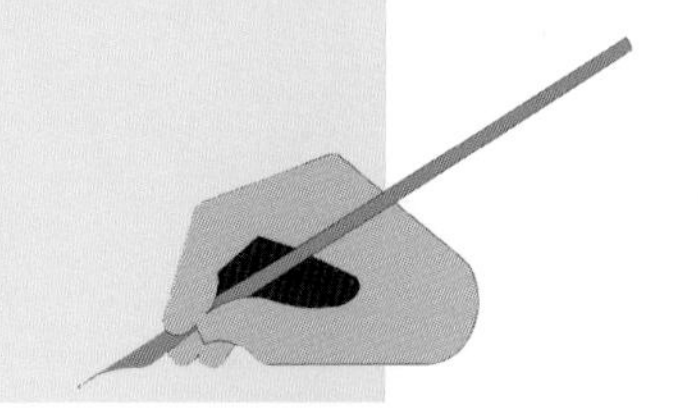

面板設計的進一步發展

6.1　低溫多晶矽型 TFT（LTPS TFT）

6.2　有機電激發光二極體（OLED）

本書內容的設定，主要是以非晶矽型的TFT LCD為主，然而，隨著顯示技術的進步，有些新技術的未來發展也值得注意。基於TFT LCD的驅動原理與設計技術的認識，可以進一步去了解這些新技術，並探討其發展的可能性。在本章中，會討論另一種低溫多晶矽（Low Temperature Polycrystalline Silicon，LTPS，或稱為低溫複晶矽）型的TFT，用來替代非晶矽型的TFT，作為畫素矩陣中的主動元件；此外，也會討論另一種有機電激發光二極體（Organic Light Emitting Diode, OLED），用來代替液晶光閥，作為顯示畫素的主體。

6.1 低溫多晶矽型 TFT（LTPS TFT）[1]

6.1.1 元件結構及製程

LTPS TFT 的元件結構，如圖 6.1 中所示，有 N 型和 P 型二種，其中的 N 型 TFT，會利用低摻雜型汲極（Lightly Doped Drain, LDD）來降低元件的漏電流。

LTPS TFT的製作程過，則如圖 6.2 中所示。接著會由LTPS TFT元件的結構及製程，與非晶矽TFT比較，進一步導引出TFT LCD面板設計上重要的不同之處。

---

1 在本書中，主要討論 LTPS TFT 與非晶矽 TFT 的差別，並不會對 LTPS TFT 技術的細節多作說明，如果讀者想對 LTPS TFT 技術有更完整的了解，請參考："THIN FILM TRANSISTIRS Materials and Processes, Volume 2 Polycrystalline Silicon Thin Film Transistors, edited by Yue Kuo, ISBN 1-402-07504-9"。

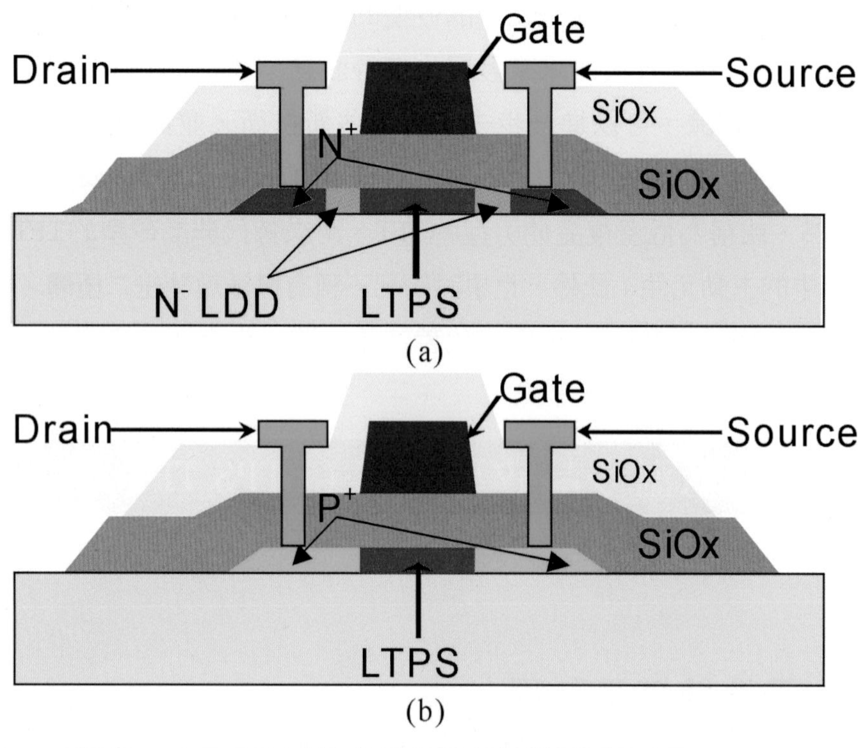

圖 6.1　低溫多矽晶型 TFT 的剖面示意圖　(a)N 型　(b)P 型

6.1.2　閘極與半導體層的位置關係

LTPS TFT 的閘極是位於半導體層上方，是所謂的 Top gate 的結構；而非晶矽型 TFT 的閘極是位於半導體層下方，是所謂的 Bottom gate 的結構。這種結構上的不同，使得 LTPS TFT 在 TFT LCD 中應用時，具有以下幾點優勢：

在玻璃基板上形成非晶矽薄膜，以雷射退火形成，並以第一道光罩定義出元件主動區;一般為了電路應用上的需要，會再利用第二道光罩實行離子佈植，以調整N型或P型 TFT的截止電壓

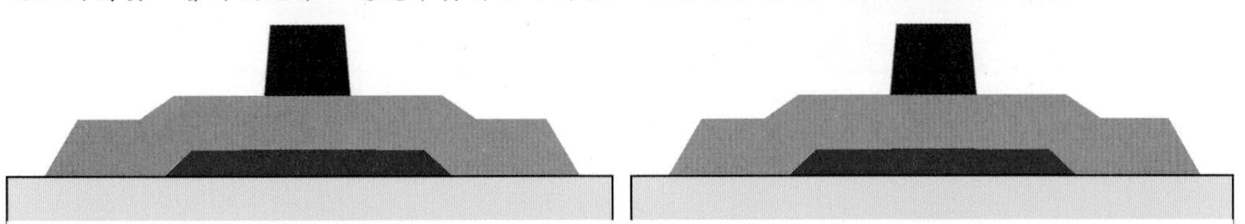

沈積二氧化矽薄膜，以作為閘極絕緣膜，並濺鍍閘極金屬層，以第三道光罩定義出閘極電極

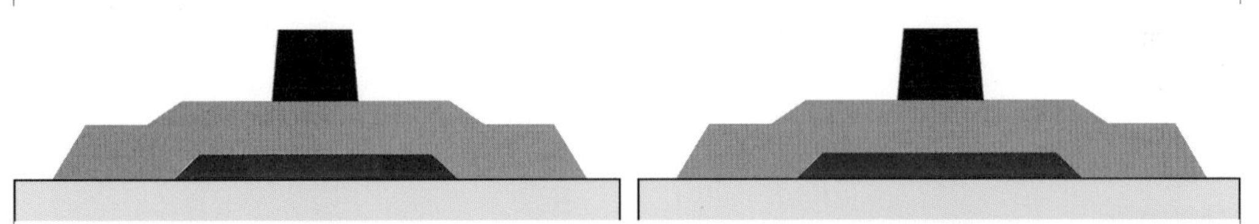

以第四道光罩遮蔽 N^- LDD以及P型 TFT的區域，實行離子佈植以形成N型 TFT的 N^+源/汲極區域

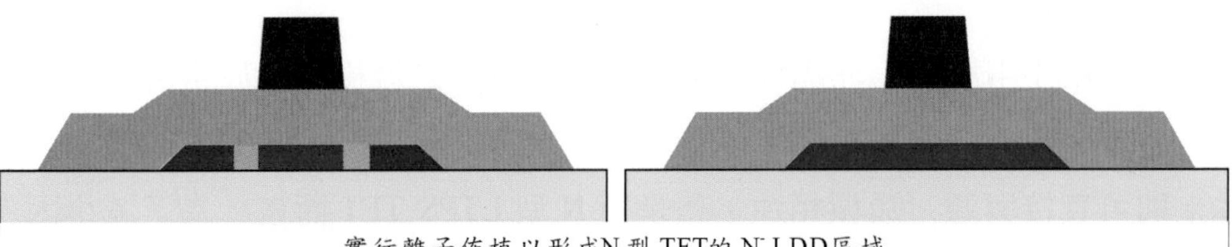

實行離子佈植以形成N型 TFT的 N^- LDD區域

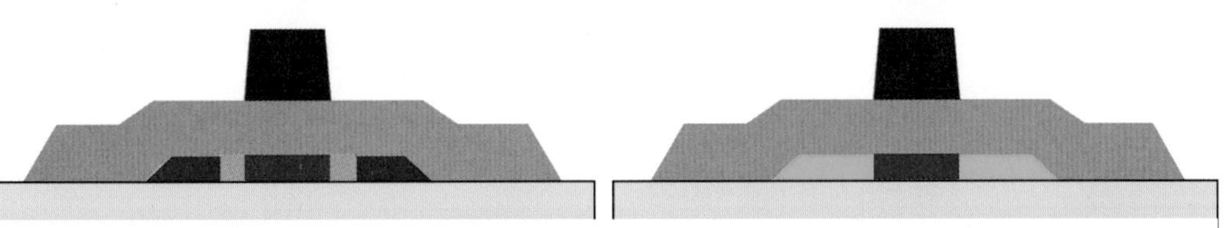

以第五道光罩遮蔽N型 TFT的區域，實行離子佈植以形成P型 TFT的 P^+源／汲極區域

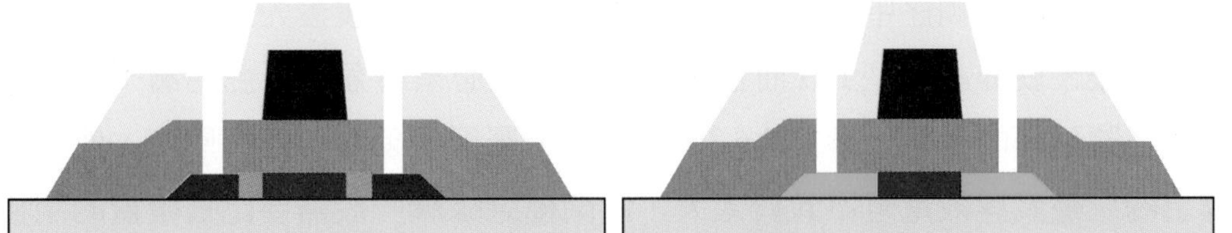

沈積二氧化矽薄膜，以作為間層絕緣膜，並以第六道光罩形成接觸孔

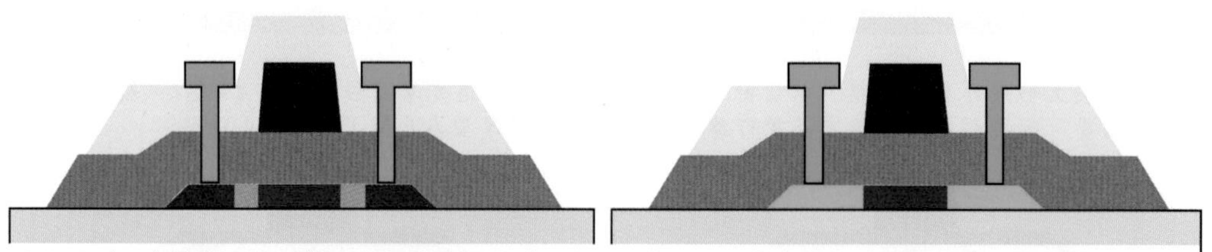

濺鍍源／汲金屬層，並以第七道光罩形成源／汲電極；為了完成畫素電極，還需要第八道光罩，定義出保護絕緣層的接觸孔，以及第九道光罩定義出畫素電極形狀

圖 6.2 低溫多矽晶型 TFT 的製程示意圖

通道串聯電阻低

如 1.3.3.1 中所述，非晶矽型TFT的通道與源／汲極，位於半導體層的二邊，會有比較大的串聯電阻，降低 TFT 的導電性；而 LTPS TFT 的通道，基本上則可直接與源／汲極相連。但是對 N 型 LTPS TFT 而言，為了減小因為汲極電場太大而產生的漏電流，會在通道與源／汲極之間，插入LDD區域，來降低汲極電場。

閘極絕緣膜厚度小

在製程上的順序中，後形成的薄膜，必須良好地覆蓋先形成薄膜形狀的高低段差。就非晶矽型TFT而言，閘極絕緣膜必須覆蓋閘極金屬層，為了掃描線信號延遲的考量（參見 2.6.3），閘極金屬層必須有一定的厚度，使掃描線上的次畫素等效電阻不致於太大，而閘極絕緣膜一般需要比被覆蓋的閘極金屬層厚度更大，才能完整覆蓋閘極金屬層，不致於常常有短路的缺陷發生；非晶矽型TFT的閘極金屬層與閘極絕緣膜厚度，請參見表 3.2，一般值各約為 200nm與 360nm。另一方面，就LTPS TFT而言，閘極絕緣膜只需覆蓋半

導體層即可，由於半導體層並不用來作為導線使用，厚度不需要太大，LTPS TFT 的半導體層與閘極絕緣膜厚度的，一般值各約為 50nm 與 100nm。

如 3.2.3.3 中所述，一般會利用閘極絕緣層形成儲存電容，雖然一般LTPS TFT 的閘極絕緣層使用的是氧化矽膜，介電常數約為 3.9，比一般非晶矽型 TFT 的閘極絕緣層使用的是氮化矽膜，介電常數約為 6.9 要小，但最後閘極絕緣層的介電常數與厚度的比值，LTPS TFT 仍會比非晶矽型 TFT 大了約 2 倍左右，使得儲存電容的面積可以降低為二分之一左右。

閘極金屬層厚度大

如 6.1.2.2 中所述，非晶矽型 TFT 的閘極絕緣膜必須覆蓋閘極金屬層，因此必需考慮二者厚度的取捨，若要增加閘極金屬層的厚度，一方面固然可以降低掃描線信號延遲的效應，但也使得閘極絕緣膜的厚度要增加，而使得儲存電容的遮光面積變大；相反地，在 LTPS TFT 中，閘極金屬層的厚度卻不會受到閘極絕緣膜的限制，而利用厚度來降低電阻和信號延遲效應。

閘極與源／汲極無重疊

如 1.3.3.2 中所述，非晶矽型 TFT 的閘極與源／汲極之間，需要有重疊的區域；但就 LTPS TFT 而言，是以離子佈植自動對準來形成源／汲極，因此在閘極與源／汲極之間所產生的寄生電容，會比非晶矽型 TFT 小很多，大幅降低了 2.5.3 中所述的掃描線電容耦合效應。

6.1.3 雷射退火

所謂的「低溫」多晶矽，指的整個 TFT 的製程溫度，都低於玻璃基板可以承受的溫度，一般都在450℃以下，在這種溫度製程之下沈積的矽薄膜，只能形成結構散亂而充滿缺陷的非晶矽，如果想要形成多晶矽薄膜，便需要利用雷射退火的製程。在這個步驟中所使用的雷射波長，要選擇在其能量被非晶矽薄膜所吸收，但不會被作為玻璃基板的二氧化矽所吸收特定波長，因此可以在低溫下，不破壞玻璃基板，而將非晶矽薄膜轉變成多晶矽薄膜。

多晶矽薄膜，是由許多幾百奈米左右大小的晶粒（grain）所組成，在晶粒內部，矽原子之間的鍵結架構完整，類似於單晶矽；而在晶粒與晶粒之間的區域，則為晶界（grain boundary），在晶界區域中，則類似於非晶矽的結構，充滿著不完整的斷鍵（broken bond）與鍵結力量較弱的弱鍵（weak bond）。所以，以多晶矽薄膜製作的TFT，特性介於單晶矽的MOSFET與非晶矽型的TFT之間。與1.3.2中所述 的非晶矽型TFT相比較，LTPS TFT的等效電子移動率，因為缺陷數目大幅降低，可以達到80cm^2/Vsec以上，大約是非晶矽型TFT的100倍左右。

在元件特性大幅提昇的情況下，使得LTPS TFT的面板設計，除了6.1.2中所述，在畫素設計上的優勢之外，由於等效電子移動率的增加，TFT的通道寬度可以縮到最小，TFT本身的遮光範圍變小而增加開口率，再加上掃描線上的寄生電容與閘極與源／汲極之間的寄生電容，都會因為TFT尺寸變小而減少，可以進一步縮小掃描線寬度與儲存電容，而不至於有太大的信號延遲與電容耦合的效應，而再增加開口率。

此外，因為元件電子移動率的增加，使LTPS TFT的面板，還發展出另一個很重要的可能性，便是在製作畫素陣列的製程中，將第四章中所討論的驅動電路，一併地製成在玻璃基板上，形成 LTPS TFT 面板的內建電路（Integrated circuit）。

6.1.4 離子佈植

將圖 6.2 中所示的 LTPS TFT 製程，與圖 3.2 中所示的非晶矽型 TFT 製程相比較，LTPS TFT 製程共需要九道光罩，而非晶矽型 TFT 製程只需要五道光罩。仔細分析其中的差別，可以發現，為了在玻璃基板上一起實現出N型和 P 型 TFT，需要分別在第二、第四和第五道光罩，配合實行離子佈植的步驟。這三道光罩的使用，即是為了以CMOS電路（Complementary MOS Circuit）實現 LTPS TFT 面板的內建電路而增加的，如果在 LTPS TFT 基板上只要形成畫素陣列，或是不需要以CMOS實現內建電路，則不需要使用這三道光罩。

製程中所使用的光罩數目增加，固然意謂製作成本的增加，但如果可以因此而節省驅動電路所需的成本，則反而可以製作出更具有價格競爭力的 TFT LCD 面板，這便是 LTPS TFT LCD 面板的優勢所在。至於能夠節省多少驅動電路的成本，需視有多少驅動電路可以成功地整合在玻璃基板上而定，在 4.1 中所述的各功能區塊中，至少掃描驅動電路、資料驅動電路的一部分，以及部分的電壓源轉換電路，都已成功地應用在量產的產品上；其他部分的電路，也隨著 LTPS TFT 技術的進展而逐漸實現，甚至未來希望能夠將顯示器之外的應用電路，也能一併在玻璃基板上實現，即所謂 System on Panel（SOP）或 System on Glass（SOG）。

6.1.5 Top ITO 架構

在 2.5.2.3.1 中，說明了這種製程結構的優缺點，其實無論是非晶矽型TFT或 LTPS TFT，都可以使用這種架構，但由於 LTPS TFT 製程具有如 6.1.2 中所述的優勢，易於實現高 PPI（參見 1.1.1.3）的產品，因此一般都會採用 Top ITO 的架構。至於非晶矽型 TFT，如果也採用這種架構，會需要六道光罩的製程，在光罩數目上，與 LTPS TFT 畫素陣列所需是相同的，拉近了二種技術在製作成本上的差距。

LTPS TFT 的技術，與非晶矽型 TFT 相比，在高開口率的畫素設計與內建電路方面，都有很大的優勢，這個優勢尤其在 PPI 為 200 以上的高解析度顯示器中，會更加明顯：在畫素設計方面，若以非晶矽型TFT設計，開口率可能只能達到20%以下，且隨著 PPI 的增加而會更低；而若以 LTPS TFT 設計，仍可能可以得到50%以上的開口率。在內建電路方面，由於 PPI 的增加會使得畫素間距縮小，以現有的驅動 IC 與面板的接合方式而言，會面臨封裝技術上的限制，而無法應用在間距太小的產品；利用LTPS TFT內建電路，在光學微影的製程中，直接連接畫素陣列與其驅動電路，即可突破這個限制。

雖然 LTPS TFT 的技術具有理論上的優勢，但仍面臨一些現實的挑戰，包括：雷射退火設備維護成本太高、大面積玻璃基板製程設備進展較緩慢、晶界影響元件特性的變動而難以實現類比電路、製程良率的掌握、高 PPI 顯示器市場需求尚未大幅成長等等，無法完全取代非晶矽。然而，LTPS TFT元件可提供很大的驅動電流，恰可以符合另一種有機電激發光二極體顯示技術的需求，將在下一節中作討論。

6.2 有機電激發光二極體（OLED）[2]

6.2.1 基本元件發光結構

如圖 6.3 所示，為有機電激發光二極體基本的元件發光結構示意圖，當

2 在本書中，主要討論 OLED 與 LCD 在畫素設計上的差別，並不會對 OLED 技術的細節多作說明，如果讀者想對OLED技術有更完整的了解，請參考：《有機電激發光材料與元件》，陳金鑫、黃孝文著，ISBN 957-11-4056-2。

不施加電壓時，並不會有電流流動，也不會發光，而當在元件上施加電壓時，電壓源的陽極作提供的電洞，與陰極所產生的電子，會在OLED的發光層內，發生電子—電洞再結合，所產生的能量，則以光的形式散發，而達到發光的目的。

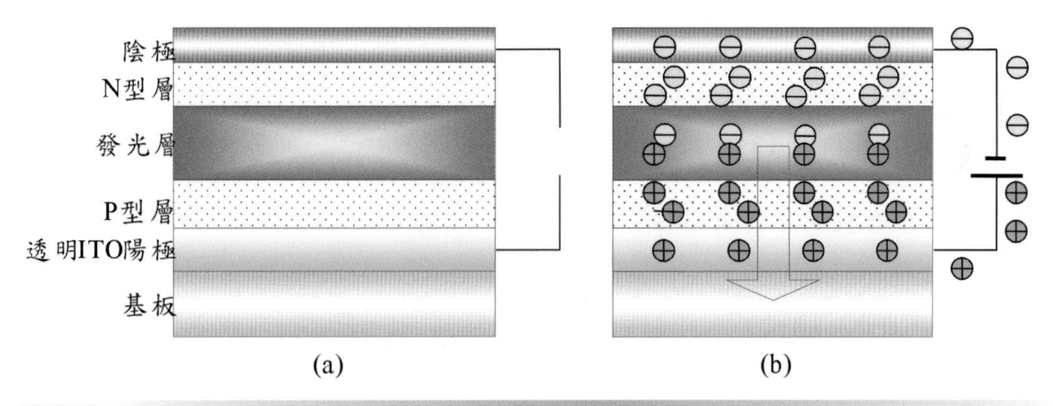

圖 6.3　有機電激發光二極體基本元件發光結構圖　(a)不發光的情況　(b)發光的情況

LCD與OLED在顯示機制上有很大的不同，是LCD為非發光型的光閥，而 OLED 則是發光型（參考 1.2.1），因此，OLED 不需要另外設置背光源。而在顯示元件等效電路方面，LCD 可以等效成一個電容（參考 1.2.4），而OLED 則是等效成二極體，一般電壓對電流和亮度的關係如圖 6.4 所示。

OLED 電壓和電流的關係是單一對應的，所以，藉由控制 OLED 電壓或電流，即可控制亮度，來顯示灰階。

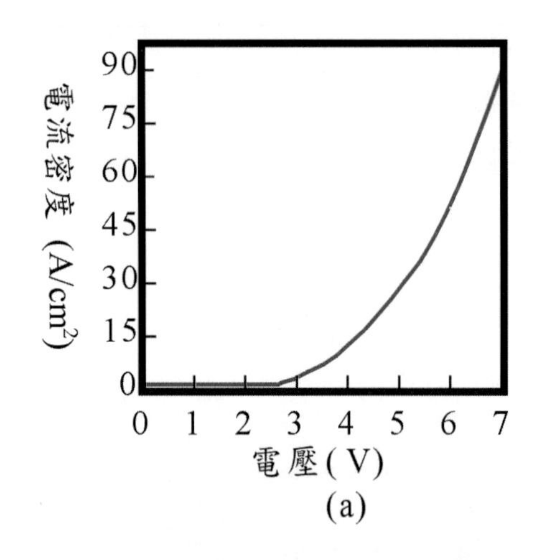

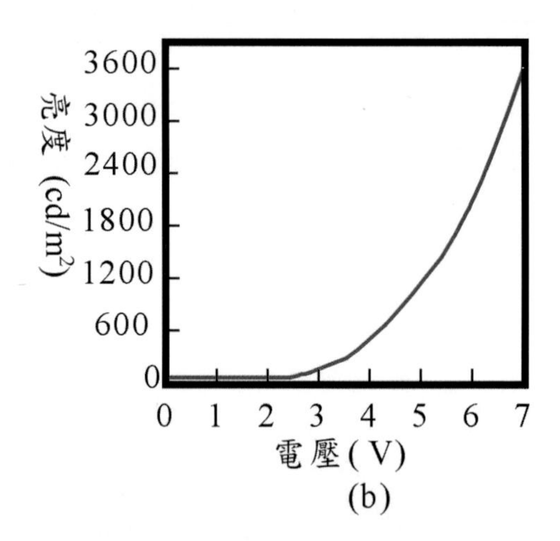

圖 6.4 典型有機電激發光二極體元件特性 (a)電壓—電流關係 (b)電壓—亮度關係

6.2.2 畫素等效電路

類似於 LCD 需要以主動矩陣（Active matrix）的方式，來使各個畫素獨立運作（參見 1.3.1），OLED 也需要配合 TFT，來顯示出較好的畫面品質。LCD和OLED二種主動矩陣畫素的等效電路圖，如圖 6.5 中所示，在OLED的畫素中，使用二個 TFT，以及一個儲存電容 Cs，這樣的 OLED 畫素等效電路，被稱為 2T1C的畫素電路。第一個TFT1 與儲存電容Cs的角色，與在LCD畫素的 TFT 和 Cs 相同，用以利用開關的特性，來寫入資料線信號電壓，並將電荷保持在儲存電容 Cs 上，故 TFT1 一般稱開關 TFT（switch TFT）；而第二個TFT2，則是LCD畫素中所沒有的，用以驅動控制OLED的電流，故TFT2一般稱驅動 TFT（driving TFT）。藉由控制 TFT2 的閘極電壓，即可以控制 TFT2 的源／汲極二端的電壓和電流，亦即控制其電阻，在TFT2 的源／汲極

與 OLED 的串聯組合，施加一個固定的電壓，當 TFT2 的電阻改變時，經由電阻分壓的效果，即可以透過 TFT2 源／汲極電阻的改變，來控制 OLED 的電壓和電流，而達成控制灰階的目的。

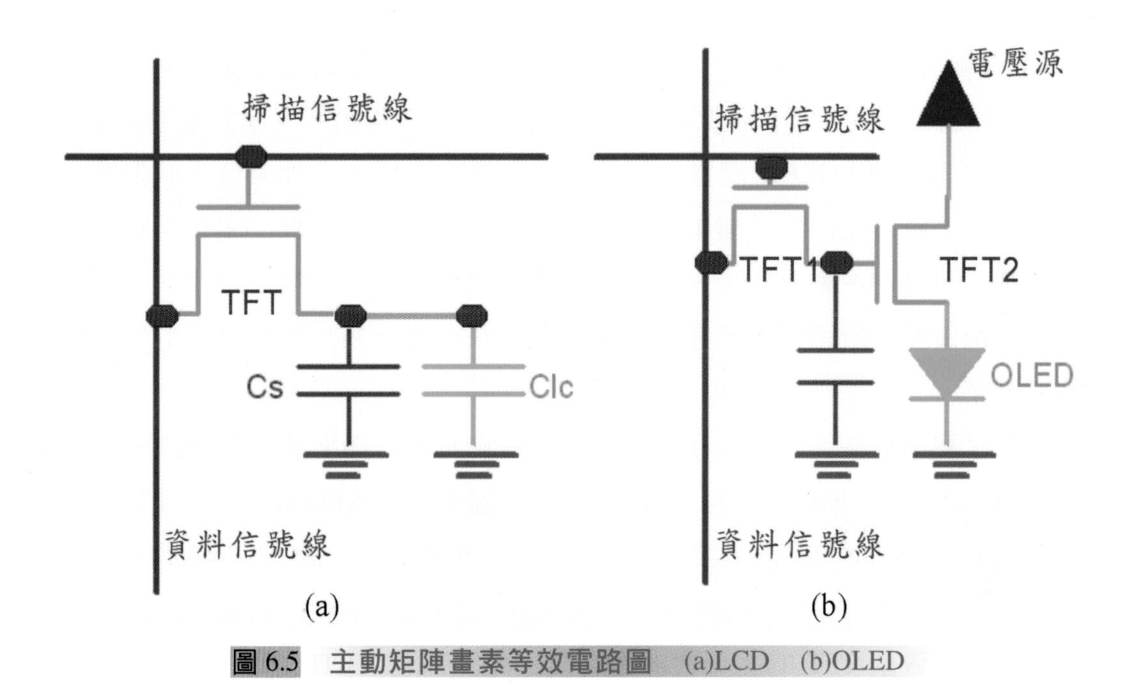

圖 6.5　主動矩陣畫素等效電路圖　(a)LCD　(b)OLED

在 5.5 中，討論了製程與環境的變動，對 TFT LCD 的影響；而在 2T1C 的 OLED 畫素中，TFT2 源／汲極與 OLED 的串聯組合，更是因為元件特性變動，面臨了很難克服的問題。就 LCD 畫素中的 TFT 與 OLED 畫素中的 TFT1 而言，由於只作為開關的角色，當其截止電壓或是電子移動率有所不同時，只要仍可達成 2.3 和 2.4 中所述的充電與電荷保持的要求，顯示器仍可正常地操作，可以在設計上保留一定的變動容許範圍。

然而，當 OLED 畫素中的驅動 TFT2 特性有所變化時，會因為電阻分壓的情況改變，反應在亮度的不同上；而 OLED 本身的特性也不是全然一致的，當 OLED 的特性不同時，也會因為電阻分壓的改變，而對應到不同的畫素亮度。在這樣的情況下，對元件特性變動的要求會非常嚴格，驅動TFT2 或OLED 二個元件，只要有一個起始特性的均勻度不佳，即會使得顯示畫面不均勻。

更有甚者，類似於 2.2.4.2 中所述的直流殘留（DC residue）效應，也會發生在OLED顯示器中，以圖 2.5 中所示的畫面來說，對應到白色背景的畫素，在 TFT2 源／汲極與 OLED 的串聯組合中，需要不斷地以電流來發光產生亮度，而對應到黑色矩形和圓形的畫素，可以將TFT2 關閉，不需要產生電流。以目前的 TFT2 和 OLED 而言，如果一直有電流流通，元件會發生較嚴重的劣化現象，使得元件特性變動，而如果沒有電流流通，元件的劣化情形會減輕很多；因此，在畫面顯示一段時間之後，白色與黑色二種區域中的畫素，元件劣化情況會所差別，而在接下來顯示全灰色畫面時，出現之前的矩形和圓形圖案。

為了解決這個問題，除了在OLED材料和元件方面要繼續改善之外，對驅動TFT2 的元件也有可靠度上的要求。參考圖 6.4 的OLED電壓—電流特性，以 100μm × 300μm的次畫素大小來估計所需的畫素電流，會達到mA的等級，若以非晶矽型 TFT 作為驅動 TFT2，需要很大的操作電壓，而在大的操作電壓下，非晶矽型 TFT 的劣化會非常嚴重。相對而言，LTPS TFT 的操作電壓較小，可靠度也會比非晶矽型 TFT 好，這便是 OLED 偏好配合 LTPS TFT 的原因。

6.2.3 TFT OLED 面板的設計與驅動

為了克服 6.2.2 中所述的元件特性變動問題，有許多技術使用了新型的OLED畫素電路，在此無法一一詳述；基本觀念上，是利用不同階段的操作，在真正驅動 OLED 使其發光之前，先將 TFT2 的截止電壓的變動量儲存在電容上，再於實際發光時，補償截止電壓的變動量。要達成這樣的設計，會需

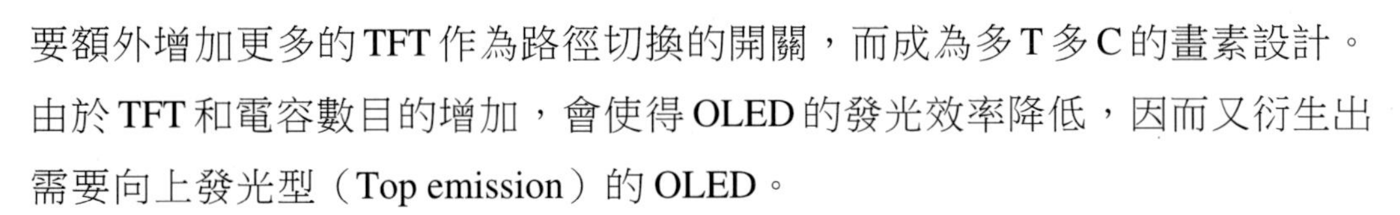

要額外增加更多的TFT作為路徑切換的開關，而成為多T多C的畫素設計。由於TFT和電容數目的增加，會使得OLED的發光效率降低，因而又衍生出需要向上發光型（Top emission）的OLED。

即使補償了截止電壓的變動，驅動 TFT2的電子移動率變動，也會造成畫面的不均勻。為了解決這個問題，有些技術使用電流驅動的方式，資料線上的視訊信號，是以電流的方式來傳送，而不是利用電壓信號，配合適當的新型OLED畫素電路設計，可以進一步補償電子移動率的變動。然而，這樣的做法還需要配合整個資料驅動電路的改變，無法使用與LCD共用如4.3中所述的架構和驅動IC。

藉由本章的討論，可以大概了解LTPS TFT與OLED這些新技術開發時，可能遇到的機會和問題，雖然有些是因為新技術的不同特點，而在設計與驅動上有新的考量，例如，LTPS TFT的內建電路設計、OLED畫素的變動補償設計等等；但是也有許多驅動與設計觀念是相同的，如Γ曲線校正、OLED畫素的開關TFT與儲存電容設計等等，希望讀者藉由這二個新技術與非晶矽型TFT LCD的比較，一方面，思考相同之處，可以對基本驅動原理與設計技術有更進一步的認識，另一方面，思考不同之處，也許有助於從事這些新型顯示器的設計工作。

後　語

體認到 TFT LCD 複雜度，相信以團隊合作來進行 TFT LCD 的研究開發是必然的，有效而充分的溝通便成為最重要的能力，問一個問題，先得把這個問題的相關設定說明清楚，否則得到的答案可能是不對的，再以這個答案去進一步推展，當然也不會是正確的；回答一個問題也是類似的狀況，需要把這個問題的相關設定了解清楚。而跨領域的整合性知識，絕對有助於問答雙方相互確認，溝通無礙。最後，想給有志從事這個領域讀者二個建議：擴張學習領域、建立溝通能力。

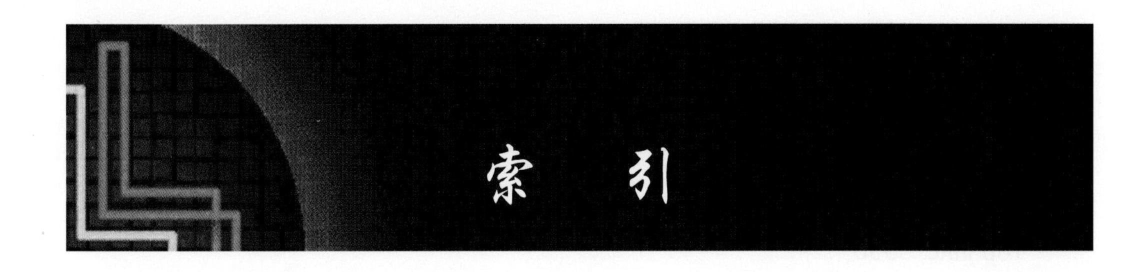

中文／英文

3畫

4畫

5畫

6畫

7畫

8畫

9 畫

10 畫

11 畫

12 畫

13 畫

14 畫

15 畫

17 畫

18 畫

19畫

20畫

22畫

國家圖書館出版品預行編目資料

TFT-LCD面板的驅動與設計／戴亞翔作. ——二版. ——臺北市：五南圖書出版股份有限公司, 2023.03
面； 公分
ISBN 978-626-343-755-5(平裝)

1.CST: 顯示器 2.CST: 電晶體

448.68 112000660

5D80

TFT-LCD面板的驅動與設計

作　　者 — 戴亞翔（445.2）
發 行 人 — 楊榮川
總 經 理 — 楊士清
總 編 輯 — 楊秀麗
副總編輯 — 王正華
責任編輯 — 張維文
封面設計 — 王麗娟
出 版 者 — 五南圖書出版股份有限公司
地　　址：106台北市大安區和平東路二段339號4樓
電　　話：(02)2705-5066　傳　　真：(02)2706-6100
網　　址：https://www.wunan.com.tw
電子郵件：wunan@wunan.com.tw
劃撥帳號：01068953
戶　　名：五南圖書出版股份有限公司
法律顧問　林勝安律師
出版日期　2006年4月初版一刷
　　　　　2023年3月二版一刷
定　　價　新臺幣720元

經典永恆·名著常在

五十週年的獻禮——經典名著文庫

五南，五十年了，半個世紀，人生旅程的一大半，走過來了。
思索著，邁向百年的未來歷程，能為知識界、文化學術界作些什麼？
在速食文化的生態下，有什麼值得讓人雋永品味的？

歷代經典・當今名著，經過時間的洗禮，千錘百鍊，流傳至今，光芒耀人；
不僅使我們能領悟前人的智慧，同時也增深加廣我們思考的深度與視野。
我們決心投入巨資，有計畫的系統梳選，成立「經典名著文庫」，
希望收入古今中外思想性的、充滿睿智與獨見的經典、名著。
這是一項理想性的、永續性的巨大出版工程。
不在意讀者的眾寡，只考慮它的學術價值，力求完整展現先哲思想的軌跡；
為知識界開啟一片智慧之窗，營造一座百花綻放的世界文明公園，
任君遨遊、取菁吸蜜、嘉惠學子！